浙江省社科联社科普及课题(19ZC11)

食农教育:从环境教育和生命教育出发

黄彬红 编著

浙江工商大学出版社
ZHEJIANG GONGSHANG UNIVERSITY PRESS
·杭州·

图书在版编目(CIP)数据

食农教育：从环境教育和生命教育出发 / 黄彬红编著. —杭州：浙江工商大学出版社，2020.11(2022.12 重印)
ISBN 978-7-5178-4140-1

Ⅰ.①食… Ⅱ.①黄… Ⅲ.①膳食营养—关系—农业教育—研究 Ⅳ.①R151.3②S-4

中国版本图书馆 CIP 数据核字(2020)第 194640 号

食农教育:从环境教育和生命教育出发
SHINONG JIAOYU: CONG HUANJING JIAOYU HE SHENGMING JIAOYU CHUFA
黄彬红 编著

责任编辑 张 玲
封面设计 潘 洋
责任印制 包建辉
出版发行 浙江工商大学出版社
(杭州市教工路 198 号 邮政编码 310012)
(E-mail:zjgsupress@163.com)
(网址:http://www.zjgsupress.com)
电话:0571-88904980,88831806(传真)
排　　版 杭州朝曦图文设计有限公司
印　　刷 广东虎彩云印刷有限公司绍兴分公司
开　　本 710mm×1000mm 1/16
印　　张 17.75
字　　数 328 千
版 印 次 2020 年 11 月第 1 版 2022 年 12 月第 3 次印刷
书　　号 ISBN 978-7-5178-4140-1
定　　价 58.00 元

前　言

2020年8月30日，《人民日报》第五版（教育版）刊登了《从分析剩菜中找改进供餐的办法》，文中提到“与几位中小学老师聊校园的食物浪费，有老师说‘大部分孩子吃不完套餐，孩子们剩的饭菜经常能装一小桶’”。一方面，我们要面对“勤俭节约、爱惜粮食的宣传教育早已走进中小学校园，可为何浪费现象不止”的困惑，另一方面，我们要面对不断爆发的“食安问题”，担心今天吃的食物是否安全，是否有益身体健康，但在购买过程中大多数人却喜欢外形漂亮、价格便宜的食材，对“丑蔬果”有偏见，有些人对国外食材情有独钟等。这些困惑该如何解决，其实《人民日报》的这篇文章最后已经为我们提出了解决问题的答案：“剩饭菜里，还有对‘食育’的呼唤。”

食育也叫作食农教育，是一种基于食物的教育方式，包括食物从土地到餐桌再回归土地的过程。它由两部分组成，即食物教育（食育）和农业素养教育（农育）。追求幸福人生和提升生活品质，是人类在经历无数磨难和盲目发展后所悟出的普适价值。这样的反思也促使了20世纪后期的田园主义和家庭主义的复兴，回归自然、重视环境保护更是被全球共同倡议。国际上以欧美国家和日本为首，相继掀起饮食和农业的改革运动，世界各地开始反思探讨“人、食物、环境、健康永续”之间的关系。随着食品安全问题不断爆发，食农教育也开始出现在政府和民间的工作中，很多发达国家连续出台政策予以推动，甚至立法从制度上加以推进，如日本就是全球第一个将食育入法，将食农教育作为国家级发展策略的国家。我这几年涉足食农教育研究后发现，很多国家和地区的食农教育发展都与校园午餐的改革有关。校园午餐是培养饮食素养、生活技能、环保意识的重要平台。联合国粮食及农业组织（FAO）就从营养教育、校园菜园（school garden）与校园膳食（school food）等计划出发，认为校园是一个推动食物、营养及健康等教育内涵的良好场域，在校园开展食育更能让孩童透过饮食达到社区参与的目的。

中华文明是建立在农耕文化基础之上的，强大的文明最后一定要落实在饮食文化上。2014年，国务院发布的《中国食物与营养发展纲要（2014—2020年）》中明确提出“将食物与营养知识纳入中小学课程，加强对教师、家长的营养教育和对学生食堂及学生营养配餐单位的指导，引导学生养成科学的饮食习惯”。2020 年 8 月，习近平总书记对制止餐饮浪费行为作出重要指示，指出餐饮浪费现象，触目惊心、令人痛心！食农教育是一种强调“亲手做”的体验教育，包含社区参与、体验农业生产及食物烹饪、生态体验，培养学习者简单的耕食技能，并通过体验的过程观察及认识生态环境与农村样貌，提升民众对土地的情感，强化民众了解环境与农业的关联及其重要性。在这个过程中，不仅是表面的劳动体验，更重要的是让学习者能够了解食物来源，培养其选择食物的能力及建立正确的饮食观念，学会对食物、生产者和环境的尊重与感恩。其间，食农教育起到了传承饮食文化和农耕文化的重要作用。食农教育能让教育者体验“谁知盘中餐，粒粒皆辛苦”，感恩食材供应链的每一位参与者；食农教育能让体验者养成良好的饮食习惯，从而珍惜食材，杜绝浪费。

2016 年，我作为公派访问学者去我国台湾地区访学三月，导师就是台湾食农教育研究和实践指导专家颜建贤教授。当年适逢台湾食农教育普及的鼎盛期，其间我参加的学术论坛和培训很多都与食农教育有关，如刚到台湾就参观了在台北世贸展览馆的“食之育”展厅，参加了“亚洲的食物教育国际论坛”，聆听了日本、韩国等的食农教育专家的演讲，发现这与一直困惑我的食品源头追溯研究有关，便产生了极大兴趣并开始涉足研究和搜集资料。回大陆后，导师还不断地推送食农教育有关信息、资料，邮寄食农教育有关的书籍给我，并不断解答我的疑问。慢慢地，我感觉自己对食农教育有了些了解，但当我在编写这本书的第一章时，却发现仍难以下笔，我不知怎样从食农教育角度来系统阐述“重建人与食物的美好关系”“重建人与土地的关系”“重建人与人之间的关系”。所以我就开始养花、种菜，开始跟着沃土工坊的彭月丽老师和池田老师学习堆肥，开始不断地与花友交流养花、种菜技能，也开始指导一些学生和小区的邻居种花和堆肥等，并把自己种花、种菜、堆肥以及指导学生开展食农教育的各种实践活动拍成视频传到哔哩哔哩网站（即 B 站）上与大家分享。有兴趣的读者可以下载哔哩哔哩 App，或前往该网站搜寻“食农教育推广者”，或扫描勒口二维码就能找到我的主页和相关视频。2019 年暑假我在编写本书时，我老家台州黄岩隔壁的临海市暴发了百年一遇的大洪水，触发了我编写“环境教育与食农教育”一章；2020 年寒假突如其来的新冠肺炎疫情触发我编写“生命教育与食农教育”一章。随着研究视角的慢慢扩大，食农教育的内涵也慢慢在我脑海里呈现，不再是那么抽象。人类的饮食和文明经过许多历史脉络的转变，食物的学问涉及植物学、物理学、化学、农业、畜牧业、农艺学、生态学、人类学、社会学、地缘政治学、政治经济学、贸易、科技、烹饪、生理学、医学、哲学等。正如笛卡儿曾在地上画了一个圆圈时所说的：“圆圈内是已经掌握的知识，圆圈外是未知世界。知识越多，圆圈越大，圆周边沿与外界空白的接触面也就会越大，无知部分就显得越多。”在编写过程中，我越发觉得自己不懂的太多，就不断地去搜集自己不懂的一些知识，特别是在不懂日语的情况下运用翻译软件搜集日本农林水产省的一些食育资料。等我把书的初稿基本写出后发现，字数远远超过了预计，遂选出其中的六章编辑成书。希望大家在做食育时融入环境教育或生命教育的理念，多关注食育背后所要传递的意涵，而不是简单地听解说、参与农事体验、DIY 就是食农教育了。

食农教育包括食农体验、社区产业（含农村及在地经济）、全球环境变迁调适（粮食安全）、低碳饮食、饮食文化、均衡饮食（正确的饮食知识）、友善环境、食品安全等内容。在具体设计教案或教具时可从以下主题切入：藏种于农、低碳农业、循环农业、生态食物链、社区支持型农业和节气文化等。在日本，食农教育其实只是一个起点，最终目的是要促成典范转移，发展乡村六级产业，突破乡村发展的困境。希望本书的出版能为我国“培养节约习惯，在全社会营造浪费可耻、节约为荣的氛围”和实现“乡村振兴战略”提供一些启示。

回首两年的编写历程，其实这也是我的一次食农教育自我普及过程。当我找不到资料时，当我编写筋疲力尽时，一颗推广食农教育，为我国食农教育研究和实践提供些“有总比没有好”的基础资料的初心支持着我不断前行。由于这是一本普及性的书，所以我尽量尊重字面翻译，并尽量标明出处；同时，由于是一个课题项目，受时间限制，再加上资源条件、笔者知识面和精力有限等，书中错误和疏忽在所难免，敬请读者批评指正。

最后，本书及相关研究得到作者主持的浙江省社科联社科普及课题“田园复兴——食农教育一本通”（编号：19ZC11）、台州市哲学社会科学（编号：19GHB04）和台州科技职业学院浙江省高校“‘十三五’食品营养与检测特色专业建设项目”的支持，特此致谢！

黄彬红

2020 年 9 月 1 日

目 录

Contents

第一章

人与食物的距离

食事,即吃喝之事,蕴藏着人类最基本的文明密码,制约和决定着人类社会的发展趋势。我们的餐桌贯穿着世界史,据说人的一生吃下的食量约计50吨,并且种类极其繁复。人类生存和繁衍的历史,就是与各种形态的食物和谐相处的历史;人类用智慧和技能不断改造食材的历史,也是人类借助饮食来满足自己、抚慰自己、愉悦自己的历史。英国报业巨子诺斯克里夫爵士曾告诉手下的记者,犯罪、爱情、金钱和食物这四项题材绝对符合公众的利益,一定会引起公众的兴趣,而食物这一题材是根本且普遍的事物,是放之四海而皆准的。因为生活中不能没有食物,食物完全有资格成为世界上最重要的物质,"民以食为天"的说法一点也不为过。

餐桌前的愉悦和我们生活中的其他愉悦携手前进,甚至比它们更为持久,当我们失去其他的愉悦时,它仍伴随在我们身边,令我们感到欣慰。我们在餐桌上认识了整个世界,盘中物透露出人类过去和现在的秘密:我们的角色、关系和社会地位。从茹毛饮血到饕餮盛宴,人类进步的历史同时也是食物进化的历史。吃什么?怎么吃?人类上万年文明的进程对这两个问题的答案做了最好的注解。美国作家汤姆·斯坦迪奇认为:在社会转变、工业发展、军事冲突和经济扩张等转化过程中,食物都扮演了催化剂的角色。从史前时代至今,这些转化的故事构成了整部人类的历史。

第一节 与地球共存的食农世界

餐桌上的食物可以反映土地上的农业生产过程,食物加工与运送的方式,能够看见隐藏在背后的农药使用、水与能源的消耗,以及当这些食物变成厨余垃圾时处理过程中所耗费的资源及所产生的污染。食与农是人们生活的根本,但是商品化、机械化与高速运转的生活中,食与农被无限隔离,食物脱离与农的连接,成为商品必需,在市场经济中通过货币转化方能交换。而食与农、消费与生产正是互惠共生、城乡友好的生产循环之道。

一、工业化下的食农变迁

(一)工业化农业

在工业化的影响下,世界人口尤其是发展中国家人口以空前的速度持续增加,已经完成工业化以及正在工业化的超大型城市不断涌现,工业革命劳动力过于密集使得食物需求量不断上升,市场上出现了供不应求的局面,食物价格不断上升。为了养活不断增加的人口,必须用新的方法、技术来保证足够的食物生产能力。在1900年以前,欧洲有9个人口过万的城市,劳动力从生产食物的乡村来到了消耗食物的城镇。至19世纪末,大部分英国人都摒弃了农业,离开了乡村,转而从事工业,过起了城市生活。城镇没法儿养活里面的居民。这是由潜在的食物不足所导致的,而这一不足只能由工业化来弥补。因此,在市场的扩大和集中的背景下,食品自身也开始了工业化。食品的生产得到了前所未有的重视,因此也得到了很大的发展。农业如其他行业一样,变得越来越"商业味"了。1842年,约翰·劳斯(John Lawes)把富含磷酸盐的矿石溶解于硫酸,随之诞生了世界上第一种化肥。与此同时,成堆的海鸟粪和碳酸钾为世界上那些贫瘠的土地提供了丰富的养分。1909年,弗里茨·哈勃(Fritz Haber)发现了从大气中提取氮的方法,而氮是硝酸盐肥料的来源,为此人们称他从空气中采集到了面包。最终,农场里遍布一种传送带:从一端放入化肥和通过工业方式生产的饲料,而从另一端出来的就是可食用的或不可食用的工业产品。1945年,美国掀起了名为"明日鸡肉"的比赛,3年后催生了养鸡场产的鸡肉;1949年,"催长维生素"开始投放市场;1950年,抗生素开始被添加进饲料。在20世纪晚期,"工厂农场"为工业社会提供了绝大部分的肉、鸡蛋等。在农场里,人们像对待机器一样对待动物,为节省成本,在最小的空间里饲养动物。这些行为虽有违人道,却填饱了人们的肚子,因为人们更关心后者。

1945年以后发生的农业生产形态的改变,第一波是绿色革命的品种改良与扩大生产,第二波是绿色革命基因改造形成的社会冲击与健康影响。"绿色革命"(也叫"化学农业革命"或"农业的工业革命")依赖于大量的化肥和杀虫剂,它需要生产农业化肥和农用机械的强大新工业做后盾,机械化、化学肥料以及新品种作物造成农业产量的大增。绿色革命的确可谓人类最伟大的成就之一,它养活了上亿人口,但绿色革命破坏了自然环境,改变了农田和牧场的生态,新品种作物代替了传统的品种,这威胁到了生物的多样性,而这些多样性对于植物在变化的环境中生存是有益的。随着绿色革命的最大缺陷逐渐显现,绿色革命变成了病态绿色。1961年也就是在绿色革命的早期,蕾切尔·卡逊(Rachel Carson)

出版了《寂静的春天》一书，预言在杀虫剂批量使用的田地里，鸟儿将因觅不到食物而灭绝，我们将再也听不到这些鸟儿的啼声。这本书促使成千上万人组织起来保护生态平衡。绿色革命不仅是因为杀虫剂肆意使用而带来难以预计的影响，还因为快速进化的害虫和谷物疾病所带来的风险。目前，转基因品种科学也难以证明这种食物是否会比其他食物更有营养，更有益于健康或更有效，它可能如绿色革命一样带来许多不可预见的问题。

（二）黑箱化的现代农食系统

农产品是构成国民经济与国际经济不可或缺的部分，然而只剩下少数国家农产品项目还是采取由政府统一进行管理的方式，大部分已变成民间企业在承揽经营全球农产品贸易。跨越国家进行交易者也很多，其中最重要的是多国籍（即跨国）农业综合企业。所谓农业综合企业，原本指一个企业经营各种农业与粮食相关产业，不过，实际上大多指特定超大型国际农业与粮食企业。农业与粮食相关产业从农业生产到粮食消费过程中，通过商品价值链而形成非常复杂的运作，而且每个环节运作逻辑都不相同，具体而言有以下五大类：种子、农药、肥料、农业机械、饲料等农业资材部门；农产品集散、储藏、制粉、碾碎等初级加工及负责流通与贩卖的农产品交易部门；加工食品、冷冻食品制造的加工部门；餐厅等提供餐饮服务的食品服务部门；直接面对最终消费者的食品零售部门。（见图1-1）这些不同产业部门通过水平整合，现在已经出现全球垄断现象，大企业运用

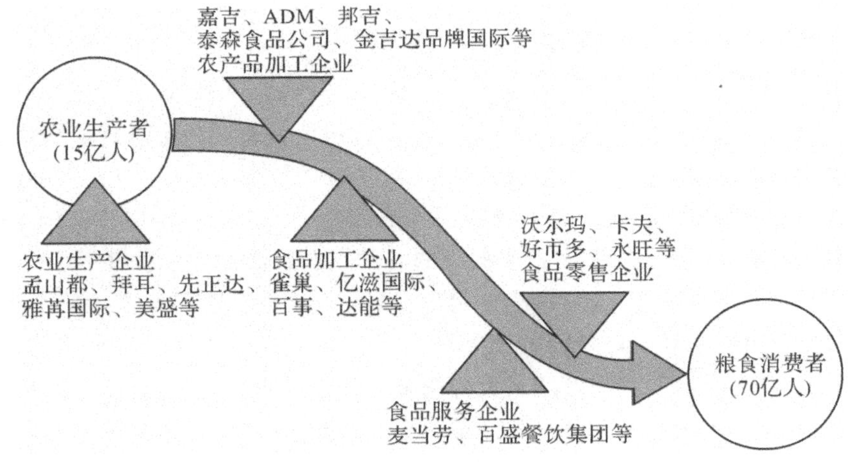

图 1-1　农业与粮食相关产业商品价值链[①]

① 桝潟俊子、谷口吉光等：《食农社会学：从生命与地方的角度出发》，中国台北开学文化事业股份有限公司2016年版。

商品价值链概念进行相关企业垂直整合与策略运作,更有能力衍生不同面貌的新事业群。跨国农业企业在海外设立子公司,通过资产操作,在海外直接进行农业活动。有些大型跨国农业企业,在全球市场中拥有压倒性影响力,甚至也有能力介入各国农业与农产品贸易政策的形成,扮演政治主体的重要角色。只是,香蕉或凤梨等除了以都乐(Dole)、奇基塔(Chiquita)、德尔门(Del Monte)等企业品牌营销生鲜青果外,大多数农产品在国际贸易过程中并不会出现贸易商的名字,因此人们在使用进口蔬果之际,不一定会联想到背后控制的那双跨国农业综合企业的手。但事实上,很多谷物与油料作物种子几乎都由嘉吉(Cargill)这样的大企业一手操控。

加工食品经过制造与流通过程,谁制造、谁进出口都得标示,让消费者一目了然。各国食品相互进出口本身不是大问题,目前较令人忧虑的是超大型多国籍农业综合企业在世界各地设立工厂,制造销售该公司的产品,越来越明显地垄断各国与各商品市场。一些国家市面上销售的外国品牌加工食品,可能大多在本国设厂;反之,一些国家进口冷冻食品也有一些从当地出口原料到海外工厂生产,做成产品之后再回销到当地,而且大部分国家加工食品包装标示有一项规定,只要部分原料在国内取得,就可标识本国制造。因此,只看最终商品有时很难了解其生产过程。然而,若是追溯原料农产品的生产与运送过程,便可发现食与农两端之间的空间距离十分遥远——也就是"农食黑箱化"这样的状况已十分明显。针对这样的困境,我们势必得清楚在生产与消费之间,跨国农业综合企业所进行的事业全球化过程的实貌。

1. 看不见的巨人——嘉吉

1865 年成立的嘉吉是全球最大的非上市企业,是全球第三大食肉加工企业,也是生产制造培根、香肠与煎蛋等料理的原料的企业。该公司更是全球最大谷物贸易商,掌握着全球绝大部分用来制造面包的小麦,以及制造乳马琳(植物性奶油)等的油料作物,全球玉米贸易同样由该公司掌控。嘉吉旗下有全球第二大家畜饲料品牌,如果失去该公司提供的谷物、饲料与油料作物,恐怕全球的农业都要停摆。不仅如此,该公司旗下化学肥料子公司"美盛"排名全球第三大,专门提供番茄与香菇等栽培所需的化肥。就连餐桌上使用的调味料与盐,嘉吉产品也充斥市场。再者,身为巴西最大柳橙果汁加工与出口企业,乃至于制造塑胶杯的工厂,其原料大豆与玉米,都是由嘉吉一手包办;该公司还是可可与巧克力的原料可可豆及砂糖的全球最大贸易与加工企业。难以想象,就连餐桌上的杯垫与餐巾原料棉,嘉吉同样掌握全球第二大交易量。2010 年 5 月 19 日,英国《金融时报》发表了一篇专题报道,搭配典型英式早餐照片:"红猪肉到盐、砂糖、可可、棉布等,这家美国企业所供给的产品,已经把我们餐桌上的所有东西全包了。"

寡头垄断又称寡头，意指为数不多的销售者。在寡头垄断市场上，只有少数几家厂商供给该行业全部或大部分产品，每个厂家的产量占市场总量的相当份额，对市场价格和产量有举足轻重的影响。贸易上所谓“寡头”，是指前4家公司的某些产品市场占有率合计超过40%—50%，在此状态下很容易阻碍市场自由竞争与公平竞争。我们将各主要品项的市场占有率整理为图表，如表1-1所示。包括嘉吉在内的大型多国籍农业综合企业，它们在国际农产品市场的垄断程度已高得吓人，这些企业包括嘉吉、ADM(Archer Daniels Midland，美国)、路易达孚(Louis Dreyfus Commodities，LDC，荷兰)、邦吉(Bunge，美国)等巨大谷物贸易商。这4家所谓的“谷物巨人”经常根据其英文名字简称为“ABCD”。其中嘉吉被称为“看不见的巨人”，与LDC一样未上市，经营实态外界难以得知。这2家企业之所以有如神隐，乃是因为它们生产、销售的产品并非最终消费商品，一般消费者不会在超市或商超陈列产品包装上看到这2家企业的名称或品牌，因此所谓“看不见的巨人”并不只是说该公司未上市，而是说明这2家大企业的手伸入人们日常各种食品与饮食相关用品，消费者却毫无觉察，总之，我们大部分人都在不知不觉之中早已成为这2家超巨大谷物商与农粮复合企业的忠实客户。

表1-1　前几名跨国农业企业在全球主要农产品贸易中所占比重①

品　项	前3—6大企业(德国国会资料)	其他数据	主要企业
小麦	80%—90%	前4家73%(2003)	嘉吉、邦吉、ADM、路易达孚
玉米	85%—90%	美国出口前3家80%	嘉吉、ADM、邦吉
黄豆	—	黄豆油前4家73% 巴西黄豆出口前4家60%	邦吉、ADM、嘉吉、路易达孚
稻米	70%	—	路易达孚、奥兰国际(Olam International)
甘蔗	60%	—	嘉吉、路易达孚、邦吉
咖啡豆	85%—90%	前3家50%(2011) 煎焙加工前3家40%(2010)	专门贸易公司 雀巢、亿滋国际、D. E.
可可豆	85%	前5家65%(2011) 巧克力前5家43%(2010)	邦吉、ADM、奥兰国际、亿滋国际、雀巢、玛氏、好时(Hershey's)
茶叶	80%	前7家85%(2006) 英国品牌前3家59%(2010)	联合利华、塔塔集团(Tata Group)、英联食品(Associated British Foods，ABF)

① 桝潟俊子、谷口吉光等：《食农社会学：从生命与地方的角度出发》，中国台北开学文化事业股份有限公司2016年版。

续　表

品　项	前3—6大企业(德国国会资料)	其他数据	主要企业
橡胶	70%—75%	前5家81%(2003)	奇基塔、都乐、德尔蒙
棉花	85%—90%	前6家51%(2004) 美国出口前3家85%—90%	路易达孚、嘉吉、艾伦伯格(Allenberg Cotton Co.)

这类超大型多国籍谷物贸易商因为购入大量原料并贩卖材料,形成超高市场占有率以及上下游事业垂直整合,故得以掌控农产品价格,甚至连小中间商、加工企业与农业生产者都必须看其脸色。特别是嘉吉,同时拥有超大型食品加工事业以及家畜饲料事业、生产者服务事业等,加起来总的影响力更是难以估计。例如,美国牛肉加工业前4家市场占有率高达85%,猪肉加工企业前4家占65%,其中都有嘉吉的身影。随着食肉加工部门垄断度的提高,畜牧农家数目却越来越少,反而这些大型多国籍农业综合企业规模不断扩大。例如,1992年美国有34058户养猪业者,2002年减少到只剩下11275户,2007年进一步锐减为8758户。因为掌控市场及交易主导权,1990—2010年这20年间,这些食肉加工企业向养猪、养牛户收购牛肉的价格减少了3成,猪肉减少4成,即使近年来饲料价格高涨,收购价格也并没有随着饲料价格上涨的比例跟着调涨。规模扩大与工厂化畜产经营的普遍化不只对自然环境与农村社区发展产生负面影响,乃至于对地区经济其实都未必有加分作用。

这些大型农业综合企业为了规避法律约束力和政府管制,率先参加或建立自主管理制度,诸如规格、认证、标示方式等,甚至直接主导也不是稀奇的事。特别是经营香蕉、咖啡、红茶等加工业务的农业综合企业,旗下大型农场劳动条件恶劣,使用过度农药造成污染,镇压工会或严重剥削农家;它们通过影响政策与法案而制订有利于它们的社会与环境法规,没有自我改进就可取得各种公平贸易认证,如奇基塔与星巴克恶名昭彰,雀巢也是。事实上,今天各种社会的、环境的行动规范和规格认证导入已日渐普遍化,但这些大型农业综合企业仍继续在其生产过程中破坏环境、生活,主宰全球粮食供给。如近年来棕榈油全球需求量大增,东南亚大幅扩建棕榈树农园导致森林生态系统被破坏,威胁民众改变传统土地利用方式,相关企业与国际NGO因此于2004年成立"永续经营棕榈油圆桌会议"(NSPO),于隔年拟定"基本方针"。原本该会议希望确立"棕榈油生产透明性""友善环境,维护自然资源与生物多样性""企业应对劳工与受影响村落进行补偿"与"开发农园必须负起环保责任",但最后变成毫无约束力的"自主规范",实施效果大打折扣。

2. 世界最大食品企业——雀巢

雀巢公司是一家跨国食品和饮料公司，由亨利·内斯特莱于1866年在瑞士日内瓦湖畔的韦威创立，是世界上最大的食品制造商之一。它最初是以生产婴儿食品起家，后以生产巧克力棒和速溶咖啡闻名。雀巢公司本身就是一个世界级的品牌，其旗下产品包括雀巢咖啡、奈斯派索咖啡机（Nespresso）、堡康利（Buitoni）、美极（Maggi）、宝路薄荷糖（Polo）、奇巧巧克力（KitKat）、美禄（Milo）、沛绿雅气泡矿泉水（Perrier）、维特尔矿泉水（Vittel）等。该公司坚持多品牌策略，其间收购了多家公司，最著名的是收购星巴克零售咖啡业务。该公司这些明星产品大部分都是由并购其他企业而取得。

从表1-2可见，雀巢公司总营业额不只远大于其他食品大厂，就连各事业部门也都拥有压倒性的巨大市场占有率。例如，该公司生产的奶粉全球市场占有率23%左右；雀巢的全球即溶咖啡市场占有率超过5成（雀巢咖啡）；巧克力点心方面，雀巢全球市场占有率仅次于亿滋国际，排名第二；宠物饲料方面，雀巢也仅次于玛氏（Mars），排名全球第二；另外，在成长快速的矿泉水市场，雀巢同样独占鳌头。

表1-2　2011/2012年度世界主要食品企业[①]

企业名	所在国	食品销售额（100万美元）	主要部门
雀巢	瑞士	83505	加工食品、点心、咖啡等
百事可乐	美国	65881	清凉饮料、点心
卡夫食品	美国	54365	加工食品、起司制品
可口可乐	美国	46542	清凉饮料
ADM	美国	42639	谷物交易与加工
JBS	巴西	34770	食肉加工
戴森食品	美国	32246	食肉加工
联合利华	荷兰、英国	31930	加工食品、红茶
玛氏	美国	30000	点心、宠物饲料
嘉吉	美国	28000	谷物交易与加工、食肉加工
达能	法国	26852	乳制品、矿泉水
通用磨坊	美国	14880	谷类食品、冷冻食品
恒天然（Fonterra）	新西兰	14325	乳制品

① 桝潟俊子、谷口吉光等：《食农社会学：从生命与地方的角度出发》，中国台北开学文化事业股份有限公司2016年版。

续 表

企业名	所在国	食品销售额（100 万美元）	主要部门
菲仕兰(Freshland)	荷兰	13380	乳制品
家乐氏	美国	13198	谷类食品
史密斯菲尔德食品(Smithfield Foods)	美国	13094	食肉加工
迪安食品(Dean Foods)	美国	13055	乳制品
日本火腿	日本	12765	食肉加工
明治乳业	日本	12368	点心、乳制品
康尼格拉食品(ConAgra Foods)	美国	12303	酱汁类、加工与冷冻食品
味之素	日本	12050	调味料、加工食品、饮料等

注:酒精饮料为主要经营项目的企业除外。

清凉饮料与零食、巧克力点心、冰激凌、冷冻食品、利乐包食品等加工食品常被称为“垃圾食品”,对消费者特别是孩童营养与健康可能造成不良影响。面对这类指责,雀巢与可口可乐、百事、通用磨坊、亿滋国际等巨型多国籍食品企业共10家组成国际业界团体IFBA,宣称将遵照2004年世界卫生组织(WHO)决议的“饮食、运动、健康全球策略”,开发并提供给消费者健康食品。但后来有人发现,这些食品大厂提出的“改进报告”多半光说不练,只是自我宣传而已。这些备受批评的食品大厂确实已着手开发减糖、减脂或提高营养价值的新产品,但实际上没有放弃大量生产、贩卖垃圾食品策略,促销活动还是一波接着一波,针对的不只是大人还有小孩。而且因为看准新兴经济体国家和发展中国家未来的垃圾食品市场更大,这些食品大厂当然没放弃这块肥肉。

特别是雀巢公司还有另一个大问题,那就是关于该公司主力产品的奶粉以及咖啡豆与可可豆这些典型的发展中国家产品的原料取得问题。正因为事业整体规模太大,个别商品市场占有率太高,特别是该公司某些产品压倒性地囊括发展中国家市场,加上大量制造矿泉水导致水资源枯竭的疑虑等,这些因素使得雀巢经常受到国际社会的批判。总的来说,雀巢不断受国际社会批评的“企业社会责任”主要体现在以下方面:批判其在发展中国家奶粉市场占有率太高,可可豆栽培过程中非法雇用童工,掌控水资源,造成水污染,标示不实等问题逐渐受瞩目等。

3. 掌控全球种子与基因的企业:孟山都(拜耳作物科学有限公司)

1901年11月,孟山都公司诞生于密苏里州圣路易斯市。1971年草甘膦诞生,往后孟山都(Monsanto)逐渐向生物技术领域转移。2016年9月,拜耳和孟山都宣布双方签署最终并购协议，2018 年 6 月，拥有 117 年历史的孟山都公司被拜耳公司收购，拜耳甚至连它的名字都给抹除了，改成了拜耳作物科学有限公司。

孟山都被称为全世界最邪恶的公司，它以抢走德国人的专利起家，3 分钟就能让鱼类死亡的多氯联苯 PCB 是它制造的；《寂静的春天》里的 DDT 是它制造的；美国人用飞机洒在越南毒害 400 万人的橙剂也是它制造的……从糖精到 PCB、DDT、桔剂，再到草甘膦、转基因，孟山都给这个世界留下了一地鸡毛，对人类和大自然都造成了难以估量的损失。

(1)种子市场垄断与基因改造作物急速普及。

农业生产的上游，也就是农业生产资料部门，它可以进一步区分为作物种子、农药、肥料、农业机械、动物医药、饲料、动物育种等部门。种子是农业生产最基本、最重要的生产资料，是农业生产资料中特殊的不可替代的部分，从某种意义上讲，农业的增产、增收，种子起到了关键的作用，整个农业、粮食的商品价值链就是从生命原始的种子开始。因为生命科学发达与利用基因改造育种技术，使得种子的生产(栽培技术)和消费(机能性部分)相关信息被密码化，使其信息价值与经济价值飞跃性地提高。在此情况下，种子具备更大的潜在价值，也因此，全球过去由农家自家采种、交换种苗或由政府单位研究试验机构掌控的政府育种、育苗而普及的种子市场，也在 20 世纪 80—90 年代，因为企业竞相收购以及政府放宽管制、民营化风潮，出现如表 1-3 所示的极速垄断化现象。

表 1-3　2011 年全球种子市场占有率前十大企业①

企业名	种子销售额(100 万美元)	市场占有率(%)	农药销售额(100 万美元)	市场占有率(%)	排名
孟山都(美国)	8953	26.0	3240	7.4	5
杜邦(美国)	6261	18.2	2900	6.6	6
先正达(瑞士)	3185	9.2	10162	23.1	1
利马格兰(法国)	1670	4.8	—	—	—
蓝多湖(美国)	1346	3.9	—	—	—
KWS(德国)	1226	3.6	—	—	—
拜耳(德国)	1140	3.3	7522	17.1	2
陶氏(美国)	1074	3.1	4241	9.6	4

① 桝潟俊子、谷口吉光等：《食农社会学：从生命与地方的角度出发》，中国台北开学文化事业股份有限公司 2016 年版。

续 表

企业名	种子销售额（100万美元）	市场占有率（%）	农药销售额（100万美元）	市场占有率（%）	排名
坂田（日本）	548	1.6	—	—	—
DLF（丹麦）	548	1.6	—	—	—
巴斯夫（德国）	—	—	5393	12.3	3
前10名合计	25951	75.3	33458	76.0	—

全球种子市场规模到2011年为止，前4家大企业市场占有率58%，前10家达到75%。其中，孟山都、杜邦、先正达、拜耳、陶氏、巴斯夫这6家公司的全球农药市场占有率高达76%。这6家公司也进行大量研究开发投资，将农业生物科技商品化，主要成果是基因改造。研发基因改造的种子中，如果缺乏种子企业所拥有的遗传资源（优良系统品种）、育种技术以及种子商品销售网络渠道，即使这些巨型企业也无法开展种子销售业务。所以除了BFSF，其余五家都不断收购既有种子企业。各国与各主要作物使用基因改造（以下简称基改）技术的状况从表1-4中可清楚看出其垄断程度。

表1-4　2011年全球种子市场占有率[①]

国　别	面积（百万公顷）	构成比（%）	作物别	面积（百万公顷）	构成比（%）	总栽培面积（百万公顷）	基改比例（%）
美国	69.5	40.8	大豆	80.7	47.4	100.0	80.7
巴西	36.6	21.5	玉米	55.1	32.4	159.0	34.7
阿根廷	23.9	14.0	棉花	24.3	14.3	30.0	81.0
加拿大	11.6	6.8	油菜籽	9.2	5.4	31.0	29.7
印度	10.8	6.3	合计	170.3	100.0	—	—
中国	4.0	2.3	品种特征	面积	构成比	适用作物	
巴拉圭	3.4	2.0	耐除草剂品种	100.5	59.0	大豆、玉米、油菜籽、棉花、甜菜、紫花苜蓿	
南非	2.9	1.7	害虫抵抗性品种	26.1	15.3	玉米、棉花	
巴基斯坦	2.8	1.6	兼具耐除草剂与害虫抵抗性品种	43.7	25.7	玉米、棉花	
其他	4.8	2.8	合计	170.3	100.0	—	

① 桝潟俊子、谷口吉光：《食农社会学：从生命与地方的角度出发》，中国台北开学文化事业股份有限公司，2016年版。

基改作物商业栽培始于 1996 年，主要推动的作物（大豆、玉米、棉花、菜籽油）与品种特征（耐除草剂、害虫抵抗性）、生产国（美国、巴西、阿根廷、加拿大）都有限，然而根据詹姆士（Clive James，国际农业生物技术应用服务组织）的统计数字，2012 年全球大豆与棉花栽培面积高达 81%已改采用基因改造品种，玉米 35%，油菜籽 30%，可见基改作物往全球农产品渗透趋势不容忽视。更令人吃惊的是，全球基改作物栽培面积之中，使用孟山都基改技术的基改品种已接近 9 成。

(2)对于经济、社会与环境越来越明显的负面影响。

种子市场垄断与基改作物品种极速普及也对经济、社会、环境造成越来越明显的负面影响。

首先，进入 21 世纪后，基改与非基改种子两者间的价格差异程度越来越突出。跨国农业生物科技公司并购各地种子企业，进行市场垄断后，在一些基改品种相当普及的发展中国家明显出现种子价格高涨现象，这已经对小农造成很大的打击。

其次，原本预期种植对除草剂具有耐性的作物品种，不仅可减少除草剂喷洒的量与次数，也可提高杂草防除效率。后来发现事实不然，原本预期可减少除草剂喷洒量早已发现不可能，而且因为基改品种大量普及，适用这些品种的除草剂有效成分嘉磷塞（Glyphosate）大量使用，单位面积喷洒除草剂的量与次数不断增加，整体除草剂喷洒总量其实反而增加。在这样的背景下，世界各地陆续出现了对于除草剂具有耐性的杂草。最有效的解决办法是农民动手拔除这些杂草，但这不仅需要非常多的人力成本，还很难除干净。因此，传统除草剂又派上了用场，包括著名的落叶剂（2，4-D），欧盟早已禁用的草脱净（Atrazine）与巴拉刈（Paraquat）等具有强烈毒性和具有环境荷尔蒙（环境里的东西改变了人体的荷尔蒙水平便叫作环境荷尔蒙）作用的除草剂，且喷洒量持续增加。与此同时，为了解决耐除草剂杂草问题，基改品种大企业进一步研发新的基改品种，这不免令人担心，耐除草剂品种普及之后，又会出现新的耐除草剂杂草，再使得除草剂使用量大增，恶性循环恐怕只会越来越严重。目前，巴西、阿根廷等南美洲国家为了大量增加基改大豆产量，推出大规模农场，导致农村社区组织受到干扰破坏，而毫无节制、无秩序地喷洒农药也破坏了周边农家田地与生态系统，居民健康更是受到不良影响。

最后，既然已经造成这么多问题，为何美国与南美洲各国农民还是积极引进基改品种？原因有三：①虽然种子与农药成本增加，但因为可节省劳力，基改品种特别适合大规模经营。②事实上农家已失去了选择品种的机会，被迫只能使用基改种子。因为各地拥有优良本地品种的种子企业都已被这些多国籍企业收购,或者因为种子供应商执照都被这些多国籍企业掌控,所以,农民即使想使用非基改品种,也已经很难再取得非基改品种的种子。③农家购买基改种子必须签署技术使用同意书,禁止农家进行自家采种,农家彼此之间也不可以进行种子让渡,还必须同意销售基改种子的企业有进入农田考察、实施样品采种与检查的权限。在此情况下,想坚持使用非基改品种或者坚持自家采种、种子交换的农业方式变得越来越困难。

(3)消费者选择的自由与要求标示基改食品的舆论发展。

对转基因食品进行标示,主要是能让消费者对转基因食品有知情权和选择权。农家被迫只能选择基改种子,恐怕也会造成消费者失去产品选择自由,消费安全性大受威胁。不断有医学研究显示,摄取基改食品可能带给身体不良影响,日本、澳大利亚、欧洲各国(程度有不同差异)虽都已规定必须标示为基改,但美国反而没有这项规定,从1996年开始,美国转基因作物开始大规模种植,在转基因食品标识上则一直采取自愿原则。相反地,美国农业生物科技业界团体以及所谓"基改食品推动派科学家"成立各式各样的智库与推动组织,一方面大力向各级政府与议会游说;另一方面,不断向消费者以及教师宣传基改食品"安全无虞"。所幸,近年来随着一些有机食品企业和反转基因团队的宣传和游说,越来越多的美国人要求对转基因食品进行标示,促成美国在转基因食品方面出台第一个全国性强制标注规定,要求从2020年1月1日起,含转基因成分5%以上的食品必须以适当方式标注转基因信息。[①] 目前,已有澳大利亚、巴西、中国、日本、新西兰和沙特阿拉伯等至少60个国家要求进行转基因标识。我国从2001年《农业转基因生物安全管理条例》实施以来,对农业转基因生物一直实行标识制度。

二、粮食安全和食物主权

(一)粮食安全

粮食是人类维系生命的必需品,虽然自古以来救助饥民与减少饥荒是政府的基本职责,但粮食安全这一概念的出现却是在20世纪70年代中期。为了应对日益严重的粮食危机,联合国于1974年召开的世界粮食峰会提出了粮食安全这一概念:"在任何时候,世界都有充足的基本食品供应,以维持粮食消费的稳定增长和抑制粮食产品价格的波动。"也就是说,1972—1974年粮食危机后为了减

① 《美国发布转基因食品标识新规,中国专家这么看……》,https://www.guancha.cn/politics/2019_01_02_485464.shtml。

少贫困与饥荒，人类建立起了以保障粮食供应为核心的新的全球性粮食生产体系，它们在为发展中国家提出的解决粮食危机的处方中大多包含了开放国内市场，减少粮食储备，解除对农业的管制，土地私有化等内容。20 世纪 70 年代以联合国为代表的多边国际组织主导下建立的全球粮食机制有以下 2 个特点：一是粮食流通是从中心国家向边缘国家流动。在这一体系中，西方发达国家以自由贸易之名要求发展中国家消除农业管制开放市场，却凭借巨额农业补贴而造成的长期扭曲价格冲击着国际农产品市场，其结果是北方国家拥有了粮食生产和贸易的绝对控制权。许多中小发展中国家的粮食自给能力严重下降，目前，有 2/3 的发展中国家由粮食净出口国变成净进口国。二是全球食物配送链呈现沙漏性结构。即在数量同样庞大的中小粮食生产者到消费者之间是一个数量相对集中的食品生产商和加工商，为数不多的全球粮食寡头公司处于全球食物配送链瓶颈。它们利用技术和金融竞争优势成为全球食物链的主宰，拥有了控制种植者和消费者的双重权力。如两大跨国公司阿丹米（ADM）公司和嘉吉公司控制了世界谷物贸易的 3/4，世界最大的 3 家种子公司孟山都、杜邦和先正达控制了世界种子贸易的 39%。发展中国家的中小种植者因为受到全球资本的盘剥，大多负债累累，交换权力低下，沦为赤贫人口，可以说，他们是全球粮食体系最悲惨的牺牲品。

进入 20 世纪 90 年代后，随着全球化日益加剧，这一体系在保障全球粮食安全方面遭遇越来越尖锐的挑战。据联合国 2005 年统计，在全球饥饿人口中，50%是农民，20%是无地的农工，10%是渔民、牧民和森林居住者。1996 年特拉斯卡拉粮食峰会上，正是这些农村饥饿人口的代表——一个由来自 37 个国家的 69 个农民和小农场主协会组成的全球公民社会组织“农民之路”（La Via Campesina，也称国际农民运动）提出了解决粮食安全问题的新主张——“粮食主权”，该倡议很快在包括国家间和跨国间的各层次广泛传播，成为全球化时代解决粮食安全问题的新思路。“农民之路”首次提出“粮食主权”的概念时把它简单地定义为“每一个国家都有权维持和发展自己生产基本的具有文化和产品多样性的粮食的能力”。随着粮食主权在全球各层次的广泛传播，这一概念被多次重新定义，内涵越来越丰富，至 2007 年《聂乐内宣言》发表时，粮食安全被界定为“人民有权利通过生态无害和可持续发展的方法生产符合健康和文化习俗的粮食，有权利界定他们自己的粮食和农业系统”。粮食主权提出的主张包括：第一，主张粮食生产与消费的本土化。粮食主权主张“给予本地生产者进入市场的优先权”，在一定区域范围内自给自足，使粮食的生产与消费在当地进行良性循环。第二，主张粮食生产资料的自主化。粮食主权反对跨国公司的资本兼并，提出进行土地和公共管理改革，使得土地、水、种子、牲畜等粮食生产的重要资源掌握在粮食生产者自己手中。第三,主张决策管理民主化。既然粮食是每一个人的权利,保障粮食的权利应该属于所有人。

(二)食物主权

食物主权(food sovereignty)的概念是由国际性农民运动组织“农民之路”在1996年召开的特拉斯卡拉粮食峰会上提出的,我国学者多使用“粮食主权”一词。1996年4月18日—21日,来自37个国家69个组织的“农民之路”代表在墨西哥特拉斯卡拉召开会议并发表了宣言。宣言声明:“我们致力于创造一个以尊重我们自己和地球、食物主权和自由贸易为基础的乡村经济。”这是食物主权概念首次被正式提出。特拉斯卡拉宣言重点抨击了新自由主义经济制度,认为它是造成贫困和土地、水等自然资源日益退化的主要原因;它将农产品生产、采购、分配置于全球市场化的制度框架下;它将自然和人作为获取利润的手段。

伴随着组织的不断扩大,国际农民运动致力于将食物主权融入各种可能的领域。首先是食物主权概念与农业生产分配领域相结合。2000年10月3日—6日,来自40多个国家,代表千百个农民组织和千百万农民家庭的100多位“农民之路”代表在印度班加罗尔召开会议并发表了宣言。这次会议及宣言明确提出了食物主权的含义,称“食物是文化的重要方面,新自由主义正在毁灭我们的生活和文化,我们不接受饥饿和背井离乡。我们要求食物主权——它是指生产我们自己的食物的权利”。宣言反对全球新自由主义议程,认为WTO和区域贸易协定的强制实施正在破坏农民的生活、文化和自然环境;强制实施的地区和全球性的农产品贸易自由化正在给农民生产的许多食品造成灾难性的低价。随着廉价进口食物冲击当地市场,农民和农户不能再为他们的家庭和社区生产食物,并被迫离开土地。在世界各地,不公平的贸易安排正通过强加新的饮食模式来破坏乡村社区和文化。食物是文化的关键部分,新自由主义议程正在破坏人们生活和文化的基础。宣言还谴责了世界银行、IMF(International Monetary Fund,国际货币基金组织)及其他国际机构,认为它们实施的所谓“农村发展政策”实则是对农民的土地、水和遗传资源等共同财富的掠夺。[①]

2004年,国际农民运动第四次大会在巴西圣保罗举行。会议发表的《圣保罗宣言》指出:“农民农业的永久存在是消除贫穷、饥饿、失业和边缘化的根本。我们相信农民农业是食物主权的基石,食物主权是农民农业存在的本质。如果我们无法拥有自己的种子,自决和农民农业都不复存在。”同时,会议呼吁各国政

① 梁姝娜:《食物主权:实现持久粮食安全的基础》,《北华大学学报》(社会科学版),2014年第12期。

府机构和制定政策促进农民农业可持续的发展，为进行真正的农业改革，为保护我们的种子和食物主权而斗争。显然，《圣保罗宣言》主要强调的是生产领域的食物主权，尤其是种子问题。接着，食物主权升级为综合性的人权。2007 年，国际农民运动在马里的塞林桂市聂乐内(Nyneleni)村召开了一次有针对性的会议——国际食物主权论坛，论坛发表了《聂乐内宣言》，把食物主权提升到保存、恢复与建设人们生产食物的知识与能力的地位，指出“食物主权是人们享有通过生态和可持续方式生产卫生和文化适宜的食物的权利，以及人们定义自己的食物和农业体系的权利”，提出奋斗目标为共同体、人民、国家和国际实体把食物主权当作基本人权来确认和执行；发生自然和人为灾害时，食物主权作为一种“保险”可以强化地方重建工作，降低负面影响。

随之，食物主权概念进入城市和消费领域。2007—2008 年全球粮食价格高涨，又爆发美国金融危机与全球经济衰退，然后 2010 年持续到 2012 年间因为谷物生产输出国气候不佳歉收，全球谷物供应量大减，造成国际谷物价格飙涨，玉米与大豆都突破了历史最高价格。未来全球气候恐怕只会越来越不稳定，但这不是造成粮食价格高涨唯一且根本的原因。今天全球面临的粮食危机，有几个结构性因素，从这些因素看来现在的状况可以说是必然的结果。也就是说，现行的自由贸易系统与新自由主义之下的“结构调整政策”[①]，是依照粮食出口国的论述调整后的结果，这严重妨碍了粮食进口，特别是落后国家的永续农业发展，更破坏了原本应加强却没实现的小农支持体制，于是在自由开放的谷物期货市场中，因为金融投机与大规模直接投资导致的农地掠夺问题变得越来越严重。另外，许多国家推出大而不当的生质燃料[②]促进政策，更让谷物供给量捉襟见肘。上述各种问题背后，最主要的原因是贪得无厌的跨国企业不受管制，继续增加其影响力。2013 年，国际农民运动在印度尼西亚雅加达举行第六次大会，会议发表的《雅加达呼吁》开宗明义地把食物主权与社会正义置于同等重要的地位，呼呼农村、城市组织和社会运动在食物主权和正义的基础上完成社会转型并建设新的社会。这具有特别重要的意义，食物主权从此走入了城市，从生产领域走进了消费领域。2015 年，国际农民运动在突尼斯首都突尼斯市召开了世界社会论坛，把食物主权和气候正义相提并论，指出食物主权是解决食物和气候危机的真正渠道。2017 年，国际农民运动在西班牙巴斯克县举行第五次妇女大会，提出“女权主义与食物主权结合在一起可以改变世

---

① 结构调整政策指国家为了调节社会供给与需求结构的平衡而制定的调整财政收入结构和财政支出结构的基本原则和方针。其主要内容：一是调节消费与投资的比例，二是调节社会生产的比例。

② 专门培植为生质燃料原料的作物，主要有在美国出产的玉米和黄豆，主要在欧洲出产的亚麻籽和油菜籽，巴西的甘蔗，东南亚的椰子油。

界"的口号。总之,食物主权的主张不断发展变化,内容越来越丰富,应用的范围越来越广。

粮食主权这个概念自从1996年首次提出后,就在各类国家间和跨国间的机构与组织中广泛传播,成为一场席卷全球的社会政治运动。粮食主权主张一国有权自主决定如何可持续生产、分配和消费粮食,自主决定相关的政策和策略,以保证其国民食物权的实现。粮食主权的理解框架为人类勾画出了解决粮食安全的新思路。近年来,食品安全问题的爆发和生产关系的变化是有关联的。"食物主权"这个概念或许能连接生产者与消费者,让我们把农民问题、消费者问题、食品安全问题这些原本被分割的问题重新打包,用一个总的概念去促使我们思考它们之间的体系性问题:比如,生产者的目的是否为保障人民的健康;再比如,农民组织作为生产者,是否对生产资料有管理权。现在农民提出的诉求是他们面临的新自由主义全球化对农业生产各个环节入侵的问题。面对各个生产环节的要素被商品化,被嵌入资本的产业链条里面,农民提出的诉求就不仅是土地的问题,而是包含了更广义的生产资料、生产条件、贸易条件等问题,包含了人与自然的问题,永续发展的问题,所以"食物主权"表达了在新自由主义全球化时代的农民诉求,既继承了以往农民对土地的要求,也超越了它。另外,"食物主权"是一个多层次的主体概念,且各个层次之间没有相互排斥。我们需要有国家主权,也必须有生产者主权、消费者主权,它是多主体的联合。

三、在地食物与地产地销

现在,越来越多人奉行着乐活(LOHAS)的生活哲学,而"乐活"最简单的实践方式,就是"吃当季、买在地",透过支持"地产地销",购买"对时"的产地作物,才是真的"对食"。

(一)在地食物

"食当令,吃在地。"这里的"在地"就是指在地食物。在地食物是指在有限的地理区域内生产、销售和消费的食物,亦即仅在短距离生产的食物或直接由生产者销售的食物。目前,关于在地食物的定义尚未达成共识,许多学者提出现在的定义倾向于使用从生产者到消费者或管辖标识符的距离。美国农业部(USDA)和加拿大食品检验局(CFIA)就采用两种不同定义。美国农业部经济研究局(ERS)颁布的《2008年食品保护与能源法》,将在地食物定义为"其原产地到消费地的距离不超过400公里或原产地即为消费地",而CFIA则通过将"在地"视为"在其所在省份或地区生产的食品"或"在原始省份或地区 50 英里[①]以外的省际边界销售的食品"。此两种定义的相似之处在于生产地到消费地的距离和食物来源所在地的概念。除此之外，还有许多区域范围也被用来定义"在地"，包括政治边界，如省、州和地区。如美国有的学者将在地食物定义为"在州内生长的作物"，而有的将在地食物定义为区域概念，而不是全州的概念。就欧洲而言，54.7%的立陶宛居民说在地食物是距离他们自己居住的地方不到 100 公里生产的食物。除以上以地理(距离)基础定义在地食物之外，还有一种是基于情感和社会关系的在地食物定义，主要是受到食品来源、背景因素的影响。如社区支持农业(Community Supporting Agriculture)也是一种明确的"在地"行为。它们是从城市附近(甚至在城市内)农场直接购买农产品的一种形式。有些学者将在本地生产的产品及朋友、亲戚或邻居生产的食品视为在地食物。2007 年中国台湾在中兴大学成立第一个贩售在地有机食品的农夫市集，现在已有多种不同类型的农夫市集在台湾各县市展开。农夫市集上的农产品是明确的在地食物，管理规则也往往有明确的地域限制，也限制参与者销售的产品。总之，在地食物定义可以从距离、政治边界及专业标准等不同角度进行阐述，并提出包括情感或道德方面的观点。

为什么要使用在地食物?

(1)选择适时适地盛产的蔬果，其营养成分和状态最适合食用，因为适时栽培，顺应自然，病虫害较少，就可以减少农药的使用。

(2)食物在长途运送的过程中新鲜度会降低，营养也容易流失，低温储存、包装，以及运送的燃料，则会耗用不必要的能源，增加二氧化碳的排放。减少食物里程，就是对地球友善的行动。

(3)"身土不二"是古老医训，养生也要养土；吃最近距离的食物，对土地友善的食物，才是健康与环保双赢的饮食策略。

(4)生鲜食品长途运送经常需要添加防腐剂，选购近距离的食物，可减少防腐剂的使用。

以台湾地区为例，近年来外食风潮备受各界的瞩目，很多青少年忽略了家乡的特色食材，通过各级农会，以"四健"青少年会员为对象，推动一系列的农业食材教育活动，如以在地农产品为主题，让学童亲手栽植到烹调，认识在地农产品的特色，并亲身体验农夫耕作的辛劳，更懂得要珍惜在地宝贵的食材；同时推出青少年健康饮食作业研习，设计从产地到餐桌一系列的课程，包括每日饮食指南、良好饮食习惯、食物里程、吃当地时令的食物、粮食安全、对食物

---

① 1 英里约等于 1.609344 公里。

心存感恩等,透过课程推动地产地销的理念,探讨全球粮食危机,认识食物和食品的差异,培养正确的饮食习惯等,让会员们重新思考"吃"的议题,另外,通过慢食文化、均衡饮食,运用在地食材做创意料理等,阐扬宴飨的乐趣,并唤回消费者对"生态美食"的认知,推动高品质美食生产,保存具有技艺性的制造方法,以及即将消失的在地各种荤素食材的栽种与料理,并办理品味教育,传承传统烹饪方法及习俗,提高饮食文化标准,推动当地原产、丰富营养的食物的低卡路里消费。

在城市化与商业化高度发展下,农产品和消费者之间唯一的联结只剩下"价格"。消费者不知道农民种植作物的过程与价值,农民也不了解消费者的需求,近年来"产地到餐桌"的饮食样态被逐步推广,但消费者可能仅止于"重视食材"的生产过程,而不是真正"认识食材"的生产过程,于是,"食材旅行"的概念也应运而生。所谓"食材旅行",就是让消费者直接到食材产地,从认识食材、农事体验、料理烹调到亲手制作,了解土地与农村的人文风情,不但能让旅人用心体会食材背后的点滴故事,还能以最直接的方式和农民、农村以及土地产生更深厚的联结。如我国台湾花东地区清静的环境孕育出许多无毒有机的食材。在2012年推出为期4个月的"农游花东·寻宝好食光"系列活动便是以"食材旅行"为主题的农游闯关活动,除了精选花东10个农游重镇必吃特色创意便当15款,加上休闲农场、田妈妈[①]料理班及农会农特产品展售中心等,总计规划出80个寻宝点,希望民众畅游花东,寻访当季当地的好滋味,同时,借由实际从事农事体验,认识食材与利用食材。食材旅行还有一项很重要的意义,就是和农民沟通,无论去到休闲农场、农民市集,还是农特产展售中心,皆可通过互动、品尝、采买,了解农业也了解农民的理念,绝对有助于消费者认识食材与食材的价值,也对农民因掌握消费需求而审视栽培理念,进而改良栽培方式,确保、维护农产品的品质,都有实际助益。

在地食材(locavore)的概念,是将环保的概念融入饮食,直接地产地销,降低运输成本,减少碳足迹,更可以让消费端及制造端将所投入的每一分钱留在当地,用来改善生产技术,提升农产品的品质,不仅可以吃得安心,也可以促进在地经济的发展。认识一个地方,从食材开始。在地的食材跟人情一样,最鲜甜!

---

① 田妈妈泛指一群每天在台湾各地辛勤努力又有着精湛手艺的婆婆妈妈。台湾"农委会"自2003年开始辅导台湾各地农家妇女成立"田妈妈",运用个人专长及团队经营力量,开创其副业。"田妈妈"品牌以田园料理及地方特色农产品加工、米面食餐点为主轴,通过食品卫生、营养、加工、营销等领域的专家学者指导,以在地新鲜食材及三低一高(低油、低盐、低糖、高纤维)的健康料理概念,开发各种可口、健康且具地方特色的田园料理,并借由地方农民团体协助结合当地休闲旅游,发展为在地旅游的美食料理,以带动在地消费,创造更多的就业机会。

(二)地产地销

近年来食品安全问题发生频繁,使得食农教育迅速扩展,因此地产地销的理念也被大众所重视。由于食品安全、人类健康和环境状态逐渐备受重视,因此在地食物系统引起全世界的广泛关注。如美国,目前的供应链是一个以超市为消费基础,周边缺乏供应健康食物的场所,因此在这个供应链中,必须由一个或多个供应商来提供各领域的食物及食品。典型城会区附近几乎没有食物原料的生产,所以城市周围的地区类似于产区沙漠,以至于消费者对在地食物的流动需求极为迫切,且有增加的趋势,近年来开始有社区农园和买在地食物的运动发生,此类在地性粮食运动非常有助于社区的稳定和环境的可持续性发展。至于日本,则一向对食农教育非常重视,自 2005 年食育基本法立法之后,政府及宣传团体就开始推动当地的粮食运动,特别是"地产地销"(local production local consumption,LPLC)的运动蓬勃发展。地产地销提供生产者与消费者交流的机会,通过生产者和消费者直接接触,使消费者认识产地的农业生态价值与信任农民的生产。而这样的做法促使食物生产地尽可能接近消费地,因为要保护环境生态也会减少使用合成化学品和使用较多的有机方法生产。此做法改善食物的可获得性,从而促进粮食安全。

地产地销简单来说,就是在地生产、在地消费之意,该政策的推动,就是希望农产品应保有在地生产少量多样特色,并让消费者建立地域性及固定消费模式,以期产生固定客群,增加农民收益。综上所述,地产地销的定义系指消费者消费本地生产的农作物和水产品,以当地生产、当地消费为目标,缩短运输距离,确保农产品新鲜,保证食品安全。地产地销,不仅能让消费者深入了解在地食材的特性及优点,也能教导消费者各种绿色饮食的观念及其对自身健康与在地农民的益处。地产地销,使消费者拉近与食物原料生产者的距离,不仅缩短产地、消费地的距离,降低运送间所需的碳排放量,在促使环境有所改善的同时,也能支持在地农村发展,创造双赢的局面。

四、绿色消费与绿色餐饮

"绿色"原指小草或树叶生长茂盛时的颜色,由于它具有生命、春天、青春、希望、新生、充实、宁静、温馨等含义,后来就转化为一种色彩象征语言,代表着健康、安全、和平或幸福,被广泛应用到经济、政治、文化、社会生活中去,起到某种识别作用、警示作用、指令作用或象征作用。绿色消费与绿色餐饮中的"绿色"意味着一方面对人体健康提供最大最好的保护,另一方面最大限度降低对自然环境的负面影响。

(一)绿色消费

绿色消费又称可持续消费,是从满足生态需要出发,以有益健康和保护生态环境为基本内涵,符合人的健康和环境保护标准的各种消费行为和消费方式的统称。绿色消费是在不影响子孙后代对自然资源利用的前提下,为了提高当代人的生活品质,使用不会对人体健康和自然环境造成破坏的环境友好型产品进行消费的一种行为方式。绿色消费的内容非常宽泛,不仅包括绿色产品,还包括物资的回收利用,能源的有效使用,对生存环境和物种的保护等,可以说涵盖生产行为、消费行为的方方面面。绿色消费的核心概念主要可区分为4R与3E,分别为Reduce(减量消费)、Reuse(重复使用)、Recycle(回收再生)、Refuse(拒用非环保产品),Economic(经济诉求)、Ecological(符合生态)、Equitable(实践平等)。也就是说,只要消费者在消费过程中具有降低环境损害的环保观念,即可称为绿色消费。

绿色消费观,就是倡导消费者在与自然协调发展的基础上,从事科学合理的生活消费,提倡健康适度的消费心理,弘扬高尚的消费道德及行为规范,并通过改变消费方式来引导生产模式发生重大变革,进而调整产业经济结构,促进生态产业发展的消费理念。它包括三层含义:一是倡导消费者在消费时选择未被污染或有助于公众健康的绿色产品;二是在消费过程中注重对垃圾的处置,不造成环境污染;三是引导消费者转变消费观念,崇尚自然、追求健康,在追求生活舒适的同时,注重环保、节约资源和能源,实现可持续消费。

绿色消费是一种高层次的理性消费,是带着环境意识的消费活动,它体现了人类崭新的道德观、价值观和人生观。事实上,绿色消费已得到国际社会的广泛认同。绿色消费的思潮起源于1970年末期之欧洲。因近年来气候发生变化,生态环境被严重破坏,人们便开始注重环境保护。而世界各国亦开始推动保护地球的概念,开启鼓励绿色消费的环保新领域,期望引导民众从绿色消费层面,减少污染及资源浪费,达到环境永续再利用的目的,使得绿色消费开始渐渐受到人们重视。另外,消费者具有绿色消费认知或环保态度,会正面影响其消费绿色产品的意愿。自20世纪80年代末期以来,全球绿色消费运动开始被国际社会所接受,成为公众广泛参与环境和生态保护的消费方式,绿色消费观也应运而生。国际消费者联合会从1997年开始,连续开展了以“可持续发展和绿色消费”为主题的活动。据有关资料统计,有82%的德国人和62%的荷兰人到超市购物时预先考虑环境保护问题,66%的英国人愿意花更多的钱购买绿色产品,80%以上的欧美国家消费者把环保购物放在首位,愿意为环境清洁支付较高的价格。而据中国社会调查事务所的调查,有72%的被调查者认可“发展环保事业,开发绿色产品，对改善环境状况有益”的观点，有54%的人愿意使用绿色产品。在国内，原国家环保总局等6个部门在1999年启动了以开辟绿色通道、培育绿色市场、提倡绿色消费为主要内容的“三绿工程”；中国消费者协会则把2001年定为“绿色消费主题年”。党的十九大报告明确提出：“形成绿色发展方式和生活方式，坚定走生产发展、生活富裕、生态良好的文明发展道路。”在全国生态环境保护大会上，习近平总书记明确了绿色生活方式形成的时间表，即“到本世纪中叶，物质文明、政治文明、精神文明、社会文明、生态文明全面提升，绿色发展方式和生活方式全面形成”。

可以用绿色采购推动绿色消费，促进绿色生活方式形成。绿色采购(GPP)是指在同类产品和服务的主要功能相同的条件下，优先采购在整个生命周期对环境影响最小的产品和服务的行为，其基本特征是环保、节约、健康、安全。绿色采购是绿色消费的前提和基础，离开绿色采购，绿色消费和绿色生活方式就会成为空谈。通过绿色采购，一方面能推动消费者的消费升级，促进绿色消费，助力形成绿色生活方式；另一方面有助于引导和鼓励企业更注重自身形象，改变粗放式的生产经营方式，生产更多绿色产品，提供更多绿色服务，进而推动绿色生活方式的形成。

(二)绿色餐饮

为改善饮食习惯及餐饮业对环境所产生的冲击，国内外均有各种深入程度不一的相关做法。欧美国家率先提出饮食新概念，推广“地方(在地)食物”(local food)、有机食物(organic food)、“低碳食物”(low carbon diet)，并对餐饮业新模式“绿色餐厅”(green restaurant)进行认证。绿色餐厅认证指标的建构，分为6个方面，包括能源、水资源、固体废弃物、绿色采购、环境政策和污染防治。

绿色餐饮是指餐饮企业从保护资源、维护环境、有益安全健康、持续发展的角度出发，对产品在生产、加工过程中予以控制，为消费者提供安全、健康的餐饮食品。绿色餐饮与传统餐饮的最大区别就在于餐饮企业在整个经营活动中，除了关注自己的企业之外，也融入了社会因素，即有着更强的社会责任感，强调在其生产与服务的过程中，更多地关注节约资源、注重环保，极大地尊重就餐者的利益与健康，并从经营的各个环节全方位、全过程地予以体现，从而达到经营的最佳效果，最终实现经济、生态、社会的和谐统一。它是目前最优的、新型的餐饮经营管理方式，是一种先进经营理念的体现，也是未来餐饮企业经营的核心与目的。

习近平总书记一直高度重视粮食安全和提倡“厉行节约、反对浪费”的社会风尚，多次强调要制止餐饮浪费行为。2013年1月，习近平就作出重要指示，要求厉行节约、反对浪费。此后，习近平又多次作出重要指示，要求以刚性的制度约束、严格的制度执行、强有力的监督检查、严厉的惩戒机制,切实遏制公款消费中的各种违规违纪违法现象,并针对部分学校存在食物浪费和学生节俭意识缺乏的问题,对切实加强引导和管理,培养学生勤俭节约良好美德等提出明确要求。党的十八大以来,各地区各部门贯彻落实习近平重要指示精神,采取出台相关文件、开展"光盘行动"等措施,大力整治浪费之风,"舌尖上的浪费"现象有所改观,特别是群众反映强烈的公款餐饮浪费行为得到有效遏制。党的十九大提出,要推动绿色发展,满足人民日益增长的美好生活需要。习近平总书记在政治局集体学习时强调,"要推动形成绿色发展方式和生活方式,为人民群众创造良好生产生活环境"。推动绿色餐饮发展,建立健全餐饮业节能、节约发展模式,提供"放心、健康"的餐饮服务,倡导绿色低碳的生活方式,满足人民群众过上美好生活的新期待,是贯彻落实十九大精神的具体举措。2017 年 7 月以来,商务部会同中央文明办印发了《关于推动餐饮行业深入开展"厉行勤俭节约反对餐饮浪费"工作的通知》,引导和鼓励广大餐饮企业强化社会责任、增强节约能力。通过一系列的宣传报道,节约观念深入人心,餐饮浪费现象大幅减少。为推动绿色餐饮发展,商务部按照党的十九大要求,广泛征求餐饮企业、行业中介组织等社会机构的意见,与中央文明办等相关部门反复沟通、集思广益,不断修改完善,于 2018 年 6 月联合印发了《关于推动绿色餐饮发展的若干意见》(以下简称《意见》),大力发展绿色餐饮,推动餐饮全产业链绿色发展。《意见》着眼于满足人民群众日益增长的美好生活需要,以供给侧结构性改革为主线,积极践行绿色发展新理念,主要有以下特点:一是突出餐饮全产业链绿色发展,二是坚持多策并举推动绿色餐饮发展,三是强调多部门联动配合。《意见》提出了推动绿色餐饮发展的主要任务:一是健全绿色餐饮标准体系,二是构建大众化绿色餐饮服务体系,三是促进绿色餐饮产业化发展,四是培育绿色餐饮主体,五是倡导绿色发展理念。鼓励餐饮企业将绿色发展理念融入服务人员行为规范,加强职业道德教育,使绿色发展理念变成服务人员自觉行动。2020 年 8 月,习近平总书记对制止餐饮浪费行为作出重要指示。他指出,餐饮浪费现象,触目惊心、令人痛心!"谁知盘中餐,粒粒皆辛苦。"尽管我国粮食生产连年丰收,对粮食安全还是始终要有危机意识,2020 年全球新冠肺炎疫情所带来的影响更是给我们敲响了警钟。但一些地方餐饮浪费现象仍然存在,为此习近平总书记强调,要加强立法,强化监管,采取有效措施,建立长效机制,坚决制止餐饮浪费行为。要进一步加强宣传教育,切实培养节约习惯,在全社会营造"浪费可耻、节约为荣"的氛围。[①]

① 《习近平作出重要指示强调　坚决制止餐饮浪费行为切实培养节约习惯　在全社会营造浪费可耻节约为荣的氛围》,http://china.cnr.cn/news/20200812/t20200812_525202264.shtml。

我国餐饮业的绿色革命正在兴起。从《意见》来看，安全、健康、环保是绿色餐饮的三个要点：一是安全，食品安全问题向来是餐饮业绕不开的话题。绿色餐饮必须以保障食品安全为前提，为消费者提供放心、安心的餐饮服务。二是健康，随着健康养生观念的普及以及健康意识的提高，消费者对健康饮食的关注和需求也越来越高，以绿色、健康为主题的生态餐厅、轻食餐厅深受欢迎。美国《福布斯》双周刊网站发文称，中国正变成世界上最大的健康饮食市场。健康，也是绿色餐饮的要点之一，绿色餐厅在食材、烹饪方式等方面都要满足消费者健康饮食的需求。三是环保，餐饮行业作为损耗较高的产业，长期以来存在食材、水电等浪费严重的情况，无形中增加了餐厅运营成本；此外，食材加工过程中也容易产生污染物，对环境造成污染。[①] 绿色餐饮提倡节约环保，要求餐厅安装油水分离装置、油烟净化设施，设置垃圾分类回收设施，采用清洁、高效的工艺技术和设备，从而减少能耗，保护环境。饭店餐饮业是受新冠肺炎疫情影响最严重的行业之一，但疫情也加速了住宿餐饮行业绿色化、数字化、多业态化的进程。从长远来看，本次疫情加速了住宿餐饮行业转型的步伐，例如，加速绿色发展，适应消费者对放心、安全、健康的新发展需求，所以我们每个人都应该树立绿色饮食的理念，保护环境、保护地球，保护我们共同生存的家园。[②]

第二节 重建人与食物的美好关系

在“健康中国 2030”、《国民营养计划(2017—2030 年)》以及“乡村振兴战略”等中长期战略推动下，政府及学术界对营养问题的关注持续提升，农业与营养的联系逐步增强，但“农业—食物安全—营养”的有机融合与衔接尚未形成。斯坦福大学 Maya Adam 的“儿童营养与烹饪”课程，刚开始就提到了食物本身有 2 个作用，一个是为我们提供营养，而另一个就是具有社会功能。食物的力量不仅只是填满肚子，从土地滋养而出的果实到餐桌的过程，只有通过种植或亲手烹饪，才能重新联结人与人、人与土地，建立起友善的美味关系。所以通过食农教育，可以重新建立人与食物的美好关系。

---

① 《九部委发文力推绿色餐饮，餐饮人该怎么顺应趋势?》，https://m.canyin88.com/zixun/2018/11/08/69052.htm。

② 《疫情加快住宿餐饮行业转型步伐》，https://m.gmw.cn/2020-07/20/content_34008408.htm?from=search。

一、工业化与农食分离

(一)工业化与食品体系

工业化农业改变了我们的食物体系。如现在的西红柿越来越难吃,缺少西红柿特有的口感和本真的香味,这是因为现代西红柿栽培品种是根据果实大小、坚实度等性质进行选择的结果,这一方面迎合了消费者喜爱大西红柿的倾向,另一方面是为了便于运输。但在选择的过程中,西红柿的风味品质却被忽略了。加上那些大规模密植的西红柿,从苗开始就注入调节剂(激素)促进生长,后期再催熟,大大缩短了植物的整个生长和果实的成熟期。这种方式种出来的西红柿就不会有味了。如美国佛罗里达州占美国鲜食西红柿份额的1/3多,从10月到次年6月,几乎所有的鲜食西红柿都来自佛罗里达,同时还会运输到加拿大。这些西红柿育种的时候就选择硬果品种,还是青的时候采摘,在仓库里用乙烯催熟。这些西红柿从挂果到拉秧一般只采收3次,青果采摘大大减少了采收次数,也就意味着降低了劳动力成本。大部分做西红柿酱的西红柿是在加州种植的,全部等到变红后,喷洒除草剂,待秧苗全部变黄后,用拖拉机将西红柿采收。佛罗里达西红柿委员会制定西红柿上市的标准,那些老品种不符合外形、颜色标准的西红柿是不允许出口的。快餐行业要求放到沙拉里的西红柿可以有几周的货架期。"人们只是想要一些能放到沙拉里的红色的东西。"西红柿采收完的卡车就停在仓库里,还要用氯溶液消毒。20世纪90年代至少有12次大的食物中毒事件,西红柿占食源性疾病的贡献率达17%。在佛罗里达,土壤基本上是沙化,没有多少营养。佛罗里达的西红柿地大概每英亩每季要使用2000美元的农药和化肥,这些农药会损害脑、神经系统、生育系统,甚至可以直接杀死人。消费者应该坚持吃那些可以满足我们身体健康需要的绿色的、生态的、符合标准的食物,而不是公司化农业的食物。消费者的力量是很大的,市场会因消费者偏好而改变,进而改变种养方式,甚至影响前端种子、肥料、药品、疫苗、饲料等的生产方式。我们每消费一元钱,都是在为你想要的世界投票。[①]

(二)工业化与食品安全

工业化是一个历史范畴,它是指传统农业社会向现代工业社会转变的过程,是推进现代工业在国民经济中占主要地位的过程。随着传统食品进入工业化时

---

① 《为什么西红柿越来越难吃?工业化农业改变我们的食物体系》,https://mp.weixin.qq.com/s/lxFY2o-dGyjQQRYe13fKxg。

代，品种改良、饲料工艺、动物科研、缩短动物饲养周期、食品中加入添加剂，缩短加工时间等，带动相关食品产业的快速发展，同时也带来了负面影响。美国的工业化浪潮激增了食品安全风险，1906年国会先后通过立法赋予联邦政府农业部化学局对肉类食品安全监管的权力，旨在遏制当时大规模的食品掺假行为。在随后的几十年里，美国的食品安全又先后经历了来自滥用化学合成制剂、垄断餐饮企业的快餐文化以及生物恐怖主义的正面冲击。在英国，公共卫生危机所带来的疯牛病流行，促使英国政府在2000年成立了独立的食品标准局。工业化和信息化革命使得日本农产品自给率急速降低，日本面临较大的食品安全市场风险。新兴发展中国家也同样面临着食品安全风险所带来的治理挑战，例如印度"苏丹红事件"和"毒可乐事件"及农药残留和街头食品卫生问题堪忧。随着快速工业化进程的发展，中国的食品安全面临更多前所未有的风险，现代化的食品生产方式、工业生产原料的添加以及转基因新技术运用等因素都可能带来不同程度的食品安全风险。食品工业化本身也存在食品安全风险，包括生物性危害风险（包括细菌、病毒、寄生虫以及霉菌等）、化学性危害风险（包括重金属、自然毒素、农用化学药物、洗消剂等）、物理性危害风险（包括碎骨头、碎石头、铁屑、木屑、头发、蟑螂等昆虫的残体、碎玻璃以及其他可见的异物）和转基因食品的危害风险。从工业化下食品产业链角度看，食品安全风险影响因素主要体现在以下方面：产地环境因素、种植或养殖环节、生产及加工环节、食品流通过程、消费者终端。其中消费者终端食品安全风险影响因素包括消费者储存或食用不当造成的生物污染、容器或包装材料的使用不当、人们生活方式的改变等。食品中常见的致病菌有肉毒杆菌、沙门氏菌、金黄色葡萄球菌等。肉毒杆菌尤其喜欢肉肠、火腿等富含蛋白质的食品，同时在豆制品和煮熟的黄豆、豆酱类食品中也可能含有。沙门氏菌通常寄居在人或动物肠道内，它主要污染动物性食品，包括禽畜类、蛋类、奶类及其制品，如果没有彻底加热，则可能感染。金黄色葡萄球菌污染乳类、肉类和剩饭等。食品的包装是防止微生物污染的重要方法，食品容器和包装材料等所使用的化学成分多且复杂，容器加热后对食品会造成潜在的污染危险，如一般采用三聚氰胺的食用器皿就不可放进微波炉使用；人们生活方式的改变与食源性污染有密切的关系。由于生活节奏快，消费者对快餐的需求增大，在外就餐的机会增多，注重口味，以鲜为快，喜欢吃生食和野生动物，这些都使食品安全面临新的安全挑战。①

---

① 李晓燕：《工业化下食品安全影响因素及监管机制研究》，《福建质量管理》，2019年第1期。

(三)工业化与农食分离

农食工业化即食品安全问题的起源,也造成了农食分离。从一定程度上说,农食工业化进程就是自给自足的小农经济消失的过程。在这一过程中,生产者和消费者逐渐分离,直到总体上成为空间上分隔的2个群体。因此,部分缺乏流通经验或能力的农户,在田间地头把农产品销售给农产品经纪人。于是,农产品经纪人以及批发商、二级批发商、零售商(或超市、菜站)等群体发挥各自的专业职能,在市场这只"看不见的手"的调配下,完成了农产品从生产者到消费者的"运输",形成了农产品流通网络。不可否认,这一网络在保障农产品供应过程中的确发挥了重要作用。但是,这一网络也带来2个问题。一个是由于中间环节较多,每个环节都要获利,使得消费者购买和生产者出售农产品的价格之间存在较大差距。另一个是由于参与主体多、链条长,再加上农产品外观的相似性和品牌化建设的滞后,关于农产品的原始信息在传递过程中不断衰减甚至受损、变异,也不利于建立农产品质量安全追溯制度,消费者不知道买到的农产品是在哪儿生产的,是谁生产的。[①]

食品安全问题不断发生,不禁令人疑惑何以整个产业不断制造出这么多危害公共安全的事件?仔细探究整个产业链的每一个环节,许多学者把问题的根源指向当代食物生产体系——农业与食物生产工业化的本质。农业社会中,人们必须参与食物从土地到餐桌的整体流程,方能维持生存。但工业化的发展促使专业分工日益精细,工业化的生产原理与模式被引进食物生产中,发展成可以标准化控制,强调产能与追求生产利润的专业领域,称为"农食工业化"。农食工业化有3个方向——农业工业化、畜牧业工业化及食品工业化,以及由于农食生产规模巨大化应运而生的运输、配送、销售等产业链。农食工业化的过程切断了人与食物的联结,农民负责种植工作;土壤专家、植保专家、农药生产企业负责土壤与病虫害防治;生产出的农食产品通过田间经纪人或中间商协助运输和加工销售;最终通过农贸市场或超市等销售到消费者手中。但由于现代家庭外食的趋势不断提高,因此烹煮的工作乃交由餐饮产业代劳,或甚至仰赖食品工业制作的熟食、罐头等加工品,方便消费者直接买回家加热下肚。这是现代社会越来越常见的食物旅程。在这趟每日重复的食物旅程中,食物的消费者不但与食物的生产者互不接触,甚至越来越多的人不曾接触到未经加工的原生态食物,特别是城市的小孩子。农食分离使人类得以从食物的生产与制作中解放出来,获得更

---

① 《让农产品产销进入"对接时代"》,http://jiuban.moa.gov.cn/sydw/nygbglxy/qkwz/2011nqk/08qk/201711/t20171120_5958869.htm。

多的时间以发展个人的专业或兴趣，成就了便利的现代化生活。人们以自己的专业或专长赚取收入，再去购买其他专业的服务（商品），“把一切交给专家既便利、安心又有效率”在现实生活中越来越成为人们的价值观，而在这个价值观不断畅行的过程中，食物也成为众多交换的商品之一。

农食工业化发展至今，对人类社会带来巨大变化及影响：一是产销分离及农粮全球化竞争造成粮食分配不均、食品安全以及地方饮食文化变迁等人与食物关系的改变。二是农业工业化，导致农村人口外流、农业传承断裂以及食农企业取代小农，造成小农招致放弃，功利主义主导食品交换原则，生产者及消费者间信任依赖关系破裂等人与人关系的变化。三是工业化的生产模式带来环境破坏、能源消耗及土地利用商品化等问题，导致人与环境关系的改变。农食工业化为当今社会食品安全问题层出不穷最主要的根源之一。在过去的社会，人们必须参与食物生产（从土地到餐桌）的整个流程，而在当今农食工业化的社会体系里，人们不再如过去一般需要自己生产自己的食物，生产者与消费者的分业、分工造成了人与食物关系日渐疏远、断裂，对食物的无法掌控又为食品安全问题提供了温床。

以上所述的农食工业化问题，本质其实是现代化的问题，也就是这短短的百年来人类看待农业生产观点的问题。专家认为，如果不能对现代主义的生产逻辑及其所信奉的价值进行深刻反思，所有的改革将很难真正解决问题。农食工业化带来的食品安全及乡村所遭遇的产业、环境、生活、文化、社会结构等问题，需要构建一个新的系统，来解决现代化过程中农业与食物生产工业化所造成的人与食物、人与人、人与环境关系的断裂问题。农食工业化、农食分离是现代化国家共同面对的处境，但国际上有不少国家从 20 年前就开始注意并设法解决。通过国外的经验我们可以了解，要真正解决食品安全问题，一方面要推动食农教育，构建生产者与消费者的连接，促进消费者了解食物生产；另一方面则是要创造新的社会系统，促进典范转移。

二、从《荷花镇的早市》看人与食物的美好关系

《荷花镇的早市》讲述了一个非常恬静的故事，用一幅幅温馨的水乡集市画面，很好地再现了一个在传统的熟人社会下，栩栩如生的日常生活场景。这是一个春天或者秋天的早上，天还没有亮，有一艘小船慢慢地划进江南水乡荷花镇的一条小河。小船上坐着一个身穿红衣的男孩，他就是来自上海到水乡小镇为奶奶祝寿的小朋友阳阳，这天清晨和姑姑到水乡荷花镇的早市上买东西。

红衣男孩上岸了，睁大好奇的双眼，看着都市生活里从未出现的新鲜事物：

米酒、小猪、斑驳的船影、刚出壳的小鸡、露天的大戏、接新娘的花轿……充满了浓郁的生活气息,对于生活在城市里的孩子们来说,露天的集市是新鲜的,水乡的集市更是新鲜。于是,我们跟随着童年的画家走进了荷花镇,跟着阳阳和姑姑一起逛了一圈小镇的早市:窄窄的小巷、路边的露天小吃摊、人头攒动的集市、锣鼓喧天的地方戏……这个早市似乎是许多年前的一个早市,其实就是画家本人对故乡早市的一种追忆,因为这样的早市,在现代社会不说消失殆尽,也是很难见到。赶这样的早市,我们称之为"赶集",一般逢三、六、九等"圩日",镇上的主街上,一大早就会有农民从各家各户带来农产品、家禽、家畜、手工制品等出售,五花八门,什么都有。

荷花镇的早市上人可真多,书里一共画了1000多个人物。这些人物都是不紧不慢的,一脸的安详与知足,透过那一幅幅画面传递出来一股浓浓的人情味。红红的炉火,热腾腾的笼屉,香喷喷的酥饼,隔着画面也叫人垂涎欲滴。早市永远是生活气息最浓郁的地方,一切都是新鲜的,碧绿的青菜,水灵灵的萝卜,红彤彤的果子,还有南瓜、豆腐、莲藕、刚出炉的烤红薯……伴着晨光里的水汽,空气湿湿的、润润的,每一样都那么美好,每一样都想买一点儿,尝一点儿。早市是没有贫富差距的地方,有人问着价,有人掐掐萝卜捏捏葱,孩子们让大人牵着手,兴奋地踮起脚尖、东张西望。赶早集,终归还是为了一家子的团圆饭。所以千里万里,也要回家团聚。[①] 在倒数第二个画面中,画家把镜头拉远,拉成了一个大全景,小镇的全貌尽呈眼底。但这一幅,不但没有了文字,还突然在四周加上了一圈白框,好像被定了格,被镶进了画框里,永远地挂在了画家的记忆里。为什么要挂起来呢?画家一定是寻找过了,一定是一个人悄悄地寻找过了,一定是没有找到童年时曾经去过的那座小镇;也可能找到了,小镇还在,但那些人和风景却已经遍寻不见了。画家失落,我们也失落,为什么消逝的不是别的,而偏偏是让人魂牵梦绕的记忆呢?[②]

对于现在的城市孩子而言,大多并没有见过我们平常吃的蔬菜、瓜果是如何从地里生长出来的,甚至因为现在生活条件的富足,我们买回家的食物大多是已经经过加工的,如切掉萝卜缨的干净胡萝卜,切成块的整齐鱼肉。食物自然的样子已经被进行了"可食"与"不可食"的区分,但自然的食物真的是这样吗?或者说我们食用的部分与整株植物的关系是怎样的?不同食物之间的差别是什么?同样一种食物如何分辨其水分、成熟度等不同的属性?[③] 这些问题对于不经常

---

① 《"绘本推荐"荷花镇的早市——诗意的水乡风情》,http://www.sohu.com/a/277713937_814946。

② 彭懿:《从两本中国图画书看东方的美学追求》,《在地球这一边第十届亚洲儿童文学大会论文集》,2010年。

③ 《食育:最生活的自然教育》,https://zhuanlan.zhihu.com/p/21436168。

逛早市、菜市的成年人来说，可能都会支支吾吾，更何况孩子。一次简单的逛早市的过程中，阳阳可以很直观地接触到“荷花镇”本身的一些时令果蔬的物产与风土人情的本地文化；对于姑姑或者说家族在购买食材上的习惯与偏好，尤其是对奶奶大寿这样仪式性活动的采购偏好建立了一个基本的直观认识。对于阳阳来说也许并不会意识到，这些东西将在他接下来的人生中起到潜移默化的重要作用。食物的功能性明显不只是给阳阳提供了身体上的营养，还提供了很多社会关系上的延续以及文化上的基本认知。

所以，我们在购买原型食物过程中，最好带着孩子一起购买，观察到自然食物的方方面面，也会让孩子感受到自然的色彩、形状、质感，丰富对这些审美属性的理解，改善与食物的关系。特别是如果孩子自主地参与采购，会更大可能地参与到后面食物烹饪中，考虑到菜市场大部分是新鲜的蔬菜瓜果，孩子可能就在无形中形成更偏好自然食材的习惯，也更大可能习得照料自己生活的机会。其次，如果能坚持带孩子去早市、菜市购买食物，或直接去田间地头进行农事体验，孩子可以了解蔬菜、水果、海鲜的不同，感受季节变换对于当地物产的影响，从而对本地的自然物产有更深一步的了解与印象，并对当地的饮食文化有所了解，如端午节前卖粽子、艾蒿等；在买卖过程中成人的沟通模式或农事体验中的合作互助，对孩子的社交成长也会有潜移默化的影响。[②] 单单一个买菜的过程，就有如此多的教育元素包含其中。所以，带孩子去购买食材也是一种食农教育，通过食农教育，让他们体会人与食物、人与人的美好关系。

三、“慢食”：人与食物的美好关系

饮食不仅是维持生存所需，不同地方在自然环境、生产环境与生活环境互动中，更反映了地域性的生活形态，“吃”成为一个地方的文化呈现方式之一。而从饮食的历史发展而言，一个地方的饮食会受环境变迁、文化交流、国际贸易、经济发展等因素影响而改变，然而随着全球化的发展，饮食生产体系受到影响也产生巨大的改变，速食产业如麦当劳、肯德基等，制定了一套“美味”食物产制的标准，又统一选取食材及一贯性作业流程，忽略了在地不同民族、不同环境下饮食习惯的差异，形成了一统江湖式的“饮食”口味，加上结合大众传媒的宣传，改写了人们对饮食的态度，“速食”成为一种流行与习惯。饮食在维持身体机能外，还使人产生身心愉悦（如咀嚼吞咽中产生的满足）与社会性体验（与家人朋友共进一顿餐食的快乐），饮食的这些文化意涵渐被忽略，美味被简化而成统一的口味，各地饮食文化亦趋向单一化。自 20 世纪 80 年代中期，一种对于饮食的反思行动开始萌芽并逐渐发展。皮埃蒙特大区是意大利著名的农业区，也是“慢食运动”的发源地。“慢食运动”(Slow Food Movement)是由来自小城布拉(Bra)的记者卡罗·佩特里尼于1986年在意大利发起,最初为了抗议麦当劳在罗马市中心开设分店,期望找到最有效的方法,避免外来力量对意大利的传统饮食与料理烹调方式造成负面影响。为了保护区域饮食传统,抵抗蔓延开来的快餐文化,1989年国际慢食组织正式成立,并在巴黎签署慢食宣言。迄今慢食运动不过30多年,但已成为一项全球运动,饮食让环境、人、政治和文化之间形成紧密联结。国际慢食组织总部设立于意大利,不只在意大利广受支持,亦影响世界各国,各地纷纷成立国际慢食协会分会,分会在遵循慢食国际公约的前提下,拥有决策上的自主权,除意大利外,至今已有德国、瑞士、美国、英国等超过160个国家、1500个地方分会和超过百万的会员参与。国际慢食组织在2003年成立保护全球食物多样性的慢食生物多样性基金会;2004年设立大地之母基金会,支持饮食永续发展所需的全球饮食社群、厨师、学术研究和年轻人网络联结的发展,2004年更在意大利设立美食科学大学,目的在于建立一个国际性饮食研究教育机构,让食物生产、分配和消费能有更合适的选择,并有助于为地球环境创造一个永续的未来。

慢食主义源自意大利,后来成为影响全世界的当代重要饮食思潮,强调食物从产出、消费、烹制、享用的每一环节,都应该真心、真意、用心、认真付出与对待。慢食基本上并非如字面所描述的慢慢吃(slow eat),而是强调通过促进烹饪料理多样性、在地食材使用、传统手作技术、永续农业及公平贸易来推动饮食的好、干净及公平的核心理念。慢食系由彰显生活态度开始,扩大到以“人”与“食物”为核心所展开的人和自然对话,强调一种饮食文化的延续与对在地饮食文化的尊重,亦是对新鲜、在地、良好食材掌握的饮食人权的落实。慢食并非封杀速食,只是不同意速食企业的生产模式,须重新思考、认真对待人与土地、自然间的关系,食物种植、生产及取得的过程皆不该追求快速。卡罗·佩特里尼甚至创造新美食学此一划时代新概念,其牵涉到植物学、物理、化学、农业、畜牧业、人类学、社会学、政治经济学等,深入探讨食物的源头到消费者之间的过程、关系、影响范围等,作为现代美食家,不是光会享受味觉,更要明了食物背后的文化、历史,将好、干净、公平实践在日常生活中,可见慢食概念在美食体验的重要性。慢食运动亦鼓励用餐应使用嘴巴以外的器官,如眼睛、耳朵、鼻子,甚至是脑袋。美食的艺术境界是全方位的感官享受,而非仅仅是口腹之欲的满足。总之,慢食可以说是以道德为基础的生产与消费方式,是生态美食及良善的全球化概念。

慢食运动在观光旅游上,强调“饮食文化延续与对在地饮食文化尊重”“在环境永续基础上落实消费者与生产者对食材与料理方式的良好对话”,强调在地饮食文化性的“慢食”饮食方式,成为地方观光发展上重要的潜力资源。世界各地的健康意识不断上升，强调健康生活态度的时代兴起，游客在旅游过程中越来越重视健康饮食及食物或食材来源。健康饮食是从食物的选择、制造准备到供应，均遵循与执行低脂、高纤维饮食的原则与方法。慢食结合观光主要的意涵为：生产者尽可能在无污染环境生产食材，消费者则到产地了解食材生产环境，并从食品追溯体系了解食材的安全性，同时通过品尝与解说教育，使生产者得到合宜价格报酬，消费者在当地餐厅体验地道美食，使味觉与大自然的感动联系到一起，并享受当地自然风光的观光活动。可见慢食重视在地食材，推广食材生产履历。

慢食是一种生活态度，慢食的理念是提倡去思考一下盘中餐从哪里来，从而关注到食物生产的整个过程是否优质、洁净与公平。慢食想要守护的是土地的味道，仿佛带有母亲口味的多样味道世界，慢食除了强调可以让人忘却烦忧的享受美食心情之外，更重视在地新鲜食材的运用，重新找回慢炖细熬的祖传料理食谱或食材准备方式，并倡导符合环保的永续农产经营与手工制作的价值。如此的慢食运动，配合着地方特色发展，让小城亦能快乐地重拾生命力，将地方文化一代接一代地传承下去。

慢食是以自然、环保的方式取得食材，并鼓励大众将传统、手工制作的菜肴，作为日常饮食的一部分；然后，再放慢饮食的节奏，享受各地的特殊风味。慢食运动中，“缓慢”逐渐转变为地方新价值的隐喻，保护地方“食”文化遗产的行动，以及产生建构文化特殊性的哲学要素。卡罗·佩特里尼于 1997 年举办的慢食世界会议中提及慢食哲学指的是生态美食学，亦即食物如何正确生产，如何循环及如何被消费。而慢食的精髓包括了：

(1)保护生物的多样性。通过与国际接轨和国人共同努力，寻求保护无价的食物传承。

(2)美食的教育。推广生态健康美食教育的目的在于必须出自良知，努力去探讨、寻求与试验，悠闲地坐下来在餐桌上享受美食，以学习美食的乐趣。

(3)联结生产者与消费者。结合国际慢食协会举办各种国际性美食展，并举办各地地方性美食展。希望通过此概念永续经营各项美食与环境，使人们可以继续享用大自然带给我们的宝藏。

慢食协会曾预测到 2012 年，欧洲 5—13 岁的学生中会有超过 35% 是属于过重或肥胖。于是，在 2009—2010 年时，欧洲七个国家共八所学校进行了梦想餐厅(Dream Canteen)的计划，推广开展各种饮食教育和农事教育计划，其计划有六点目标：

(1)改善学校的午餐菜色，使午餐品尝起来更新鲜、更美味且营养均衡。

(2)多吃当季、当地生产的食物，或是选择食物里程短的农产品，并提倡较短的食物生产链。

(3)鼓励教室内、外的味觉教育,让学生更了解所吃的食物的来源,并做出更好的食物选择。

(4)教导学生要尊重我们所拥有的环境,并通过永续性的生产,减少食物浪费和回收。

(5)了解每一道菜背后的传统意义,并了解学校附近的地理区域环境。

(6)让学生觉得在餐桌边吃饭是欢乐的。

此计划希望通过学校的力量,经由教育方式传播、推广慢食运动的三原则,让学生了解品质好的、干净的、公平的食物,并且提升日常食物的品质,改善个人和社区饮食习惯,建立积极正向的生活方式。以下是实行该计划的其中两所学校之活动内容与成效,如表 1-5 所示。

表 1-5 实行梦想餐厅的计划学校的成效[①]

学 校	主 题	主要活动内容	推行成效
Jules Ferry School Millau, France	从种子到厨房	(1)在学校设置菜圃,学生可自行种植蔬果。 (2)老师于户外进行味觉教育。 (3)校际种子交换。 (4)农场参访。	(1)学校餐厅使用学生自行种植的蔬果,让学生了解食物到餐桌的距离。 (2)通过户外教学与种子交换活动,学生认识生物多样性和食物多样性。
2nd Grammar School, Riga, Latvia	Back to Basics	(1)学生组成共食团,亲自采买到最后的烹煮、共食。 (2)为了改善学生的饮食习惯,重新装修餐厅与厨房设备,调整菜单。 (3)在学校设置菜圃,学生可自行种植蔬果。	(1)学生因为共食团,了解食物来源、烹调方式等。 (2)菜单的调整,让学生认识传统食物和在地食物。 (3)校园菜圃设立,刺激学生的感官学习。

四、人与食物的温暖关系:《舌尖上的中国》

纪录片《舌尖上的中国》讲述的是中国人与中国食物,将视角落入生活日常、朴素三餐,通过食物照见普通中国人的情怀与人生,借食物把中国人对自然、对社会、对家人、对生命的了解一一道出,引起观众的巨大共鸣。以下是精选其中一些人与食物关系的温暖对白:

(1)究竟是人改变了食物,还是食物改变了人,餐桌边的一蔬一饭,舌尖上的

① 曹锦凤:《都市型小学推行食农教育之行动研究》,台湾中兴大学硕士论文,2015 年。

一饮一酌，总会为我们津津有味地一一道来。

(2)食物像忠实的信使，传递着家和亲情的讯息。

(3)人们懂得用五味杂陈形容人生，因为懂得味道是每个人心中固守的情怀。在这个时代，每一个人都经历了太多的苦痛和喜悦，中国人总会将苦涩藏在心里，而把幸福变成食物，呈现在四季的餐桌之上。

(4)中国人对食物的感情多半是思乡，是怀旧，是留恋童年的味道。

(5)从个体生命的迁徙，到食材的交流运输，从烹调方法的演变，到人生命运的流转，人和食物的匆匆脚步，从来不曾停歇。

(6)越是弥足珍贵的美味，从外表看上去，往往越是平常无奇，辛苦劳作给全身带来的幸福，从来也是如此。

(7)对纯朴的苗家人来说，腌鱼腊肉不仅是一种食物，而且是被保存在岁月之中的生活和记忆，永远也难以忘怀。

(8)大多数美食，都是不同食材组合碰撞产生的裂变性奇观。若以人情世故来看食材的相逢，有的是让人叫绝的天作之合，有的是叫人动容的邂逅偶遇，有的是令人击节的相见恨晚。

(9)人类组织家庭，原因之一，就是为了更合理地生产和分配食物。正是这些人间烟火，让家庭组织更加紧密。尽管千门万户的家常美味各不相同，但有位作家说过，“幸福的家庭都是相似的”。

(10)家，生命开始的地方，人的一生走在回家的路上。在同一屋檐下，他们生火、做饭，用食物凝聚家庭，慰藉家人。平淡无奇的锅碗瓢盆里，盛满了中国式的人生，更折射出中国式伦理。人们成长、相爱、别离、团聚。家常美味，也是人生百味。

(11)人类活动促成了食物的相聚，食物的离合，也在调动人类的聚散，西方人称作“命运”，中国人叫它“缘分”。

(12)人如其食，食物总是与人联系在一起。纪录片里那些生动鲜活、令人垂涎的影像背后，是反映了人们生活环境和生活态度的亲身经历。①

饮食是人类生存最基本的需要，在饮食过程中，人是主体，食物是客体，人与食物之间的关系同时能反映出一个民族的饮食态度。饮食思想，是通过人们吃什么、怎么吃、吃的目的、吃的效果、吃的观念、吃的情趣、吃的礼仪等表现出来的。饮食思想是以饮食为物质基础所反映出来的人类精神文明，是人类文化发展的一种标志。因为饮食的重要性，所以饮食思想往往居于文化的核心地位。《时节须知》强调了在饮食过程中人与自然之间的和谐。“夏日长而热，宰杀太

① 《人与食物的温暖关系：他写尽中国人的饮食人生》，https://www.jianshu.com/p/a09836ba255a。

早,则肉败矣。冬日短而寒,烹饪稍迟,则物生矣。冬宜食牛羊,移之于夏,非其时也。夏宜食干腊,移之于冬,非其时也。”在适宜的季节,食用适宜的食物,这样不仅尊重了物性,在口感上能获得最好的饮食体验,同时也是顺应自然规律,达到了人与自然的和谐相处。《戒暴殄》强调了人与食物之间的和谐。

人与食物之间不只是“吃”与“被吃”的关系,更重要的,还有彼此之间美好的平等关系。平等代表着我们尊重食物本真的存在,在此基础上与食物友好相处。人与食物是平等的,我们要尊重食物自然的生长方式,还给它一个舒适天然的生长环境。食物与人类一样,都是宇宙的存在,自然的艺术。人与食物是平等的,我们不能马虎随便地对待,专心投入是对食物的尊重,正如《寿司之神》中二郎先生对寿司极致的追求。在寺庙吃饭,我们需要遵循很多规矩:止语—过堂时端身正坐—脊背挺直—不要趴在桌上,不得嚼食作声—双脚不要交叉或翘起—安详而寂静吃饭的姿势—拿筷子和端碗姿势—龙衔珠。这些规矩都提醒着我们要带有正念吃饭,念念分明,专心认真地吃,而这也是一个你与食物共处对话的过程。人与食物是平等的,不差别地对待、用心地珍惜就是对它充分的尊重。简单的一粒饭,首先经过土壤的孕育,种子发芽,长大,经过阳光、空气、雨水的洗礼,小动物的拜访;再由农民照料、收割,经过工人加工,司机运输;最后到厨师处理,烹饪。这一切才构成了眼前的一粒饭。世界是一个整体,所有事物相互关联。人将动物或植物的生命作为食物转化为滋养我们生命的能量,这就是“一饭一世界”食物本真的存在。

中国的饮食文化源远流长,独具特色。祖先留下的文化,能让我们完成一种人与食物关系的朴素的回归。食农教育在传承饮食文化、农耕文化和烹饪、农耕体验中不断建立了人与食物的美好关系。通过食农教育重建人与食物的美好关系,更多的内容,我们将在后面的章节进行详细的描述。

第三节　重建人与土地的关系

“为什么我的眼里常含着泪水?因为我对这片土地爱得深沉。”这句诗,表达了作者艾青潜在于心的情感,他生在农村,长在农村,对农村这片土地有着天然的情感,对农业有着扯不断的关注,对农村有着自然而然的眷恋,对农民有着来自心灵深处的关切,这一份人与土地的深沉的爱值得我们深思!我们通常把“社稷”视为“家国”的代称,社稷中,社为土神,稷为谷神,土神和谷神是以农为本的中华民族最重要的原始崇拜物。因此,“社”与“稷”其实包含着某种因果关系,即祀土、厚土、肥土、执土,都是为了粮食的丰收。土地更是一种人类的家园伦理,是人类最初和最后的依赖和忠诚对象。[①] 祖国的英语为 mother-land，就是母亲＋大地。很多民族和国家的语言中土地都是用女性来表示，把她视为能生产的、能繁衍的女神。古希腊的艺术家常把土壤塑造成一个容貌美丽的妇人，站在地上，手中抱着一个婴儿，这个婴儿象征着收获，象征着人类是大地之子。现实社会也的确如此，并不起眼的土壤正如同世间最真挚的母爱一样无私而伟大，她们任劳任怨，给予儿女深沉的爱。

一、土壤与人类

土壤是指位于地球陆地表面，具有一定肥力，能够生长植物的疏松层。土壤是在特定成土条件下，经过漫长的成土过程逐渐发育和形成的历史自然体。土壤与人类的生存与可持续发展息息相关。万物土中生，土壤是地球表面能够生长植物的疏松表层，是动植物赖以生存的重要自然环境。人们通常认为，冰冷的土壤是没有生命的。其实不然，土壤也是有"温度"的，它如同地球表面的各类生物一样"活"着。据科学估算，每 1 克土壤中约有 1 亿个微生物，这些微生物各司其职、相互牵制，产生平衡作用，以维持土壤生态系统的正常运转。如果这个平衡被自然或人为打破，土壤就会生病，就会失去生命力走向消亡。[②]

对土壤的定义，我国古已有之。东汉著名文字学家许慎在《说文解字》中给出了这样的解释："土，地之吐生万物者也，壤，柔土也，无块曰壤。"从字形上看，"土"字中的"二"代表了上下两层的意思，其上是表土，其下是底土；"一"则指生长在两层上的植物地上部分与地下部分，这也是世界对土壤最早的科学定义。早在唐代，我国先贤们就把土壤称作"地皮"。20 世纪 60 年代国外学者称土壤为土被和地球的皮肤。"地皮"一词，反映了土壤在地球生命系统中的重要性。如果地球表面没有我们称之为土壤的薄薄的表层，地球将同其他星球一样几乎毫无生命的痕迹。土壤是地球的皮肤，五大圈层的纽带；是陆地生态系统的根基，孕育世界万物的女神。在不同生物气候条件下形成的土壤上，培育了数十万种植物的生长，出产了极为重要的和有多种用途的有机产品，是人类的衣、食之源。土壤作为动植物赖以生存的重要自然环境，具有以下八大功能，土壤的生产功能，包括营养库的作用、雨水涵养作用、生物的支撑作用；土壤的环境功能，土壤具有吸附、分散、中和和降解环境污染物质的缓冲和过滤作用；只要土壤具有

---

① 彭兆荣：《我侬　我农——中国传统农业的人类学视野》，《学术界》2019 年第 2 期。

② 《万物土中生，如何保护好有生命的土壤？》，https://mp.weixin.qq.com/s/nf78Xbat7xnM9FYR-dQzNDg。

足够的净化能力,地下水、食物链和生物多样性就不会受到威胁;土壤是生物基因库和种质资源库,是生物多样性的根基;土壤是全球碳循环中重要的碳库;土壤具有保存自然文化遗产的功能;土壤是景观旅游资源;土壤的材料和支撑功能,土壤物质作为建筑材料,特别是制成砖瓦用于各种类型的建筑物在我国历史悠久。①

土壤以其悠久的历史见证了人类的起源,以其丰富营养支撑人类不断发展。在早期社会,人类敬畏土壤、依靠土壤、利用土壤、享受土壤,最后回归土壤,人土相依,和谐相处。后来人类经历了数千年农业文明的进化以及数百年工业文明的快速发展。随着人口的增加,人们对土壤的要求越来越多,加上工业化和城镇化对土壤的冲击,人们误认为"人定胜天",打破了生态与环境的平衡。人类若不能正确对待土壤这一大自然的馈赠,无止境地占有、索取或掠夺,听任水土流失、土壤盐渍化、土壤荒漠化、土壤养分亏缺、土壤酸化和土壤污染肆虐,不仅对经济的发展,还将对人类文明产生威胁。著名科学家、画家列奥纳多・达・芬奇在 15 世纪就曾指出:"我们对自己脚下土壤的了解,远不及对浩瀚的天体运动了解得多。"文化植根于土壤,不论国家大小、强弱,在生产实践中都创造了关于土壤的语言和文字。诗人、文学家凭借艺术嗅觉,感受土壤的大美,讴歌家乡,抒发对国家的深情厚谊;面朝黄土背朝天的农民,将生命融入土壤,以朴素的感情在土壤里播种希望,传诵着许多颂扬土壤的谚语和传说。在历史的长河里,在生产实践中,古今中外积累了许多人类如何自律、和谐共处的土壤文化,深刻地反映了人类和土壤的血肉联系和乡土感情。这是对历史和优秀传统文化的传承,对爱土、护土的歌颂,也是对践踏和破坏土壤的鞭挞!龚子同、陈鸿昭、张甘霖这三位我国土壤专家毕生从事土壤工作,感受土壤的"喜、怒、哀、乐",认识到人类在追求农产品高产和物质享受的时候,身上所缺失的一些素质、社会价值和人文精神,原来不少就在土壤文化和乡土之中。所以他们三位以科普的形式写了《寂静的土壤:理念・文化・梦想》,寓意土壤母亲朴实无华,任劳任怨,默默地奉献着她的一切,千万年永不停息。在寂静的土壤上面是喧嚣的尘世。寂静的土壤无私奉献,喧嚣的尘世有太多的诱惑。在寂静与喧嚣的冲突中,寂静的土壤可能不再寂静,她也许会发出呐喊,警示地球灾难的降临,呼唤人类良知的回归。② 所以,保护好"大地母亲"的"皮肤",是人类不容推卸的责任与义务。

---

① 龚子同、陈鸿昭、张甘霖:《寂静的土壤:理念・文化・梦想》,科学出版社 2015 年版。

② 龚子同、陈鸿昭、张甘霖:《寂静的土壤:理念・文化・梦想》,科学出版社 2015 年版。

二、工业化农业对土壤的影响

粮食安全和气候变化对当前的农业发展提出了严峻挑战。世界正处在粮食产量和饥饿人口一同持续增长的悖论之中。不可持续的农业活动正在摧毁农业的根基,也让全球粮食生产体系满目疮痍。化学合成的农药、化肥和抗生素是常规农业的根基,也是导致气候变化等一系列危机的重要原因并且严重危害人体健康。

千百年来,不论是欧洲还是亚洲,粪肥都是农业生产的主要肥料。在20世纪30年代美国化肥大量施用之前,美国并没有像中国具有堆肥、施用人畜粪便、塘泥回田的历史。很多土壤的地力很快衰退,食物中养分缺乏或失衡。化肥走入人类的视野还是19世纪以后的事情。化肥、农药是西方现代科技的产物,其哲学思想则是西方的简化论。将植物生长简单归结为氮、磷、钾三种元素的需求,病虫害的防治则是简单的杀无赦。一百多年的现代农业实践造成严重的环境污染,大面积的土壤退化,普遍性的食品危机与营养危机!巨量的化肥使用并没有解决全部人口的温饱问题,16%的地球饥饿人口近10亿人仍处于饥饿状态,而人类赖以生存的土地则早已不堪负荷、千疮百孔!100年前的美国农业部土壤管理所所长富兰克林·H.金对东亚永续农业的考察给我们揭示了古老有效的永续之道——尊重自然、善待土地、精耕细作。一分耕耘,一分收获。任何违背自然规律的简化行为,都将付出十倍乃至百倍的代价。

化肥是化学肥料的简称,特指化学方法制成的能满足农作物生长需要营养元素的肥料。以中国为主的农业传统大国,农民都是将粪肥当作主要肥料的,这类肥料虽收集和使用困难,但对土壤具有重要的呵护作用。中国历史上虽有利用矿物肥的记录,但并没有发明出化肥来。进入18世纪以后,欧洲爆发了工业革命,大量人口涌入城市,大部分人口脱离了耕地,加剧了粮食供应紧张,并成为社会动荡的一个起因。提高粮食产量,满足不断增长的人口尤其是城市人口的需求,就变成了人类社会第一要务。化肥应运而生,其简要历史见表1-6。20世纪50年代以来,施用化肥得到了大规模应用,并由此引发了第一次绿色革命。[①]在全球范围内,农业生产几乎离不开化肥。据统计,在各种农业增产措施中,化肥的作用占大约30%。亚洲是世界上最大的化肥使用地区,其中氮肥需求占全球的90%,磷肥70%,钾肥10%。

① 绿色革命是发达国家在第三世界国家开展的农业生产技术改革活动。为了同18世纪的“产业革命”相区别,称之为“绿色革命”。这个活动的主要内容是培育和推广高产粮食品种,增加化肥施用量,加强灌溉和管理,使用农药和农业机械,以提高单位面积产量,增加粮食总产量。

表 1-6　化肥的简要历史

年　份	国籍及姓名	化肥种类及应用
1828 年	德国化学家维勒(Wöhler 1800—1882)	首次用人工方法合成了尿素。直到 50 多年后,合成尿素才作为化肥应用到农业生产上来
1838 年	英国乡绅劳斯(Ross)	用硫酸处理磷矿石制成磷肥,成为世界上首例化肥(尿素虽发明在前,但应用较晚)
1840 年	德国化学家李比希	出版了《化学在农业和生理学上的应用》一书,创立了植物矿物质营养学说。认为只有矿物质才是绿色植物的唯一养料,有机质只有当其分解释放出矿物质时才对植物有营养作用。作物从土壤中吸走的矿物质养分必须以肥料形式归还到土壤,否则土壤将日益贫瘠。这个理论引发了农业理论的一场革命,为化肥的诞生提供了理论基础①
1850 年	德国化学家李比希	发明了钾肥
1850 年前后	英国乡绅劳斯(Ross)	发明了最早的氮肥
1909 年	德国化学家哈伯(Haber)与博施(Bosch)	合作创立了"哈伯-博施"氨合成法,解决了氮肥大规模生产的技术问题
19 世纪中叶	—	磷肥首先在英国出现
1970 年	—	德国生产出钾肥
20 世纪初	—	人类合成氨研制成功

在中国,化肥虽起步较晚,但今天全球最大的生产国与应用国却是中国。我国自古以农立国,天然有机肥利用历史悠久,多粪肥田思想根深蒂固。20 世纪初,西方化肥在中国沿海经济发达地区推销,开始对传统有机肥收集造成冲击。化肥增产效果明显、施用方便,深受农家喜爱,一些专家学者也大力推广化肥使用。自化肥进入中国之初,英、德、荷、加四国厂家代理组成的"铔联冶"几乎垄断了中国市场。他们按比例分销,其中英国卜内门和德国爱礼司洋行势力最为庞大,市场份额分别占 59%和 31%。当进口化肥所带来的巨额外汇支出和土壤变坏等问题相继出现以后,20 世纪 30 年代初国内尤其是江浙等经济发达省份,出现了一股抵制舶来化肥的浪潮。随后,中国人开始自制化肥。1937 年 2 月,在经历了技术、资金等多重障碍之后,由范旭东等一批民族工业先驱为主的企业家,创建了中国第一家化学肥料企业:永利硫酸铔厂。当时,永利硫酸铔厂具有日产合成氮 39 吨、硫酸 120 吨、硫酸铵 150 吨和硝酸 10 吨的能力,因其设备精

① 从人类 150 年的实践来看,李比希的理论正受到长期使用化肥造成土壤退化的挑战——作物需要的不仅仅是矿物质,还有有机质、土壤微生物、土壤动物、土壤的各种物理性质等。

良、规模宏大，被誉为“远东第一大厂”。然而，上述工厂的化肥产量毕竟有限，依然难以与洋化肥竞争。1946年，中美农业技术合作团向国民政府提交报告，认为改进中国农业的首要问题就是建设化肥厂，大量供应农民急需的化肥。然而，近代中国的工业基础薄弱，加上战乱，要自产化肥并与舶来品展开竞争，并非易事。中华人民共和国成立以来，中国农田以氮肥施用为主，品种是硫酸铵和尿素等。20世纪70年代前半期，中国掀起了自50年代从苏联、东欧国家大规模引进技术装备之后，第二次大规模成套技术设备引进高潮，这大大带动了化肥产业的发展。[①]

中国化肥的利用率不高，当季氮肥利用率仅为35%，而温室大棚内更低至10%。每年都有大量肥料流入水体，对环境产生了严重污染，对水体、土壤、大气、生物及人体健康造成严重危害。化肥引起的环境污染包括：

(1)重金属和有毒元素有所增加：从化肥的原料开采到加工生产，总是给化肥带进一些重金属元素或有毒物质。研究表明，无论是酸性土壤、微酸性土壤还是石灰性土壤，长期施用化肥会造成土壤中重金属元素的富集。

(2)微生物活性降低：土壤微生物是个体小而能量大的活体，它们既是土壤有机质转化的执行者，又是植物营养元素的活性库，具有转化有机质、分解矿物质和降解有毒物质的作用。中科院南京土壤研究所的试验表明，施用不同的肥料对微生物的活性有很大的影响，土壤微生物数量、活性大小的顺序为：有机肥配施无机肥＞单施有机肥＞单施无机肥。中国施用的化肥中以氮肥为主，而磷肥、钾肥和有机肥的施用量低，这会降低土壤微生物的数量和活性。

(3)养分失调与硝酸盐累积：中国施用的化肥以氮肥为主，而磷肥、钾肥和复合肥较少，长期施用造成土壤营养失调，加剧土壤磷、钾的耗竭，导致硝酸盐氮累积，危害人体健康。氮肥过量使用将对粮食安全和食品安全长期造成威胁。

(4)土壤酸化：长期施用化肥加速土壤酸化，这一现象在酸性土壤中最为严重。

改革开放前，农田施肥以农家肥土粪为主，改革开放后，化肥成为主要肥料，而且许多农民基本依赖化肥，几乎到了没有化肥就种不了庄稼的地步。长期过量使用化肥，忽视有机肥，造成土壤结构变差，孔隙减少，土壤养分失衡，有益微生物数量甚至微生物总量减少，土壤板结，地力下降，土壤结构遭到破坏；农作物品质下降。长期过量使用化肥还造成江、河、湖及地下水源的污染和威胁近海生物。农药进入环境后不仅可以在大气、土壤、水等环境介质之间扩散，还会随着

---

① 《中国人均每年“吃”化肥40斤》，http://www.kunlunce.com/myfk/fl111/2016-10-05/108456.html。

食物链的传递在不同生物体内富集,进而对整个生态系统的结构和功能产生危害。不但如此,在实验室条件下,许多实验已经证明农药能显著改变雄性动物的生殖能力、破坏动物免疫力。因为伦理问题,目前没有直接以人为实验对象,但是我们可以从很多事实验证农药对人体的危害一点也不比动物少。还有,抗生素滥用对畜禽养殖业具有潜在危害。所以,国际农业知识与科技促进发展评估机构(IAASTD)总结为"过往的农业模式已不再行得通",农业的未来出路依赖于具备生物多样性,基于农业生态学的耕作模式,在维持和增加产量的同时也能实现社会、经济和环境协调发展的目标。[①]

三、人和土壤的关系:医生的土壤情结

由于食物生长于土壤,很容易理解为什么在19世纪初很多医生将健康与土壤相关联起来,最后发现土壤是各种食物的营养之源。从这个意义上说,人类健康和寿命的钥匙在土壤中。如美国有位Nichols医生,在他行医多年之后,忽然患了心脏病,走过一些弯曲之路后,最后才走上改变饮食之路,他才恢复了健康。而后他以自己的经验著书立说,写成了《整体性概念》一书,他的结论也是:只有肥沃的土地,才是人类永久的财富。他认为"化学农业的最终结果总是带来疾病,首先是土地本身,然后是植物,再后是动物,最终是我们。使用合成的化学品不会使土地富饶,反而使得土地比施用前更加贫瘠"。Nichols医生创立了天然食品协会并出版了《天然食品和农业》刊物。

"人类食物缺乏营养且不平衡"的首位证实者,先为全科医生后专注于胃病和营养失衡的自称是"土壤医生"的医生Charles Northen,他力图用食物来治疗疾病,但发现很难,事实是食物中营养缺失严重,在寻找缺失的原因时他开始对土壤做了广泛的研究,最后下结论认为"我们必须构建食物生产的基础——土壤以构建人类的健康"。他认为:"生病的土壤意味着生病的作物、生病的动物和生病的人类。人类肉体上、精神上和人格上的健康很大程度上取决于食物的充足供应和食物中合适的矿物质成分。同样地,神经功能、神经稳定性和神经细胞的发育也取决于它们。我其实是个生病的土壤的医生。"

法国著名农学家安德烈·维尔森于1959年出版了《土壤、草和癌症》一书,总结说:"在努力改善人类健康方面,医学界已经在很大程度上忽视了土壤的作用,土壤科学应该是预防医学的基础。"其实到21世纪,还有一些医生关注着土壤与人体健康的关系,见表1-7。

---

① 《农业-食物对人体免疫力的深刻影响(一)》,https://www.sohu.com/a/380759705_729666。

表 1-7　医生的土壤情结[①]

医生姓名等	时间、书或文章	内　容
Nichols(美国)	《整体性概念》	只有肥沃的土地,才是人类永久的财富。化学农业的最终结果总是带来疾病,首先是土地本身,然后是植物,再后是动物,最终是我们。使用合成的化学品不会使土地富饶,反而使得土地比施用前更加贫瘠。
诺贝尔文学奖得主 Alexis Carrel(亚历克西・卡雷尔)博士	1912 年,《Man the Unknown》(《神秘人类》)	直接或间接地,所有食物来自土壤。由于土壤是所有人类生活的基础,所有的生命都将因土壤肥力变得健康或不健康。
英国 31 位医生签名,600 多位医生联合	1939 年,《Medical Testament》(《医疗约书》)	现代疾病起源于饮食与生活的不正常,健康的土壤生长健康的作物,生产健康的牲畜,最终的产品是健康的人群。
Lionel Jas. Picton 医生(约书的起草人)	《Nutrition and the Soil: Thoughts on Feeding》(《土壤营养》)	人类的代谢性疾病,如癌症、心脏疾病和糖尿病是在肥沃的土壤上投放/倾倒化学毒物的结果。
Jonathan Forman 医生(20 世纪 40 年代环境医学的先锋)	1946 年,《Current Thinking on Nutrition》(《营养的当前思考》)	追踪营养缺乏和退行性疾病等问题的源头在于贯穿整个食品链的不良的耕作方法,认为贫瘠的土地让人变穷,穷人让土地变得贫瘠,人越来越穷,土壤越来越贫瘠。
纽约医生 N. Philip Norman	1947 年,《Fundamentals of Nutrition for Physicians and Dentists》	质疑为什么医生长时间忽视了营养和身体健康间的基本关系,并讨论了从土壤和农场到杂货店和厨房生产营养丰富的食物的基本要求等。
W. W. Yellowlees 医生	《Food & Health in the Scottish Highlands》(《苏格兰高地的食物与健康》)	解决现代疾病的答案在于生态学。
瑞士医生 Bircher-Benner		营养并非生命中最重要的事,土壤才是最重要的,它可使人类死灭或兴旺。
Shelton 医生	《Natural Hygiene: Man's Pristine Way Of Life》(《天然卫生:人类的质朴生活方式》)	我们要改善食物的营养,一定要包括改良土壤在内。

① 陈能场:《医生的土壤情结(第一季)》,http://huanbao.bjx.com.cn/news/20160531/738287.shtml。

续 表

医生姓名等	时间、书或文章	内 容
Gerson 医生	1958,《癌症治疗》	有机物含量丰富的土壤中所生产的蔬菜水果营养价值高,可以防治退化性的疾病,包括癌症在内。食物的营养价值,取决于土壤以及其运输、贮存与加工等因素。他不但将食物看作身体的一部分,更进而将土壤也看作人体的一部分了,他认为土壤学者们工作的对象是"人",提出"为了我们下一代着想,这是改变农业耕作与食品加工方法的时候了"。
Robert McCarrison 医生(调查印度罕萨 Hunza 长寿区)	20 世纪早期	罕萨人身材良好、牙齿强健、寿命长、聪明,且过得快乐,McCarrison 医生在 Hunzas 工作了七年,从未发现作为园丁和农夫的当地农民有胃溃疡、阑尾炎或癌症。所以他认为,其非凡的健康状况主要是由于他们的生活方式和营养模式,再加上纯净的环境,其中包括富含矿物质的表层土壤。
Daphne Miller 医生	2013 年	我是一个每天待在 8 米×10 米无菌室的家庭医生,但我的心思在土壤上,这是因为我想发现这富含黑色(腐殖质)的土壤影响我的病人每天的健康有多大。

相对于东方,西方的医生很容易从营养缺乏、人体疾病找到土壤的根源。今天,我们的温饱问题解决了却掉进了"隐性饥饿"的泥潭中,以前医学史没有记载或很少记载的疾病开始出现,甚至越来越多。这些都与那份土壤情结被渐忘有很大的关系。随着生活水平的提高,人们对食品安全的关注度越来越大,人们开始追求高品质、安全的食物,渐渐认识到天然的成分优于人工化学合成的成分,懂得了"健康源于洁食,洁食来自净土"[①]的道理。

党的十九大报告提出"坚持预防为主……预防控制重大疾病。实施食品安全战略,让人民吃得放心"。十九大"健康中国国家战略"的提出,凸显了两方面的特点:一是健康问题已经成为一个大问题;二是健康问题提升为国家战略有利于问题的解决。中国科学院大连化学物理研究所徐恒泳教授认为,导致现代疾病猖獗的原因是土壤中矿物生命元素的流失。正是由于土壤中营养元素的缺乏,作物生长无法获得或只能获取少量对人体必需的营养元素,最终导致人体内的合成障碍、代谢障碍、血管淤堵等问题,从而引发一系列的人类疾病。人类把控好生命的源头,要补充土壤中的矿物生命元素,强化酶作用,促进合成、强化代

① 《医生的土壤情结(第三季)》,http://huanbao.bjx.com.cn/news/20160720/753222.shtml。

谢、化淤疏堵，从源头抓起，解决困扰人类的健康问题。很多农业专家最关心的是作物的高产，解决温饱问题，但是，“我们生产的农产品，是让人得病，还是让人健康?”这个问题有些农业专家却有时不能兼顾。我们国家已经发现这个问题，并提出了“健康中国”国家战略。同时，健康促进是乡村振兴的动力，因为健康是我们所有人的刚性需求。所以，农业的核心问题是生产健康的农产品，发挥健康促进作用，这样来带动农村的发展，让农产品拥有合理的价格、紧俏的市场，农民有稳定的增收。农业、农村、农民三者间形成一个良性的循环，促进“三农”问题的解决，这就是乡村振兴的灵魂和动力。地力取决于肥力和酶力，而酶力是很重要的，我们可以利用身边的资源，如秸秆、粪便、枯草、煤灰等混合起来，去改良土壤，用优良的土壤生产健康的农产品。[①] 食农教育是建立在友善环境之上的，是一种低碳农业、循环农业，有些甚至是有机农业，很多农业体验都是从堆肥开始，培养健康的土壤从而生产出健康的农产品。

四、重建人与土地的关系

万物土中生，70%以上的食物和纤维来自土壤。不仅如此，土壤还是一个人类离不开的环境因素。美国一个印第安部落酋长西雅图说得好：“人类属于大地，而大地不属于人类。世界上万物都是互相关联的，生命之网并非人类所编织。人类不过是网中的一根线、一个结。但人类所做的一切，最终会影响到这个网，也影响到人类本身。因为降临到大地上的一切，终究会降临到大地的儿女们身上。”新西兰有句谚语“关爱土壤，就是关爱人类自己”。土壤和人类互相依存。

有了土壤才有生命的繁荣，才有人类的生存和发展。土壤不但孕育了生命，也是人类安身立命之地。人贵为万物之灵，与其他动物不同的是，在他不理智的时候欲壑难填。为此，一些人曾不顾一切地企图“征服”自然，提出什么“人定胜天”“战天斗地”和“人有多大胆，地有多高产”等不切实际的口号。他们忘记了李比希的“归还学说”，也不知道土壤养分储量的有限性。没有投入，哪有产出；没有耕耘，哪有收获。进行掠夺式经营，把土壤看作征服的对象，恣意毁林开荒，破坏草场，把土壤作藏污纳垢的去处，把“三废”一股脑儿倾倒于大地，埋藏于地下，使土壤丧失其功能！在地球生命史上，土壤形成始于4亿年前，人类只有350万年历史。人们竟然不自量力地认为可以改造自然，破坏物竞天择的法则，但人们对土壤“加害”和“污染”的后果，最后将降临到自己身上。

---

① 《“健康中国”靠什么？有机农业是健康中国的基石》，https://www.sohu.com/a/355738691_656894。

曾几何时,乡亲们对土地有着深厚的感情,为了增加耕种面积,那些土地并不肥沃的山坳,也被乡亲们争先恐后地开垦出来。现在,农民正在淡去昔日对土地的那番深厚感情,农村田地抛荒时有发生,用来维系水源的田埂也千疮百孔。我国台湾大爱电视台曾播出了一系列的《农夫与他的田》节目,呈现每一位农夫与土地的完整联结,展示了人与土地除了供需关系外,尚有无可切割的疼惜与信念,这是大规模科技农业无法替代更无从创造的情感。所以,在讲重建人与土地的关系时,我们可以先把视角聚焦到我国台湾地区。

(一)台湾地区人与土地的联结关系

台湾自 20 世纪 70 年代经济开始起飞,经过二三十年后,农村开始出现人口流失、农地废耕及环境污染等衰败现象,城乡差距日益加大。台湾有识之士意识到这一问题,1993 年,申学庸提出"社区总体营造"的施政方针。所谓社区营造,通常是社区居民自发的行动,依托于社区的自然和人文资源,做出适当规划,再加以建设。台湾社区营造行动至今仍方兴未艾,产生的效益有产业的,有文化的,有生态的,还对社会安定和民间活力贡献良多,用台湾原乡文化学会理事长李赫的话说,"最有意义的是让社区居民产生了'人与土地'的联结关系"[①]。

台湾的化肥用量在 20 世纪 70 年代达到顶峰。过度使用化肥导致土壤酸化、地力衰退,还污染人们赖以生存的土壤、水资源及生态体系。反思共识是减少化肥。但养成依赖的土壤,对化肥需求只会越来越多,减量,会不会减产?这是农民最大心病。农改场针对不同作物,推出一系列实验,证明合理施肥,不会减产。如台中区农改场 2012 年 6 月 8 日在彰化县永靖乡办理的苦瓜合理化施肥示范成果观摩会上,展示如下实验:以农民惯用肥量种一组苦瓜,另种一组"减肥苦瓜",先诊断土壤,针对土壤磷及钾含量低,在基肥与追肥部分适量补充,为确保肥力有效,采取"少量多餐",分多次追肥,并掩埋覆土以免流失。实验结果显示,产量相同的情况下,减肥苦瓜少用 67%的化肥,每公顷约可节省 35095 台币。减化肥,但是增加技术投入。近几年,各区农改场免费提供土壤肥力与作物营养诊断服务,检测对象包括土壤、植物体、灌溉水、肥料等,农民可快递样品,也可请农会农事指导员代送,约两周后可获得检测报告,内容包括土壤改良及施肥建议,亦可通过农改场网站查询结果。农民有施肥等问题,也可电话咨询,若是土壤问题,由土壤肥料研究室解答;若为病虫害问题,则转送植物保护研究所;若是栽培问题,则送作物改良科。

---

① 《台湾乡村的特别吸引力:找回人与土地的感情联结》,http://www.huaxia.com/xw/dlrktw/2015/02/4286279.html。

台湾农民，许多年轻时曾在都市打工，回到乡下的原因，很多人都是：爸爸身体不好，爸爸去世了。如果老人不在了，只有一个儿子，他几乎责无旁贷要回来继承这一块地，所谓子承父业。土地，是血缘之外的第二种联结。我们来看台湾一些普通农人对土地的深厚感情。如台湾新社农民（兼出租车司机）刘福正务农一二十年，他属于对农作物一视同仁的农民，这种包容，近似于父母对子女的疼爱。他种丝瓜、百香果等廉价的果菜，却也是兢兢业业，用健康方式耕种，不用除草剂，人工割草。他认为地上长草是好事，因为说明这块地是活的，才会长草，长草有利于水土保持。虫子，他看到就捉，看不到，就让它吃。人和虫子是平等的，不使用"生化武器"大规模杀伤后者。[1] 土地对一个农民来说，不只是他自己的这一辈子，还意味着他父亲、她丈夫、他们的祖父，世世代代的传承，像一家百年老字号的传人，努力工作未必是为营利，更多倒是诚惶诚恐，希望老字号不要在自己手里终止。

（二）防治土壤污染和保护土壤，确保食品安全

土壤污染的特点具有隐蔽性、长期性、不可逆性、后果的严重性和修复的艰难性。一般对空气污染，特别是PM2.5升高造成的雾霾天气，人们十分警惕，对于水污染也非常重视，但对于土壤污染常常忽视。实际上，作为食物——我们每天赖以生存的蔬菜、水果和粮食的源头，若土壤污染了，食品就不可能安全。我们应吸取60多年前日本痛痛病和美国拉夫运河事件的教训，进一步加强对土壤环境的整治，让人们称之为"土壤污染猛于虎"的说法成为过去。有关专家研究认为，土壤环境质量的保护可以从简单地依靠质量标准，过渡到污染物载容量乃至以食物安全风险为依据的新模式。土壤环境法治建设是我国土壤污染防治的前提和基础。只有恢复青山绿水，才能创造蓝天、碧水、净土的人类生存环境。

城市化是人类社会发展的必然趋势和经济技术进步的必然产物，其主要表现在农业人口向城市迁移，由分散的乡村居住向城镇集中。我国已进入城镇化快速发展时期，据国家统计局发布2019年国民经济和社会发展统计公报显示，常住人口城镇化率为60.60%，户籍人口城镇化率为44.38%。[2] 城镇化对土地资源的影响主要通过地表封闭，导致土壤永久失去原有功能，特别是保水、持水功能丧失，容易造成城市内涝；城市生活、工业活动加重周边农地污染负荷，土壤环境压力增大；化肥、农药不恰当地使用，使土壤生产功能退化。敬畏土壤——

---

① 绿妖：《如果可以这样做农民》，长江文艺出版社2016年版。

② 《国家统计局：2019年中国城镇化率突破60%户籍城镇化率44.38%》，http://www.ce.cn/xwzx/gnsz/gdxw/202002/28/t20200228_34360903.shtml。

青山绿水，良田沃土；破坏土壤——穷山恶水，薄田瘠地。希望人们更多地不要因眼前的利益而迷失方向，“但存方寸地，留与子孙耕”。

（三）让城市（镇）融入大自然

不知从何时起，“回不去的是故乡”这句话成为这个时代的集体感叹，反映在城市化浪潮冲击下故乡沦落的无根之痛。习近平总书记于 2013 年 12 月在中央城镇化工作会议上的讲话中曾指出：“要体现尊重自然、顺应自然、天人合一的理念，依托现有山水脉络等独特风光，让城市融入大自然，让居民望得见山、看得见水、记得住乡愁。”[①]什么是乡愁呢？乡愁是对自己家乡地域风情和文化特质的记忆，也是一种情感和寄托。有关专家认为，这段话的精神就是建立城乡一体化的生态系统。土壤是生态系统的一个组成部分，地球因具有薄薄的一层土壤而区别于其他无生命的星球。城市中钢筋水泥高楼大厦、纵横交错的沥青或水泥路面把地面封死，使土壤丧失原有的生态功能。城市越大，封闭的土壤越多，人与自然的距离就越远。因此，在城市规划和设计中，要结合实际情况，注意留住城市现有的山水脉络，历史、人文资源，让山水回环的自然之美重归城市，山、水、文化古迹的原始风貌将被保留，而不是消逝在人们的记忆中；城市规划应延续传承文化和文明的故乡，尽量恢复到记忆中的模样。这样城镇化在“故乡逻辑”中行进，故乡或不再沦落为陌生的他乡，而离开故土的人们，也不再成为无根的浮萍和飘荡的落叶。

农村是我国传统文明的发源地，乡土文化的根不能断。从一个城镇来看，城镇绿地土壤是人接触自然的窗口，也是落实生态文明建设，搞好民生保障，提高人们生活质量的一部分。联合国生物圈生态与环境组织要求，城市绿地面积人均 60 m^2 为最佳居住环境，波兰首都华沙人均达 90 m^2，我国公园绿地人均仅 11—18 m^2。所以在城镇绿地建设上，应根据当地的地形、景观和土壤特点种植各种树木花草，如城郊山地丘陵可以种植各种乡土树种，特别是防尘、抗尘的树种，如洋槐、冬青等，公园里种花养草供人游览休闲，湿地种植水生植物如芦苇、红树林等。建立湿地公园和红树林保护区等。即使在路面，可以借助多孔砖让肥、水进入土壤，草本植物可以透过路缝发芽生长，重新与大自然沟通，并极大地有利于城市（镇）的排水。总之，要让濒临丧失生态功能的城市（镇）土壤恢复生机，重新“活”起来。让人们更多地接“地气”，重建人与土地的和谐关系。切不可砍树、填湖，盲目平整土地，破坏土壤的自然生态。

---

① 《让城市融入大自然》，https://www.sohu.com/a/367280466_99914211。

(四)保护土壤,开展食农教育,提高全民土壤文化水平

古今中外有许多人特别热爱土壤。首先是农民,他们面朝黄土背朝天,在泥土中播种希望,与土壤有血肉的联系;其次是土壤学者和农学者,他们探索土壤的秘密,发掘土壤之美,并乐此不疲;最后是诗人和文学家,他们以文人的敏感,穿透地皮,揭示人间的真爱,以描写土壤的文学作品为载体抒发其对国家、乡土和人民的深情,如获诺贝尔文学奖的《大地三部曲》、长篇诗作《我们的土壤妈妈》等。土壤是一切植物生长的物质基础,它对于我们来说是司空见惯的东西了。由于它是生活中最常见的一种物质,反而不易引起人们的注意。但没有触摸过泥土的手掌,永远抓不住生活的真谛。只有触摸土壤,才能回归自然的本真。所以,爱土意识应从科普和教育做起。土壤是人们生存的根,心灵的故乡,应该把土地神之子安泰一旦立地就力大无穷,古典小说《封神榜》里土行孙遁土可行千里的神话故事讲给中小学生听;把科普作家高士其《我们的土壤妈妈》、艾青的《我爱这土地》和著名作家巴金的散文《愿化泥土》多让学生阅读或写进课本里,把土壤科普教育从娃娃抓起,使中小学生乃至全社会都发自内心地懂得珍惜土壤,热爱土地,并拥有传承下来的土壤情结。针对学童不再踏进土地,与土地间的关系疏远,特别是农村孩子不知"稻穗"为何物的现状,中小学校或学生家长应开展食农教育,多开展农事活动,跟着"种作"的脚步推行食农教育活动。如优先"引进当地农夫为田间导师"并规划好田地,让学童迅速地进入状态,开始执行农事工作;也可以在家庭或校园进行生态种植体验,亲密接触土壤,重建人与土地的关系。"食农教育"并不是简单的农业种植活动,它是在国家工业化进程中倡导人们对土地的回归,是随着教育对孩子全面发展的要求越来越高后,对土地价值和智慧的回归。对于"食农教育"重建人与土地的关系将在后面的章节不断精心阐述。

典型案例

催人泪下:印第安酋长的一封信[1]

——印第安酋长西雅图于1852年写给美国政府的一封信

总统从华盛顿捎信来说,想购买我们的土地。

但是,土地、天空、河流……怎能出卖呢?这个想法对我们来说,真是太不可思议了。

① 《催人泪下:印第安酋长的一封信》,https://www.sohu.com/a/362824404_174305。

正如不能说新鲜的空气和闪光的水波仅仅属于我们而不属于别人一样,又怎么可以买卖它们呢?

这里的每一寸土地,对我的人民来说都是神圣的。每一处沙滩,每一片耕地,每一座山脉,每一条河流,每一根闪闪发光的松针,每一只嗡嗡鸣叫的昆虫,还有那浓密丛林中的薄雾,蓝天上的白云,在我们这个民族的记忆和体验中,都是圣洁的。

我们是大地的一部分,我们可以感受到树干里流动的树液,就像自己感受到身体内流动的血液一样。

地球和我们都是对方身体中的一部分。

每一朵充满香味的鲜花都是我们的姊妹,熊、鹿、鹰都是我们的兄弟。

岩石的尖峰、青草的汁液、小马的体温,都和人类属于同一个家庭。

大地不属于人类,而人类是属于大地的。

就像所有人类体内都流着鲜血,所有的生物都是密不可分的。人类并不自己编织生命之网,而只是碰巧搁浅在生命之网内。

人类试图要去改变生命的所有行为,都会报应到自己身上。

溪流河川中闪闪发光的不仅仅是水,也是我们祖先的血液。

那清澈湖水中的每一个倒影,反映了我们的经历和记忆;那潺潺的流水声,回荡着我们祖辈的亲切呼唤。

河水为我们解除干渴,滋润我们的心田,养育我们的子子孙孙。河水运载我们的木舟,木舟在永流不息的河水上穿行,木舟上满载着我们的希望。

如果我们放弃这片土地,转让给你们,你们一定要记住:这片土地是神圣的。河水是我们的兄弟,也是你们的兄弟。你们应该像善待自己的兄弟那样,善待我们的河水。

在白人的城市里已经没有一块安定的绿洲了,没有一个地方能够听到秋叶飘落或是昆虫振翅的沙沙声了。

也许因为我是个土人,理解不了那些现代化的刺耳声音。

但人们如果听不到可爱的夜莺的鸣叫,不能欣赏到夜间池塘里的一片蛙声,那又算是什么样的生活呢?

印第安人更喜欢倾听和煦的微风吹过池塘的水面,泛起阵阵涟漪;更喜欢正午时分一场清新的大雨,让人闻到松树的清香。

空气与它滋养的生命是一体的,清风给了我们的祖先第一口呼吸,也送走了祖先的最后一声叹息。

这样的空气是多么的珍贵，动物、树木和人类，所有的生命都在一同享受这空气。你们要照管好它，使你们也能够品尝风经过草地后的甜美味道。

白种人似乎从不介意自己呼吸的空气，就像是行将就木的人，对自己的恶臭无动于衷。

如果我接受你们的买卖（注：指白人要买印第安人的土地），我就要定下一个条件：白人必须像对待他们的兄弟那样对待动物。

我看到大草原上野牛尸横遍野，这都是白人坐着飞驰的火车时开枪射杀的。

我是个土人，实在不能理解这种行为，人类居住的环境怎么能够没有动物？如果所有的动物都消失了，那么人就会在巨大的精神孤独中死去。

一切事物都是相互关联的，人也同样会遇到动物的遭遇。不管什么灾难降临大地，都会一同降到大地之子的头上。

我们的子孙看到他们的父辈被人打败，我们的战士为此而感到羞辱。

自从战败之后，我们就无所事事，只能以甜食和烈酒打发余生。再也没有伟大的部落的后代能在这个地球上生活了，再也没有人能够为那些无比勇敢强悍的人去哀悼了。

有一件事我们都明白，白人有一天也会发现这个真理：我们的上帝与你们的上帝是一样的。

你们可曾想过，你们想要拥有上帝的心情和想要拥有我们的心情是一样的。但你们办不到。上帝是人的上帝，他对白人和红种人怀有同样的怜悯。

大地对于上帝来说也是珍贵的，践踏土地也就是对造物主的蔑视。

白人也会走向没落的，也许比别的种族还要快一些。

如果你不停地往自己的床上堆放垃圾，早晚有一天你会窒息而死。当所有的野牛都被杀光，所有的野马都被驯服，当所有神秘的角落以及我们的眼睛所见之处都充满了尘世的喧嚣。

到了那一天，哪里还会有怡然安静的灌木丛呢？哪里还会有飞翔的鹰呢？这就到了生命的尽头了。

如果我们能知道白人的梦想，也许我们就能理解他们的做法了。

不知在漫长的冬夜里，他们是怎么向自己的孩子描述他们的未来的？他们的脑子里闪现着什么样的美景？他们期待的明天是什么样？

我们是土人，看不见白人的梦想，我们会走自己的路。

假如我们出卖了自己的土地，我们就必须得到印第安人保留地的安全保证。也许在那里,我们可以保持自己喜欢的生活方式。

当最后一个印第安人从地球上消失的时候,他记忆中的生活就像掠过大草原的一片云。那些海岸和森林,依然会保留在他的心中,永远留存。

因为我们热爱土地就像婴儿眷恋慈母的怀抱。

第二章

食农教育的兴起

第一节 何谓食农教育

“食育(shokuiku)”一词,最早由日本著名的养生学家石塚左玄在1896年出版的《化学的食养长寿论》与1898年的著作《通俗食物养生法》中提出,他认为“体育智育才育根源于食育”。关于健康营养,石塚左玄提出以下几点理论:一是食本主义。食是身心健康的根本,也是造成疾病的原因。饮食摄取的不均衡、不适当,将导致疾病的产生。想要有洁净的身体,就先要有洁净血液;想洁净血液,就需食用健康的食物。二是身土不二。身体与土密不可分。强调无论身处何方,就应该吃当地土地种出来的作物或生产的农产品。既然当地盛产这些作物,就代表当地环境是适合种植此作物的,而以它当主食自然是最健康的。日本作家村井弦斋看了石塚左玄的著作后颇有同感,他在1903年出版的《食道乐》一书中,也使用了“食育”一词。

“食农教育”一词首先从铃木善次(1993)所提出的环境教育中的“食与农的实践意义”衍生出的“食农”概念,认为生命需仰赖饮食维持,食物是人类生活中最基本的元素,而食物来自农业、环境,因此食与农是一体化的,不可忽视。十几年前,日本政府发现国民的饮食产生相当大的变化,包括外食比例增加,饮食相关知识以及判断力缺乏,营养不均衡,饮食不规则,肥胖或过度瘦身,糖尿病及内脏脂肪症候群等生活习惯病增加,食物浪费,依赖海外粮食,传统饮食文化危机,食品安全问题等,对国民健康影响甚大,并认为食育是儿童成长重要的基础知识,和智力教育、道德教育、体育教育同等重要,遂由内阁府负责规划整体改善措施的基本政策,以此为基础进行各部会的协调,于2005年制定《食育基本法》并于同年公布施行。此举是希望通过系统的法规来推动饮食教育,借由各种饮食经验,学习食品相关知识,培养选择饮食的能力,推广在地特色的饮食生活,维护优良传统的饮食文化,进而实践健全的饮食生活。日本推行食育的相关政策,不仅涵盖营养保健、饮食指导的“饮食教育”,也包含农业相关产业的“农作教育”,饮食与农业密不可分,简言之,“食育”为涵盖食、农两大层面的教育,统称为“食农教育”。日本的食农教育就是绿色饮食的落实,并提出绿色饮食概念和指标,认为绿色饮食是指食物从生产到制作的过程中必须符合环保、永续与正义,以低碳、传承和支持小农为目标。日本民间团体与商业周刊一起开办“田野教事”,以田野学习课程推广食农教育。课程内容涵盖农育与食育,设计一系列从农场到餐桌的体验活动,让学童跟着自然,学习健康。日本的食农教育强调农业与饮食并重,希望消费者对食物、大自然及农业生产者感恩,促进国民健康,并经由实际的农事体验了解农事与生命循环现象。

在美国,被称为校园农作(School gardens)的课程早在1890年即在马萨诸塞州罗克斯伯里的乔治普特南学校(George Putnam School in Roxbury, Massachusetts)实施,到了1918年,每个州至少有一个以上的学校实施校园农作课程。在第一次世界大战期间,超过百万的学童通过校园农作生产对美国粮食做出贡献,喊出“每个男孩和女孩都是生产者,生产是教育的最高原则,所以养殖动植物是学校课程不可或缺的部分”的口号。美国联邦政府教育部遂在第一次世界大战期间积极推动校园农作课程,史无前例地让农业教育(agricultural education)成为全美公立学校的正式课程,此为美国校园农作军事计划(the U. S. School Garden Army Program)的一部分。此后,加入农园的教育环境在世界各地越来越普及,其主因是各国对环境问题越来越重视,故而推动营养和农作整合的学习取向教育即“食农教育”不断在各国推出和实践中。

我国台湾地区近年来食品安全问题频传,塑化剂、毒淀粉、过期原料、黑心油等事件导致全民对饮食安全产生恐慌,食材之来源渐渐受到重视,有所谓的“四章一Q”,前者分别是有机农产品、吉园圃安全蔬果、CAS优良农产品与产销履历等标章,后者是生产履历即QRcode。诸多措施,皆是希望通过有效管控食材的来源,来保证民众饮食健康。目前校园充斥着智育文化,大家最重视学习成绩,对于健康饮食、农事生产与烹饪等课程,较不重视,学生对于食物、烹饪没有多大概念,在农事生产方面,尤其是市区的学生,更是难以体会蔬果是如何生长的。所以期待学生能珍惜食物是有困难的,因为学生对于大自然是较无感情的。因此,教师如能结合食农教育,让学生通过体验教学,种植日常生活食用的蔬菜,从中体会农夫的辛劳,或许更能将心比心,珍惜食物得来不易,进而更加珍惜。为此,台北市和台南市等地方政府陆续规划推动小学食农教育,一方面,通过日常饮食让学童深入了解食品的制作原料及过程,对身体的益处及害处,在日常生活中学习追根究底的精神,并了解如何在饮食中照顾自己的身体;另一方面,通过农业体验教育的学习,让孩童可以了解食物的原貌,以及在生产体验的过程中认识大自然的规律,在劳动的过程中体会生命的价值,让孩童从中学习珍惜及感恩。台北市产业发展局除了邀请专家及台北市有机农场,在2013年共同制作出版“食农教育手册”作为教师上课教材,另外亦于2014年办理“小农夫课程”及

“食农教育课程”开放给台北市小学申请。而台南市于 2012 年发布其教育政策，除“德智体群美”五育外，正式加入第六育“食育”。2013 年由台南市教育团队编定以台南市在地食材为主题的《台南市国民中小学食育教材》；此外，鉴于学校营养教育的重要性，还制订《台南市学校午餐自治条例》，让学校营养午餐不局限于防范采购弊端，而将之提升到食品安全卫生、低碳饮食、资源回收、产地产销、饮食礼仪等领域的综合整治，希望在学生吃得健康、安全、卫生、营养的前提下，也能符合吃当地、吃当季、少肉多蔬果等“低碳饮食”理念。学校主要从五大面向切入推动食农教育，包括农业体验课程，校园午餐食材在地化，食教育如营养或饮食教育，地产地销而降低食物里程，通过人际交流增加生产者与消费者的认识。为推广食农教育，台湾“农委会”自 2017 年起启动食农教育推广计划（画），每年辅导 100 个多元团体推动，并营销推广每月 15 日为食物日，带领全民认识台湾农产品及响应吃当季食在地观念，希望携手地方政府，联结社区，强化食农资讯传递，将食农教育深入校园。

“食农教育”概念是从国外传入，且各国名称不一，食农教育到目前也没有个确切的含义。日本内阁府于 2005 年制定《食育基本法》，将食育定义为：“在饮食有关的环境变化当中，培养国民每个人具有适当的判断力，并期望在生涯中能实现健全的饮食生活，以增进国民的身心健康与创造健全的人格。”日本在推行食农教育时，有明确法规去陈述食农教育，让施作者有迹可循。我国台湾地区对于食农教育定义则稍有不同，大致以食物和农业为主轴，并参酌人际互动、绿色议题、生活文化与产消课题等，在自然环境下让学习者动手操作去完成每一次的小任务。2018 年，台湾有关部门制定相关规定，其目的为“为推动食农教育，强化饮食与农业之联结，增进国民健康，促进全民参与与支持农业发展，强化城乡交流，维护饮食与农业文化传承，提高粮食自给率，增加农村就业机会，活化农村社区产业及农业永续经营”，草案中定义食农教育“指培养国民基本农业生产、农产加工、友善环境、食物选择、饮食调理知能及实践，通过饮食与农业联结之各种教育活动，促使国民重视并支持国产农产品、饮食及农业文化”。“食农教育”一词在台湾尚未取得有共识的定义，台湾地区学者对食农教育实践和研究比较多且深入，不同的学者也提出了食农教育的含义和建议，如表 2-1 所示：

表 2-1 部分台湾学者或组织提出的"食农教育"的含义[①]

学者或组织	年 份	内 容
张玮琦	2012	以农业的体验为基础,形成正确的饮食意识,通过农事体验了解食物、生命与环境间的关系。
	2013	日本的食农教育是一门综合教育,融合重视传统、感恩惜福、营养教育与产业体验,其内容不只是饮食教育,而且是培养学生对环境与文化的重视,更强调家庭的价值,并带有粮食自给的目的。
台湾主妇联盟	2012	食农教育是依照教育目的和方法,实践以环保、永续、正义意涵为主轴的绿色饮食实践,并分为农业教育、饮食教育和环境教育。
赵家民等	2012	在小学生低碳饮食研究调查中发现学童在"环境冲击""环境敏感度"方面比较欠缺,因此提出饮食课程中应融入"环境议题"教材的建议。
黄晓君	2012	"食育"一词涵盖范围广泛,因此将食育与食农教育视为相同概念,强调加强学生环境教育与饮食教育,教导学生认识食物,了解食物从生产端到进入餐桌的过程。
陈美芬	2013	让台湾民众认识农业,可从最基本的日常饮食开始,同时借助农业体验活动让孩子亲近乡土与接触农村生活,培养民众实践健康生活的知识和能力。通过农业体验活动,以及粮食生产者和消费者的交流,发挥各地的农业特色,使消费者更认识在地食材背景,增进地产地销的观念,以提高粮食自给自足率,从"食育""在地经济"及"环境生态"等方面,落实永续生活。
曾度玲、李秀静	2013	高中家政课程实施食育的重要概念包括家庭共食与烹饪学习、低碳饮食与环境保护、饮食问题与健康饮食、粮食系统与食物主权等四个面向,其内涵包含环境与农业议题。
董时叡、蔡嫦娟	2012	食农教育是一种亲自动手做的学习体验教育过程,学习者经由亲身参与食材、食材生产者与自然环境互动过程,学习基本生活技能,培养对生命的尊重,并认识在地农业及文化。
	2013	食农教育涵盖农业体验、饮食教育和环境教育三个层面,学习者经由与食物、农民、农村等相关者的互动体验过程,能让在地农业、正确饮食及文化受到关注;而以小农为主的台湾地区,可建立在地化食物网络并强调在地化的食农教育,结合在地有机农场和农夫市集,从学童教育体制切入,整合发展。
	2016	食农教育是一种强调"亲手做"的体验教育,学习者经由亲自参与农产品从生产、处理,至烹调之完整过程,发展出简单的耕食技能。在此过程中,亦培养学习者了解食物来源,增进食物选择能力,并促进健康饮食习惯的养成。另外,通过农耕的劳动体验,可培养学习者对食物、生产者和环境的尊重与感恩,并激发其生命韧性和坚毅性格。

① 相关信息来自杨惠喻《澎湖县小学食农教育之推动现况、困境及因应策略之个案研究》,胡美真《绘本融入食农教育教学对小学五年级学生食农他爱都影响之研究》,董时叡、蔡嫦娟《当筷子遇上锄头——食农教育作伙来》,翁章梁《2016 食农教育政策与立法规划论坛》,等。

续　表

学者或组织	年　份	内　容
董时叡、蔡嫦娟	2016	参考意大利慢食运动(slow food movement)及日本食育运动(Shokuiku)，认为食农教育系“一种借由亲手做来学习的体验教育过程，学习者经由亲身与食物、饮食工作者、动植物、农业生产者、自然环境和相关行动者互动之体验过程，学习耕食的基本生活技能，并认识在地的农业、正确的饮食生活方式和二者所形成的文化，以及农业、食方式与生态环境的关联性”。简言之，食农教育是一种强调“亲手做”的体验教育，学习者经由亲自参与农产品从生产、处理至烹调之完整过程，发展出简单的耕食技能。
林卉文	2014	食农教育是一种有益健康、环境保育、社会福祉及在地绿色饮食文化的饮食方式，具体的行为构成有绿色饮食文化、环境保育、健康、社会福祉，重点在强调吃在地食物，与低碳饮食，减少碳排放量的理念是相通的。
马富宏	2014	食农教育，就是要重新建立人与食物、土地间的关系，认识自己吃的食物，建立选择食材的能力，并且对农业生产者有更丰富的认识。
颜建贤、曾宇良等	2015	借由“饮食”与“农业”相关的经验与知识的设计与传承，培养儿童、学生与消费者具有地产地销、食材营养与安全、饮食文化传承、农业体验及生命教育等理念的综合学习历程。
董时叡	2015	食农教育在意涵上也大致隐含了“吃农业食物”的意义，主张尽量吃农业生产出来的食物，减少食用过度加工或加了大量化学添加物的“工业食物”。大致上来说，食农教育具有八大特色：亲手做、地产地销、农业食物、全食利用、家人共食、原味感官体验、文化传承、多样性。
林保良	2015	食农教育是透过实施农业教育与饮食教育建立学生正确的饮食知识与行为，并教育学生注重在地农业与环境的问题，是一种跨学科的主题学习活动。
颜淑玲	2015	食农教育是要传递从农产地到餐桌过程的学习。
林柏霖、陈惠贞	2015	食农教育是通过体验农业的方式，与农民合作，教导学生饮食与安全间的关系。
赖尔柔	2015	食农教育是通过饮食的正确判断力，实现健全的饮食生活，增进国民的身心健康的必须活动。
台湾农业推广学会	2015	一种体验教育的过程，学习者经由与食物、饮食工作者、动植物、农民、自然环境和相关行动者互动之体验过程，认识在地的农业、正确的饮食生活方式和其所形成的文化，以及农业和饮食方式对生态环境造成的影响。
方冠廷、詹羽辰	2016	食农教育是探讨有关饮食与农业的教育，还包括了环境教育。

续 表

学者或组织	年 份	内 容
姚文智等	2016	食农教育指运用教育方法，培育民众了解饮食与农林牧渔间关系，促使民众重视并支持健康自然的饮食文化、生态永续的农产环境、安全卫生的食品加工及符合社会正义的流通过程，采取行动养成健康饮食习惯，以达到永续发展之公民教育过程。
苏立中	2016	食农教育就是体验现代人对食物供应链背后真相的了解过程。
翁章梁	2016	以农业为核心，通过教育、推广及农业体验等多元方式，培养民众具有正确饮食知识、降低食物里程、友善环境等理念，实践健康饮食生活，促进饮食文化传承，提升粮食自给率，活化农村及促进农业永续。
陈曼丽等	2016	食农教育是借由“饮食”与“农业”相关的经验与知识的设计与传承，培养儿童、学生与消费者具有在地生产、在地消费，食材营养与安全，饮食文化传承，农业体验及生命教育等理念的综合学习历程。
蔡培慧等	2017	食农教育指利用农林渔牧生产活动，结合农业经营、农家生活、农村文化与农事体验等，以了解农业与食物间关系为目的的教育与农业文化推广经营模式，以提供全体民众、各类团体、事业、政府机关（构）及学校得以从事学习的活动。

不断出现的“食安”的问题，及“环境议题”的推波助澜，唤起世界各国政府、学校、民间对“食”的重视，而“食农教育”这个新名词也成了我国台湾地区近年来热门的重要议题。根据台湾地区学者对日本相关资料的整理可见，食农教育涉及与农业、农产品、营养、地方饮食、烹饪以及孩童身心健康相关的知识学习和启发活动，在日本的脉络中“食农教育”与“食育”经常代表了相同的意涵。台湾“食农教育”一词，是在 2005 年以后，由台湾学者张玮琦介绍日本《食育基本法》的立法及实践经验后开始萌芽。再加上主妇联盟等民间团体发起“绿食育”活动，从学童开始，鼓励学习并体验“食物”从产地到餐桌之历程；培养“选择当地及食当季食物”“关照在地小农”“共作——参与农事及烹饪实践”即“共食”的能力与文化，并重视儿童学校营养午餐的供应及饮食教育等，慢慢地形塑了“食农教育”的原初意象，而有了概念雏形。台湾地区“食农教育”一词如前所述系源自日本，因此与日本《食育基本法》所称“食育”用语，概念多有重合之处。主要差异是，在日本“食育”的教学方向系以儿童（依日本《儿童福祉法》第 4 条规定，系指年龄未满 18 岁者）的“学校供餐”，尤其是午餐的饮食教育作为出发点，溯源至食物之产地，实施农作教育，“食育”重心偏重在儿童的饮食教育；而在我国台湾地区，“食农教育”的教学方向，则是顺着“自产地至餐桌”或“自种子至餐桌”，推行“食农教育”，相对地重心偏重在农业教育，相对日本较为轻忽儿童及少年（指未满 18 岁之人）的饮食教育。

从表 2-1 中可见，我国台湾地区学者对“食农教育”的不同含义可概括出几个关键词，即饮食文化、农事体验、地产地销、环境教育、生命教育、饮食教育、营养教育等。认为食农教育即“食”与“农”的教育，而体验学习则是意指由教师引导学生亲身投入大自然，实地从事活动，借由省思与分享，察觉活动意义的过程。借由体验食物从一颗种子成长为餐桌上的美食的过程，能让学习者了解生长环境与自身的互动关系。良好的饮食习惯应从小建立，孩童的生活时间有二分之一是在学校，通过学校教育的安排将“饮食”结合学校环境，拟定适当的学习方案，让学习者以农事体验的方式亲手种植与觉察作物生长的过程，借由与食物的互动与学习增进其对当地农业与饮食生活文化的认识并了解其与生态可持续发展的关联。

综合以上学者的观点，笔者认为，食农教育是一种有益健康、保护环境，增进社会福祉及传承当地绿色饮食文化的饮食方式，是借由“饮食”与“农业”相关的经验与知识的设计与传承，让人们对于产地到餐桌能有更多的认识，对环境与每天的饮食产生高度的联结，进而对土地的维护与饮食的健康能有更多的关心。食农教育的定义是什么，应该怎么做，应该由谁来办其实并不是最重要的，重要的是，您是否可以随处在校园、社区和街角看见它，并受到感动。

第二节　食农教育的施行对象及特点

食农教育的四大特色为亲农共绿，即亲手做、农业食物、共耕共食与绿色产消。日本认为食农教育从小学阶段开始，不仅能培养小学生的食品安全意识、对食物价值的认识，还能传承饮食文化，培养他们独立生存能力和激发他们的求知欲，为探索未来世界打下扎实的基础。食农教育的推广与运用有许多的形式，如饮食教育、农事体验、环境教育，有些学校在食农教育中还融入生命教育。从土地到餐桌，消费者是非常重要的一环，食农教育的施行对象其实除学生外，也包括各年龄段的消费者。食农教育从改变消费者饮食开始，逐渐让他们关注自身健康、土地健康、地球健康，从而使健康饮食与农业可持续发展、环境生态保护并举。由于食物的学问涉及农业各学科、生态学、生理学、医学、烹饪、贸易、社会学、政治经济学等，所以食农教育的推广无法靠一己之力来达成，需要动员行政、教师、营养师、家长、社区、各地农业组织与民间团体等产官学各方面的力量。

一、食农教育的目标及施行对象

在全球贸易自由化、气候变迁时代，易发生粮食供应不稳定及价格波动剧烈，而粮食安全、农产品安全与全民饮食息息相关。农业担负着提供稳定安全农产品的责任，也需民众支持在地农业发展。为提高粮食自给率，减少粮食浪费，稳定供应安全粮食，需对全民落实食农教育终身学习理念，形成全民运动。通过对饮食及农业的关怀，培养民众基本农业生产，农产加工，友善环境，食物选择，饮食调理知识、技能及实践，借此认识从产地到餐桌，从生产端到消费端等相关知识，培养良好饮食习惯，进而深化民众对我国生产的农产品、饮食及农业文化的认同、信赖与支持，提高民众健康水平，促进农产品消费，共同维护自然及生态景观，创造农村就业机会，振兴农村经济，促进农业永续发展，并创新农业多元化价值。

（一）目标

日本的《食育基本法》立法目的是培养国人健全身心及丰富的人性。近年来，我国台湾地区也面临粮食自给率持续低下及食品安全的问题，政府有关部门开始积极推动“食农教育”。透过教育、推广及农业体验等多元方式，培养民众具备正确饮食知识、态度与技能，包括低食物里程、环境友善及永续、地产地销、食品安全等各种理念，借以达成实践健康的饮食生活，促进饮食文化传承，提升粮食自给率、活化农村及守护农业永续的目标。为此，我国台湾当局所公布的食农教育有关规定的推动方向包括：

（1）培养民众饮食消费观念及习惯，落实健康饮食生活，增进民众健康；

（2）鼓励民众参与农林渔牧业生产至饮食消费过程之各种教育活动，发展系统性食农教育体系，推动全民食农教育运动，强化民众对于台湾农业及农产品的认同、信赖及支持；

（3）了解农业耕作方法、农业科学、农业技术、农业知识、农具制作方法及操作技术、农业生态环境与研发等农法知识；

（4）鼓励在地饮食文化传承与创新，创造生产者与消费者交流环境，促使民众理解农村特色及农业文化，实践台湾农产品消费及健康饮食生活；

（5）推动地产地销，结合农产品、农产加工品的生产、加工与交换等过程，有益于在地生产、在地消费、整体经济发展及促进就业，强化农产品生产安全的管理，确保食品安全，提升粮食自给率，增加农村就业机会，促进农业永续发展。

关于食农教育的目标，我们可以引用台湾台北市政府产业发展局委托台湾学者张玮琦于2013年编的《食农教育推广手册》中针对食农教育课程规划所提出十点的教学目标：

(1)认识食物的原貌原味，强化品尝及感官教育；

(2)了解营养均衡及多样性食物摄取的价值；

(3)培养简单的饮食调理技能；

(4)了解“食物里程”及“在地食材”的观念；

(5)认识食品过度加工及化学添加物的风险；

(6)培养良好饮食礼仪及对生命的尊重；

(7)培养简单的农产品生产技能，并体验其辛劳；

(8)认识作物季节性及品种多样性；

(9)了解在地农业特有生产技能及饮食文化；

(10)认识饮食及农业生产对大自然环境的冲击。

(二)施行对象

食农教育在世界各国已经发展多年，但不是都使用“食农教育”这个词。从现有资料看，食农教育本身光名字就有数个，如饮食教育(简称食育)、食物教育、食安教育等。食农教育是各国基于本身文化与面对社会问题而给出的答案。如美国的关于中小学生午餐与早餐的法规与专案、可食用校园计划和英国的校餐革命等，对美国和英国的中小学教育产生深远的影响。欧美名厨推动的各类食农改革运动，更将诉求对象从各级学校学生扩展至社会大众。在日本，认为食育与培养学生的德育、智育和体育直接相关，如智育方面通过头脑思考食物营养等丰富新知；德育方面通过“谢谢赐我一餐”等问候语，培养用体贴之心，常思饮食来之不易；体育方面通过学生身体随心所欲运动，使其拥有可以制作料理的手腕能力和体力。食育不仅在学校进行，更要在校外进行，特别是家庭。日本很重视家庭的食育，有厨房育儿观点，认为厨房是孩子第一次接触饮食的场所，所以可以将家庭育儿和饮食教育一同进行。日本每年的六月是“食育月”。在“食育月”期间，中央政府、地方政府和有关组织将共同努力，以有针对性和有效的方式开展食品教育促进运动，以进一步促进食育。总之，食农教育不仅与学生有关，还与社会大众关系密切，食农教育是关于人、食物、人与食物之间关系的教育。在食农教育面向的群体中，母亲的角色和作用很重要，这是一个很好的切入点。在面向大众的社会教育或者社区教育中，如果主办方能好好思考如何开展针对母亲的培训，大众传媒体又能积极引导，那么就很容易将食农教育的面向群体扩大开来。

二、食农教育的特点

如前面所讲的,食农教育的四大特色为亲农共绿,即亲手做、农业食物、共耕共食与绿色产消。但由于食农教育属于较新颖的议题,在我国大陆地区目前研究者并不多,部分学校对于食农教育还处于探索推广期,因此,我们可以参考我国台湾地区的食农教育实践和研究来看看食农教育的特点,详见表 2-2。

表 2-2 食农教育有关文章摘要①

研究者	研究题目	研究结果
曾宇良、颜建贤、庄翰华、吴琼(2012)	《食育之农业体验活动对大学生影响之研究——以彰化师范大学地理系学生为例》	①现今台湾正面临许多农业问题,除了需要政府加强农业政策之改革,也需要被社会大众所重视。 ②在学校教育中实施食育,借此教育学生重视环境与农业问题,提升学生对于农业与土地的认识与关心程度。
张玮琦(2014)	《食农教育扎根重建粮食产业》	①食农教育的热潮起因于饮食产业的歧途与消费者的反扑。 ②1970 年起,各国从重视食农教育直至推行至今,已累积丰富的经验。 ③经由政府的政策推动与辅导,重建台湾"粮食产业"地区美名,仍有希望。
颜建贤、曾千惠(2014)	《食育内涵指标之建构》	食育的内涵指标体系,分为四大类指标群/构面,分别为: ①饮食的文化构面:饮食形态、饮食礼仪、食材与乡土人文等三项指标。 ②饮食的认知构面:认识食物与营养知识、认识加工食品、食品标示解读等三项指标。 ③饮食的行为构面:绿色饮食、农业体验、食物的烹调备制、感恩惜物及利用等四项指标。 ④饮食的社会责任构面:永续发展、尊重生命、环境伦理、多元关怀等四项指标。
林卉文(2014)	《食农教育教学运用在小学之成效——以台北市木栅小学为例》	①绿色饮食文化对学生知识影响不显著;对学生态度及行为技能有显著影响。 ②环境保育及健康对学生态度影响不显著;对学生知识及行为技能有显著影响。 ③社会福祉对学生态度、知识及行为技能均有显著影响。

① 刘静芬:《校园农务体验——自然与生活科技课程融入食农教育之行动反思》,中国台湾静宜大学硕士论文,2017 年。

续　表

研究者	研究题目	研究结果
刘倩吟(2014)	《大地的恩泽:高雄地区小学推动食农教育的几个案例》	①各校成功推动食农教育的要素包括校长的理念支持,一位主要推动者的统筹规划及相关教学团队的配合,结合课程予以实施。 ②各校在推动食农教育后可达 17—19 项指标,其中另发展出“增进人际与亲子间的互动”“健全人格的培养”“田间生物多样化”“提升绘画写作能力”“传承传统生活智慧”等 5 项指标。
林保良(2015)	《食育在官田国民小学的实践旅程》	①为建立正确的饮食知识与选择食物的能力,食育的推动与落实显得必要且重要。 ②官田小学针对学生规划“官田亲田——从种子到餐桌的实践旅程”课程方案与体验活动,培养学生对食物的意识、土地的情感、正确饮食观及良好的饮食习惯。
陈伯璋(2015)	《教育改革从“食育”开始》	①受食安风暴影响,各界期盼积极推动“食育”,以促进民众身心健康,其在教育界亦获很大响应。 ②“食育”的推动应有立法的支持、政策的拟订及各级单位的执行与整体配合,才能有效达成预期目标。 ③以推动“食育”的启示,对当前教育改革进行反思,并提出可能发展的方向。
颜建贤、曾宇良、张玮琦、陈美芬、谢亚庭(2015)	《台湾食农教育推动策略之研究》	食农教育的意义: ①认识农业:食农教育体验活动设计、农事及休闲农业体验。②健康:认识食品添加物、食品工业化的影响、味觉力的提升。③社会福祉:小农生产与农夫市集、安心畜产与动物福祉。④环境保育:友善环境的美味食材、吃当季、吃在地。⑤绿色饮食文化:传统饮食文化与伦理、料理课程设计。 食农教育推动策略与短中长期执行方案结论: ①短期推动策略:意识唤醒与营销推广策略。 ②中期推动策略:认证与考核策略。 ③长期推动策略:立法与制度化策略。
曾湘坤(2015)	《校园推动食农教育做法之探讨》	①有机农事课程发展需有耕作场域及技术指导外,亦需行政主管单位支持与同人的合作。 ②健康课程受各校重视且实施比例较高。 ④现代社会强调高效率而低成本的工业化生产方式,导致社会福祉不受重视。 ⑤环境保护方面,基于畜牧业产生的温室气体破坏地球环境,故普遍受重视。 ⑥受经济增长与西式速食影响,台湾民众的绿色饮食文化逐渐弱化。

续 表

研究者	研究题目	研究结果
曹锦凤(2015)	《都市型小学推行食农教育之行动研究》	①食农教育课程对于学生的农业知识和饮食知识有正向影响。 ②通过农夫市集协同的食农教育,依实施时间的进行,可能会依次改变学生的农业饮食知识、态度和行为。 ③借由亲手做的过程,学生较勇于尝试不一样的食物,逐渐改变其饮食行为。
谢青均(2015)	《中高年级小学生农业体验活动设计及效益之研究》	①小学中高年级学生体验偏好没有因不同年级而在农业体验偏好上有显著的差异。 ②小学中高年级学生环境态度会因不同年级而在环境态度中有显著的差异。 ③小学中高年级学生体验偏好,会因不同组别而在环境态度中有显著的差异。 ④活动项目类型最受欢迎的为自然生态体验。 ⑤针对活动进行时间之调配与体验项目进行流程,应在活动前后留意各项突发状况,可减少突发状况发生而无法掌控影响活动品质。
康以琳(2016)	《人与食物的距离——农村小学推行食农教育之行动研究》	①确认农村小学推动食农教育课程的可能性。 ②提供学童在大自然中劳动学习的重要性。 ③劳动教育提供教学者不断反思的机会。
侯国林(2016)	《红宝石的祝福——食农教育体验生命循环》	①食农教育在强调健康安全的食品教育中应运而生,让孩子亲自做过一遍、体验过一次,这辈子就再也不会忘记了,珍惜就是想要传达的核心精神。 ②体悟与感动会不经意地散发出难以计量的潜移默化作用,这就是真正的教育,属于生命的教育。
叶雯(2016)	《民间环教组织推广食农教育成效评估之研究——以观树教育基金会里山塾为例》	①食农教育是一种体验式教育,“从做中学”能提高学习成效。 ②食农教育在不同地区或类型学校学生的学习成效略有差异。 ③学校与民间组织合作推广食农教育课程,学生参与课程后,在认知、情意或技能三方面皆有显著差异。 ④学校对于推广食农教育,无论在课程设计、执行或技术层面,皆认同与民间组织合作能达到更好的教学效果。 ⑤学校时间安排、内部团队或行政、家长的支持度,皆会对合作推广教育的成效造成影响。

续　表

研究者	研究题目	研究结果
洪千芸(2017)	《食农体验活动之探讨》	①受访者大多认为食农体验活动还是应由民间办理，但政府单位可处于辅导的角色。 ②参加食农体验活动者大多希望体验大自然，认同动手制作食物或栽种食材。 ③所有受访者均认为“体验活动中最大的收获是会开始注意生态，从体验中可获得参与感和凝聚力，可以让人与人之间有更多互动”。 ④受访者大多赞成“食农体验教育的举办需要有指导老师或相关主管机关认证的指导员在旁协助”。 ⑤认识蜜蜂食农体验活动课程确实可让小朋友了解蜜蜂生态。
张惠真、曾康琪(2017)	《学校支援型食农教育推动模式之研究——以台中地区为例》	①有无参加食农教育相关课程或研习会对食农教育知识产生差异影响。 ②食农教育培训需求以“与现有课程搭配实施”“教材提供”及“专业团队提供咨询”最为殷切。 ③食农教育培训需求程度对执行食农教育能力具有显著正向影响，亦即当受访者食农教育培训需求程度愈强，其执行食农教育能力会随之愈高。
吴菁菁、萧尧瑄、苏炳铎(2018)	《台东食农教育课程学习成效之研究——以大王小学中年级学童为例》	①食农教育在饮食态度和行为技能方面就有正向影响。 ②引导学童进行生活饮食的选择与思考。 ③寓教于乐的实践体验为食农教育的重要推动模式。学童较倾向于寓教于乐的实做体验，采收课的实地观察，土壤课的接触体验及盆植实验，食育课的料理操作，都让学童留下深刻记忆，显然此类型教学模式较具成效。
徐绍恒、曾宇良(2018)	《食农教育融入小学正式课程教案之研究》	①相关部门尽快通过食农教育法，让施行相关者有更明确的方向。 ②运用食农教育的精神与小学正式课程做结合，利用既有课程去播种食农的精神。
吕秋云、颜建贤(2018)	《高职餐旅群教师食农教育的认知与投入意愿之研究》	①台北地区高职餐旅群教师对食农教育有相当程度的认知与抱持正面的投入意愿。 ②台北地区高职餐旅群教师的背景变项对食农教育的认知具有显著差异。 ③台北地区高职餐旅群教师对食农教育的认知与投入意愿有显著的正向影响。
陈惠贞、陈美芬、林柏霖、杨文仁(2018)	《幼儿园教师参与食农教育之行动研究》	①食农教育不是单纯的一堂课，而是生活的一部分。 ②小朋友改变的部分：观察力进步、积极参与、认识生态环境、主动发现问题。 ③家长参与度的增加，是老师支持课程改变很重要的因素。 ④同事间的互动：参与活动讨论、教师没有负担。

续 表

研究者	研究题目	研究结果
钟怡婷(2018)	《永续转型观点下的食农教育:以二个学童种稻体验活动为例》	①食农教育的影响可触及生产、生态与生活三个层面。 ②在课程与活动设计上落实了“食”与“农”的结合,也强化人类的饮食与农业活动对环境的影响。 ③促进生产与消费联结的制度创造行动,使得参与食农教育活动的其他相关行动者,包含农民与学校教师,受到引导而改变其日常实践,农民的生产模式和教师的饮食消费行为等,皆朝着更永续的方向逐步转型。
林志兴、陈荣锦(2019)	《食农教育——减少午餐厨余,珍惜食粮之行动研究》	①了解学生偏好蔬菜、炸物,增加蔬菜知识,减少午餐厨余。 ②减少摄取不良零食,间接增进学生午餐食量。 ③通过蔬菜实物素描,亲近日常食用蔬菜,有助于拉近彼此距离。 ④配合规划农事,体验食农教育,培养学生“做中学”的精神。
许美观(2019)	《一所学校建构校本课程推动食农教育之探究》	以素养为导向,建构校本课程,推动食农教育,课程理念如下:从友善环境及营养健康的理念出发,规划体验探索、环境学习等的历程,结合生活情境,整合孩子的学习与生活运用,鼓励孩子探究解决问题,建立孩子的自信心与毅力,通过主题课程的规划,培养具备沟通力、创造力和行动力的儿童。
叶欣诚、于蕙清、邱士倢、张心龄、朱晓萱(2019)	《永续发展教育脉络下台湾食农教育之架构与核心议题分析》	食农教育主题构成为文化、生活、农艺、校园、社会、环境、产业等七大类。较常出现在媒体报道中的主/次构面为教育与健康促进/教育推广、历史社会与伦理/社会正义。都市区偏好社会领域的食农教育,而文化领域的教学在非都市区比都市区多。

以上相关文献资料显示,食农教育是一种体验学习,对学生的学习成效、农业素养或知能、正确的饮食习惯、友善环境、生命韧性等都有正向影响。因此,笔者认为食农教育有以下特点:

(1)食农教育是一种饮食教育,培养正确的饮食习惯和传承饮食文化。

(2)食农教育是一种农事教育,培养与自然和谐的农业素养。

(3)食农教育是一种环境教育,培养友善环境的理念和实践。

(4)食农教育是一种生命教育,培养尊重生命和感恩生命。

以上四个特点,本书将在接下来的几章分别展开描述。

从上一节食农教育定义可见,食农教育主要是结合饮食教育和农业体验等开展学习的。如日本社会开始强调食农教育,源自孩童的身心发展开始受到重视，教育体制也从单一的填鸦式教育转变为体验式的学习活动。所以，除上面的四个特点外，食农教育还具有另外鲜明的三个特点：一是食农教育是一种体验学习过程；二是食农教育要讲究学习成效；三是食农教育能达到自我效能的提高。为了便于大家更深入理解食农教育的体验学习特点，本书接下来简单介绍体验学习和学习成效的一些基本理论和方法及其与食农教育之间的关系。

(一)食农教育是一种体验学习过程

在20世纪90年代，食育与食农教育在日本农林水产省和日本农山渔村文化协会所推动的农业政策与文化运动中被提出。2007年，日本政府以"在国民的生涯中培育健全的身心，养成丰富的人性"为目的，公布《食育基本法》，日本中央政府与各县市政府、乡政公所及相关机关团体等一起推动食育计划。然而，日本国民生活习惯不当，导致疾病(如糖尿病)患者增多、学生不吃早餐、孤食者增加等问题比较突出。因此日本政府认为推动饮食教育，不能仅停留在让国民知道饮食教育的阶段，应以"参与粮食的生产及消费各种饮食相关过程阶段的体验活动，并通过亲自实践饮食教育相关活动，深化对于饮食之理解"为宗旨来推动"终身饮食教育"。由此可见，食农教育并非一般所指的饮食教育，食农教育更加强调学习者应亲身参与农业生产到消费各个阶段的过程，通过参与农业生产的体验活动，更加深学习者对饮食的理解，饮食教育与农业教育是密不可分、相辅相成的。

虽然各国及各地区在食农教育的不同环节有不同的设计，如日本的食农教育，一头连着农业，另一头连着小学生，儿童通过参与耕作采摘等体验活动获得知识和技能。同样，英国的校园菜园计划与意大利的千园计划等也都侧重于食农教育中的生产与采集体验；而法国的五感认识食物与芬兰的厨房教养的培养，则是以食育中的烹饪与加工体验作为切入点。虽然看起来各国和各地区的食农教育各有特色，但实际上从切入点上来看大致相同，都是通过各种体验来达到让孩子们亲近自然、杜绝浪费、参与家务、养成良好饮食习惯的目的。食农教育固然是饮食与农业相关的教育，但食农教育其实具有更深广的教育目的。例如，参与动植物的成长过程，体会生命成长与衰败过程的生命教育，培养选择食物与良好饮食习惯的营养教育与健康教育，学习基础饮食烹调技能的家政教育以及关心人类与大自然关系的环境教育。如位于高雄美浓地区的台湾龙肚小学于2004年在校内进行小规模的种稻体验，展开了小学学童种稻体验作为落实食农教育的案例。随着台湾"农委会农粮署"推动的"学童种稻体验计划"逐渐开展，愈来愈多的小学加入了以种稻体验作为落实食农教育的方案。

体验教育是为使学习者积极沉浸在有益且真实的经验过程,并让学生依据自身的知识进行探索和实验,反思原有经验,学习新的技能,培养新的态度或思考方式。体验学习是以学生为主体,学习者必须是主动参与者;学习过程中,是以真实自然的结果提供给学习者,使其获得有意义的学习,而学习者需要不断的反思,从反思过程中检讨和持续学习。体验学习是教师引导学生亲身体验大自然,参与社会服务,实地进行调查、访问、参观与实验,实际进行讨论与发表、设计与生产工艺作品以及进行生产活动等真实活动,再经由反思与分享,以觉察活动意义与价值,并达成学习目标。体验学习至少包含以下五种学习意义:

(1)参与学习:是过程而非结果。如学生从农作物栽培讨论与实践中,亲身参与每个过程,不假他人之手。

(2)经验学习:从实际经验中学习,是一种适应实际世界的整体历程。如带学生到农村体验农事。学生用自己栽培的作物,进行低碳食谱的设计,并烹饪成菜肴。

(3)行动学习:从观察、尝试与实做中学习,以亲身观察、尝试与实践体验为基础的连续过程。如学生进行植物栽培,并撰写植物种植观察记录。

(4)反思学习:涉及个人与环境的交流,学生从一连串省思中,强化生活能力。如从讨论农法到农法实践中,去反思农法与环境的因果与依存性,进而反思目前的农法对环境的影响。从栽培作物中,启发学生对食物的认识,并能用更健康、对土地更好的方式,选择餐桌上的食物。

(5)能力学习:整个学习过程是累积知识的过程,而能力获得重于知识。如在食农教育中,通过体验学习,学生知道如何栽培作物,知道如何制作低碳料理。

若将体验教育的各个阶段对应食农教育,以课程中让学生分组尝试设计与建造自己的菜园为例:设计与建造的过程中需要团队讨论与沟通、分工合作来达成目标,学生讨论分工即体验阶段;学生在体验设计与建造菜园的过程中面临挑战与困难时,可以借由省思与观察问题产生的核心,联结过去类似经验来得到问题的解决方法,在此阶段需要问的是“什么?”(what?),此阶段即反思内省阶段;在归纳阶段,学生们面临困难后,通过反思提出各自的解决办法,此时必须将这些办法进行归纳,最后得到最适合的解决办法,而归纳的过程中学生可获取他人经验,成为下一次面临困难时可联结反思的经验来源,此阶段需要问的是“所以呢?”(so what?),这阶段处于旧经验与新经验转换之间;最后应用阶段的关键问题是“接下来呢?”(now what?),学生将体验活动所获得的方法与经验应用于解决面临的问题上,甚至将讨论沟通、互助合作、农事技能等经验实际运用在日常生活中,这个阶段即应用阶段,也是体验教育中最重要的部分。

根据“2016年度农村农业推广行动与整合计划”中针对民间非营利部门推动食农教育之案例进行检视与分类，初步可归纳出食农教育五种实践体验类型，包含：

(1)倡议立法型。一方面让民众能够更了解食农教育的意涵，更积极游说政府制定相关条例，另一方面让各界在执行食农教育计划时能有所依循。

(2)资讯平台型。通过网络平台分享农业、饮食、偏乡发展议题之文章来传递食农相关讯息，也通过举办食农讲座与民众互动、交流。

(3)农事体验型。包含学生在校园的农事耕作体验，结合农会、社区、非营利组织的力量，搭配环境教育、健康与体育等课程内容，推出一系列稻作课程、校园菜圃等，希望让学童能够认识农业与故乡文化。

(4)饮食体验型。着重在消费与烹煮这一端，活动包括了市场采买、料理教学，让民众重新与食物产生直接的联系，进一步对食农议题产生更多关注。

(5)城乡交流型。通过产地参访、直接与农夫买、作物认养、农友见面会等促进城乡交流的方式，让民众能够循序渐进地了解农产品的生产过程，甚至可能发展出地产地销、社区协力农业等。

(二)食农教育要讲究学习成效

食农教育是一种切合生活的教育，无法仅单纯地在教室内进行抽象知识的学习，理论的学习必须建构在日常生活的实践体验中，而实务体验的技巧与能力又需依赖知识的理解而提升；情意目标(情感、态度与价值观目标)的达成，更需由学生实际操作“汗滴禾下土”，方知盘中餐“粒粒皆辛苦”。进行食农教育必须配合校园菜园或校园厨房，知识和体验相互运作，并实际应用于日常生活中，才能达到食农教育的各层面目标，也才能展现食农教育的精神与内涵。为此，在食农教育课程设计中，“体验学习”应占有课程内容很大的比重，在种植知识、饮食与环境、认识土壤及土壤性质与农耕间的关系，以及烹调料理等方面都应设计实际体验活动，让学生感到体验活动十分有趣，身体上的劳动辛苦不算什么，能够走出教室实际操作成为他们最大的期待，让体验活动成为学生印象最深刻之活动。和其他领域学科相比，食农教育的课程设计，因为有体验而更容易内化为学生的日常选择价值观。农村学校的学生在菜园间辛苦管理因而较能体会务农长辈的辛苦；城市学校的学生因为在菜地亲近自然而了解不用农药除虫。通过食农教育，学生在成果发表时会由于自己和同学完成了料理喂饱自己和他人而展现自信；即使城市学生最后收成欠佳，也都给予他们反思的机会。食农教育体验的价值会因为时间的长短而有所不同，所以更需要长期的体验课程安排，这样品格和生命教育的成效会更好。

(三)食农教育能达到自我效能的提高

自我效能是指人们对自身能否利用所拥有的技能去完成某项工作行为的自信程度。自我效能感指个体对自己能否在一定水平上完成某一活动所具有的能力判断、信念或主体自我把握与感受。人们对于自己的才智和能力的自我效能信念主要是通过亲历的掌握性经验、替代性经验、言语说服、生理和情绪状态这四种信息源提供的效能信息而建立的。

应用在饮食行为上的自我效能,即饮食自我效能。饮食自我效能指个体对其在饮食摄取中,对自己达成特定目标与饮食选择能力的主观评估与判断。食农教育中,融入健康饮食教学可提升学生的饮食与健康问题意识、饮食认知、预期结果评价、管理技巧、社会支持、自我效能及健康饮食行为,即融入健康饮食教学可有效提升学生的意识、行为与自我效能。

食农教育通过推动以体验教育为基础的课程对青少年学子与一般大众或教师做提升知能(知识转化为能力)的活动,借助活动中的参与、反思内省、回馈分享,使他们觉察到了人与自己、人与人、人与自然的关系,从团队活动经验中获得合作沟通、自我调整、问题解决、冲突处理、领导能力等方面的益处。学习者通过亲身体验,进行对自我、生活、环境的反思,从中能够获得更好的学习成效。这样的学习方式能够使学生对所获得的知识技能有更深刻的印象,不会学过即忘,能够将所学运用于生活中,甚至能够向他人推广分享自己的所学。研究发现,“食物料理”与“农作物种植”等提供学生实际体验机会的相关课程能够有效提升学生自我效能。园艺农事体验对学生的自尊心与自我效能有明显的改善;实施休闲教育会提升学生的自我效能感。高自我效能者会比低自我效能者更愿意面对困难并且积极寻求解决方法而不是逃避。学生通过食农教育中各种体验课程学习到新的成功经验与新知,将这些成功经验运用到往后的学习上,若遇到困难时不轻言放弃,选择积极面对问题、解决问题;也将学习到的新知带入生活中。食农教育并不是单纯的营养教育、健康教育,其背后有着更广大更深层的教育意义。通过食农教育,学生不仅在饮食、农业知识和技能上有所进步与改变,而且通过食农教育中的农事体验课了解到“农夫的辛劳”“责任感的重要”。

三、食农教育是饮食、农业、环境及生命等教育的融合体

有一次,笔者问台湾食农教育专家颜建贤教授,食农教育与环境教育、生命教育及自然教育等有何关系。颜老师认为,全世界的食农教育是先从食育开始的,那为什么要食育呢?就是现代人因为工作、学习忙碌的关系,越来越不重视

"食",所以必须让大家重新重视它。一开始是食材的卫生安全问题引发大家的忧虑。后来就是一些黑心的食品让大家觉得健康受到威胁,再后来发觉到食育不仅关注食材安全卫生的问题,还包括饮食文化跟饮食伦理。比如说,以前我们很重视餐桌的礼仪,而现在一些小孩子从小对食物不珍惜、偏食、浪费食物等。因此,要想让食育做得好的话,就得回归到食材本身,所以才把农业拉进来,比较完整地开始开展食农教育。

食农教育事实上是一个最好的环境教育。为什么这样讲呢?因为我们要知道食物是不是安全卫生,它是不是安全有保障,那最根本的是要回到它的生产地。食材的母亲就是大地,所以就要回归到食材本身生长的环境,了解它的地、水、火、风是不是健康。

所以真正完整的食农教育是:先认识食材,然后再推到食材本身的来源,那就是一个环境教育;环境教育之后就是食材的认识,包括营养的教育,还有进入它的烹调煮食,以及饮食文化等,这些都是在食农教育里面继续要讨论的。

为了让食农教育能够有比较完整的连续性,在农场或者教育单位实施食材的体验教育时,当然可以弄得有趣一点,这个就是农业体验教育。接着,因为我们为了让当地的农民或者是农场主有经济收入,总在做完食农教育之后,都希望能够通过地产地销来卖当地的食材、当令的食材、健康的食材,给来做体验教育的人带回去,这也是做进一步的教育练习。在整个过程中,如果我们的主办单位是很用心的,可以让参与者接受从环境教育到认识食材,再到食材的营养、烹调煮食、饮食文化、农业体验教育、地产地销,直到生命的教育。在这个完整的过程中,大家来思考跟讨论,这就是一个很完整的生命教育。

食农教育与自然教育不一定能够画等号,自然教育常常指的是我们要走向大自然,好向大自然学习。食农教育不一定都要在户外,这当然与自然教育有一点点差别,但是食农教育也很强调要走到户外去。

第三节　为什么要推广食农教育

早期从简单的农耕生活,到后来为追求大量快速生产,开始大量使用除草剂、农药、化肥等,不仅造成农作物与环境的污染,动植物栖息地的破坏,大规模耕作也使得生物多样性流失、地力减弱。现今忙碌社会与分工精细的生活之中,人们对饮食与农业的了解远不如从前,例如不清楚当季当地的农产品为何,也不了解它们的生长历程与生产方式;食材的选择、烹调方式及均衡饮食的概念,也是多数现代人所欠缺的,或是认为农产品要又大又漂亮才是好的,但是否有想过其生产及处理的方式,会对我们的健康及环境有什么样的影响?与农业生活的疏离,也造成我们对于吃进嘴里的食物不够珍惜感恩,因为不明白这些食物是生产者付出多少劳力与心血所换来的,有多么来之不易,所以食物浪费现象不断出现。近年来大众逐渐重视环境问题及食品安全议题,再加上农业人口老龄化、粮食安全等问题的出现,让食农教育更是成为我们不得不了解的课题之一。

现代教育发源于西欧,近百年来皆以城市化和工业化为主流内容。在普遍的观念中,学校教授的知识与技能主要是适应工业化、城市化和现代化需要的,即使是农村的青少年对农技和乡村生活也都缺乏系统了解,而“四体不勤,五谷不分”的城市人更是比比皆是。新兴的食农教育是21世纪的逆潮流,美国、日本、芬兰、英国、澳大利亚等国都已经开展了向食物学习的实践。例如,芬兰最早提出味觉教育,因为现在孩子的味觉被垃圾食品破坏了,连酸甜苦辣都分不清楚。意大利推行“慢食”,这是与麦当劳等快餐文化为代表的速食相对应的。英国食育的重点是做饭,澳大利亚的食育则要求添设校田和厨房等场所,加入体验式种植。这些国家的食育多以纠正饮食习惯和提高生活技能为主要目的,与农业生产生活深入结合的案例很少。而美国和日本则更多地将“食”与“农”结合在一起。借鉴欧美国家食农教育的实践,中国的食农教育应该以消费为起点,以生产为终点;以食品安全为起点,以改造农业和农村作为终点。通过食农教育,我们可以建立良好的饮食习惯,避免饮食风险;相对地,食农教育中的“地产地销”这一环,让我们支持在地农业的同时,可以促进农村社区产业发展及维护在地饮食文化;对于环境而言,以友善环境的农业产销模式经营,不但可以让环境永续生存,这样的环境也会回馈健康安全的食物到我们身上,形成一个正向的循环。

一、人与食物之间有着密不可分的关系

吃的蔬菜水果到底从哪里来?它到底是怎么被种植出来的?有时小朋友会问长辈自己平时吃的白米饭是怎么来的,安全吗?相信很多没有农作经验的长辈一时会答不出来。我们要活下去,就一定要吃,而饮食的源头就是农业,饮食跟农业其实是一体的两面,所以我们要了解饮食的话,就一定要了解农业的根源,要不然我们都不知道吃的东西是从哪里长出来的。现在很多的小朋友、大朋友都很习惯吃外食,去便利商店买袋装零食,这些东西其实很多是从工厂生产出来的,经过很多加工的过程,因此有些小朋友以为食物就是从工厂生长出来的,其实这些加工食品的原料源头是农业、渔业、畜牧业。可是现今因为城市生活已经成为主流了,很多人没有机会到农业生产的现场,所以如果想要知道食物的原貌,一定要把大朋友、小朋友带到农业生产现场。这就是现在为什么我们要强调

食农教育的重要性，因为我们已经面对太多食品安全的问题，如近几年的塑化剂事件、农药残留、人工添加剂滥用、铜叶绿色等，这些东西基本上大家都听过但不怎么懂，搞不清楚现在为什么吃得这么不安全。如果能让消费者更清楚地了解食物是怎么从土地到餐桌的，中间必须经过怎样的栽培、耕作、加工等过程，大家才会珍惜和感恩。所以食农教育是非常重要的，希望大家能够通过跟土地、农业的重新联结，了解到如果没有友善环境的农业，就不会有安全的饮食。如果想在这个过程中可以有更多的体验，大家可以自己到农场做农事体验，甚至自己做料理。这样就会更了解食物的源头需要怎样的爱护，怎样才能生产出安全的农产品。

二、从摄取营养到重视饮食行为

石塚左玄（1851—1909）是日本食育理论的先驱者，他首先提出“体育、智育、德育即食育”（意思是说，身心健康的源泉是食物），向国民普及“食育食养”，倡导食育。在营养学尚未成为一门学问的时代，他将食物与身心健康联系起来，将这些观点整理成理论，提倡医食同源的“食养”（以食物培育健康），形成一门学问。所谓“食养”，即食物加上修养，也就是“环境、食物、人的三位一体”，又称为“食养之道”。

石塚左玄先于欧美向人们宣传矿物质这些微量营养元素的重要性。石塚左玄认为：“食物的摄取方式既能成病，亦能祛病。”重要的是矿物质均衡，尤其是钠和钾两种矿物质的均衡，提出 1∶5 这样的均衡比例，非常重要。石塚左玄认为，食物不但培育身体，也与心理成长有关。小时候吃含钙量高的饮食，可以提高思考能力、忍耐力及毅力。伴随着成长，吃一些含钠高的食物，可以提高智力和体力。这些平衡非常重要。明治时期，欧美的饮食习惯传到日本，日本的饮食文化也受到欧美的影响，这引起了石塚左玄的忧虑：“在自己尚不了解日本传统观念和饮食习俗的情况下，不加怀疑地照搬西洋文化，会导致日本内部的分崩瓦解。”石塚左玄将食养这门学问整理出版，其内容大致有以下五个方面，至今都值得我们参考：

（1）“食物至上”。一切源泉均在食物之中。他认为，“食为本，体为末，心为体末”，食物影响身心健康。他还认为，食物清净，血液则清净；血液清净，人心也会清净。

（2）“人类为食谷物动物”。他在有关食养理论的著作《化学食养长寿论》的前言中提出，“人类即食谷物（粒食）动物”。人的牙齿中咀嚼谷物的臼齿有 20 颗，咀嚼菜类的门牙有 8 颗，咀嚼肉类的犬齿有 4 颗。从这样的结构来考虑，人类既不是肉食动物,也不是草食动物,而是食谷物的动物。应该按照牙齿的比例摄取食物。

(3)“身土不二”。强调重视心身与环境协调。在收获季节,吃在自己居住的土地上收获的东西。在自己居住的土地上收获的食物新鲜、营养价值高,有利于健康。

(4)“一物整体”。即有生命的东西要全部吃掉。吃蔬菜时要从根到叶,吃小鱼时要从头到尾,全部吃掉。菜叶和皮往往被扔掉,其实蔬菜叶中含有丰富的营养成分,营养不是存在于食物的某一部分而是存在于食物的全部。食物“没有可以扔掉的东西”,这才符合生态学的原理。

(5)“阴阳平衡”。这是说阳性的钠、阴性的钙的均衡非常重要。钠含量高的食品除了盐以外,还有肉、鸡蛋、鱼及动物类食品;钙含量高的食品包括蔬菜、水果及植物性食品。阴阳失去平衡后,人就会生病,因此主张人应该均衡地摄取营养。

并不是说石塚左玄的理论可以代表一切,但是他的理论植根于具有悠久历史的日本饮食文化之中,经过漫长的岁月流传,发展至今的文化及文明,这种文化和文明都是在当地的风土中培育出来的。一方水土养一方人。人类的饮食行为有三个特征,即栽培、做饭、共食。这些将食物栽培、食物加工、饮食行为交织在一起的人类行为,可以说是一种“饮食文化”,是始于获取食物资源,最终送进胃里的这一系列行为的文化侧面,包括获取食材的农学,与食物、人体生理相关的营养学等科学,是一种广义的“饮食文化”。我们来详细地看一下人类饮食文化的这三个特征。

(一)栽培

“吃”为孩子们提供了学习人体、健康、环境、社会等众多知识的机会,孩子们一旦对食材产生兴趣,自然就会去思考很多问题。比如在接触食材的过程中,孩子们会考虑什么人、在什么地方、怎样生产的?在不知不觉中拥有“别人用心做给我们的,应该珍惜”的心情。而事实上,在丰富多彩的饮食生活中,孩子们接触变成饭菜之前的食材的机会并不是很多。

有些国家,庭园、校园中都要留出一点面积用来栽培。栽培有两个重要的作用,一个是心疗,另外一个就是食育。栽培食材的菜园及香草园能够刺激嗅觉以及味觉等五感,是非常有效的学习场所。培育食材是人类的特征之一,这种行为叫作“栽培”。人类为了获取食物,可以在几个月前就做准备。其中的一种行为就是始于“播种”的栽培,几个月后可以期待收获。播下的种子经过一段时间后会发芽,孩子们可以从中感受生命的神秘。在栽培过程中,如果忘记浇水,苗就会枯死;给将要枯萎的苗浇上水,苗就会活过来。孩子们在作物开花、结果、收获的过程中获得成就感和满足感。通过这样的栽培体验,可以培养孩子们的责任感、注意力,关心他人的心情。从播种到收获的体验中,提高理解问题和解决问题的综合能力,不会为一时的失败或挫折发怒或者萎靡不振,在这些共同体验的基础上,形成伙伴意识。对孩子们来说,栽培是一种乐趣。这是因为孩子们可以吃到自己培育的果实。在了解食材的原型,长在什么地方,如何结出果实,哪个部分可以吃的同时,可以体验培育的整个过程。孩子们通过培育作物可以确认自己的成长过程,高兴地等待结出果实的那一刻,如同期待自己理想的未来。

托马斯·利科纳是美国"心灵教育"第一人,他从心灵教育理论的观点出发,对创造培养尊重和责任的学校环境提出建议。他建议建设环境福祉型农场。他指的并不是那种从事农业、学农体验的正规农场。他认为,现代人在有空调等室内设施完善的人工环境中,既晒不着太阳,也不出汗,终年从事脑力劳动。在这样的环境里度过半生,肯定会有很大的压力,身心失去平衡。然而,即使这样,在现在这样竞争激烈的社会中还是很难胜出,很难交到知心朋友,容易一个人陷入利己的思考,以自我为中心,等等。但是又不可能让全体国民都去过农村生活。于是,他提议可以通过建造接触式庭园、栽培式庭园、体验式庭园等来实现这一切。不是由造园师这类专家建造庭园,而是大家一起策划,一起来建造,不需要一次性完成,让庭园每天有变化,大家每天有成长。其实庭园是孩子们成长过程中的庭园,孩子们可以在那里满足好奇心、满足探究心,同时通过栽培,培育孩子们的预测能力、期待感,体会生命的延续,这正是"食农教育"。

(二)做饭

科学杂志《牛顿》2010 年 12 月刊登了一篇文章《智人——无与伦比的人类大脑构造》。文章这样写道:"对人脑变大的原因有许多种观点。其一,有的研究人员关注到,人脑中连接头盖骨和下颚的肌肉(咀嚼肌)变小,而使得大脑容积增大。其原因就是人类学会了加热、加工食品,咀嚼能力变弱了。"也就是说,人类在进化的过程中,做饭起到了至关重要的作用。

人类做饭这一行为的核心是使用火,在每天便利的生活中,"没看到过火"的孩子,"没划过火柴"的孩子越来越多。人们担心,在这样的环境里长大,孩子们恐怕连火是热的这一点都不知道。日本东北大学教授川岛隆太主张用火训练大脑,他根据"使用火后人脑发达"的假说,与大阪煤气公司联合开展了"火育"体验教室的实验。所谓"火育",是让孩子们体验火的温暖及火的优点,为孩子们提供与火亲密接触的机会,这样有助于孩子的健康成长。他们期待这项活动为家长和孩子提供一个环境,通过使用火做饭这一生活文化,了解食育的重要性。日本一般在小学高年级让孩子使用火。在日本仙台市举行的火育体验教室中,他们给用木炭炉烤秋刀鱼的孩子的头上装上近红外线装置,测量孩子脑中的血流。结果表明,使用火时大脑中主管沟通思想的那部分非常活跃。

我们还不知道是人脑发达后学会使用火的,还是因为用火做饭使人脑变得更发达,但无论如何,用火做饭是人类生活不可缺少的部分。很多妈妈做饭,不希望与孩子一起,认为孩子会干扰自己,添加麻烦,浪费时间,其实和孩子一起做饭是有很多好处的。

(1)对于不熟悉的食物,孩子们往往是拒绝食用的。家长可以利用和孩子一起做饭的机会,让孩子提前认识食物,并鼓励孩子去感受不同食物的质地,比如可以鼓励孩子去揉面、洗菜和择菜等。孩子提前对食物有了一定的了解,就会愿意去品尝不同的食物。

(2)我们吃东西时主要通过舌头的味觉和鼻子的嗅觉来感受不同的食物。和孩子一起做饭,可以充分调动孩子的不同感官,同时有助于孩子的动作技能发展。

(3)当孩子参与烹饪时,我们可以顺便教孩子认识不同的食物,以及不同食物对我们人体的作用,这样可以使孩子与食物建立起积极的联系,有助于培养孩子健康的饮食行为。

(4)和孩子一起做饭可以间接从小培养他们的安全意识,比如教孩子如何安全地使用厨具,如何使用烤箱手套来避免烫伤,以及如何安全地开关电器等。

(5)让孩子一起参与制作饭菜的过程,同时可以让孩子对做的饭菜给出意见,这样可以很好地营造家庭氛围,有助于亲子关系的建立。

(6)与孩子一起做饭时,家长还可以充分发挥自己的榜样作用,为孩子做个正面示范,比如挑选健康的食材,采用健康的烹饪方法,这样有助于孩子正确习惯的养成。[①]

(三)共食

人类的特征之一就是"人类是共食动物"。原则上,动物长大以后,就会以个体获取食物,以个体为单位进行消费。相反,任何一个社会,人类吃饭都是以共食为原则。当然,在旅行中、过单身生活的时候,可能会一个人吃饭。但是,饭不是一个人吃的,而是和大家一起吃的,这在全世界各民族都是相通的。这个普遍的共食集体就是家族。家族承担着共食集体的责任,同时共食关系形成了家族,组成了家庭。

① 《儿童营养师聂云霞:和孩子一起做饭的好处》,https://www.sohu.com/a/334584937_100158195。

共食还与“食物分配”有关，家族是食物分配的基本单位。人类的祖先狩猎，始于食物分配以及伴随食物分配的共食。狩猎是男性的工作，这一点在全世界各个民族都一样。人类始为狩猎者时，男性不是将捕获的猎物占为己有，而是在与自己持续保持性关系的特定女性以及他们的孩子之间进行分配，人们普遍认为，这就是家庭的起源。在共食时，不是由强者独占，而是形成了食物分配规则。在这种规则下，形成吃饭的“行为规范，之后发展成为餐桌礼仪。餐桌礼仪的起源是食物分配”。而作为吃饭行为规范的餐桌礼仪，始于大家一起快乐地吃饭，在这个过程中，敬人敬己非常重要。

典型案例

全家共进餐，孩子更优秀[①]

在城市的快节奏生活当中，工作本来已经非常繁忙，再加上每天一两个小时穿越城市拥堵路段的通勤时间，往往让每天的家务时间变得越来越紧张。特别是在商业繁荣和互联网＋的时代，小区周围有那么多的饭馆酒楼，超市里有那么多开袋即食的食物，而且只要打个电话就可以叫来外卖，给生活带来了极大的方便。

买菜，做饭，陪家人一起吃饭，在很多人看起来，实在太过麻烦，正在被很多时尚家庭所忽略。很多父亲因为忙于工作，一周难得在家吃两次晚饭，很多母亲也无暇照顾孩子，而是让他们叫外卖，吃速冻食品，泡方便面来打发一餐。

然而，对于很多成年人来说，不管吃过多少各地美食、酒楼大餐，心中那最美味最难忘的食物，总是小时候父母亲手制作的餐食。厨房里飘来的浓浓香气，饭桌上的笑语欢声，世上独一无二的亲切味道……

全家人一起享用自制的食物，远远不是简单的饱腹需要，而是家庭温暖的象征。

在厨房里，父母所做的是选择最好的食材，为全家人提供最好的营养；在餐桌上，亲人无拘无束地交流和分享，在精神上互相滋润和支持。这些满怀爱心制作的家庭食物，难道是速冻饺子、比萨外卖和酒楼大餐所能替代的吗？

国际上的研究发现，和外食、外卖之类吃法，以及孩子单独在家就餐相比，全家人一起进餐，不仅在饮食营养上更合理，而且对孩子的身心发育都有正面影响。美国一项研究汇总了17项相关研究的结果，其中包括了在18万多名儿童和少年当中所做的调查，这些研究的目标是“孩子和家人一起吃饭

① 《全家共进餐，孩子更优秀》，https://m.sohu.com/n/441502438/。

的频次与营养健康状况的关系”。研究数据确认,每周如果能有3次以上和父母一起吃晚餐,孩子发生肥胖的风险会明显降低,吃不健康食物的数量减少,吃更多的蔬菜水果等健康食物,而且患上厌食症、暴食症等进食紊乱症的危险也会减小。10年前就曾有青少年医学研究证实,能够经常和父母家人坐在一起共同进餐的青少年,和那些与父母共同进餐每周不足两次的孩子相比,不仅在学习成绩上明显优秀,而且较少出现情绪抑郁,较少沉迷于烟酒和大麻等不良嗜好。

孩子的饮食习惯被打乱后,不仅影响身体健康,也会影响心理健康。欧美从1980年左右就开始了“孩子进厨房”活动,目的是让孩子从小就在厨房里和家长一起体验做饭的快乐,打下健康饮食生活的基础。现在世界各国都在开展以孩子为对象的食育活动。如美国开展了“小组营养项目”,将提供午餐的专家、家长、学校以及社区的相关人员召集在一起,提供既好吃又有营养的午餐,普及营养知识,推广健康的饮食方法,开展体育活动等,以完善孩子们的饮食习惯。英国开展了“厨房巴士”活动,巴士里有做饭的空间,有餐桌,有做饭参考书,以移动厨房的形式在全国开展巡回实习活动。法国是最注重饮食的国家,开展了“味觉周”活动,把每年10月第3周定为“味觉周”,开展了让孩子们学做饭、自己做饭的“做饭”活动,和家人及朋友一起快乐用餐的“宴会”活动,以及品尝以前未吃过的饭菜的“品尝”活动等,通过五感体验吃的快乐。其他国家也开展了多种形式的食育活动,比如德国开展了“好好吃,多多动,真简单”活动;意大利开展了“学校菜园”活动;澳大利亚开展了“建设健康、充满活力的澳大利亚”活动;新加坡开展了“锻炼身体,健全自己”活动;等等。

为了使孩子的身心健全地发育和成长,从婴幼儿时期就要打下正确饮食生活的基础。如日本静冈英和大学佐佐木光郎教授长期从事家庭裁判所调查官的工作,因此非常关注犯罪孩子的成长过程以及犯罪孩子的饮食。他以25个孩子为对象实施了调查,调查项目包括在自己喜欢的时间一个人吃饭的“孤食”,和家人一起吃饭但是吃不一样的东西的“个食”,只吃固定种类的“固食、偏食”,不吃早饭的“缺食”,等等。调查结果表明,有的孩子以上所有不良习惯集于一身,有的有一个以上的不良习惯,而且都是婴幼儿时期形成的。佐佐木光郎教授认为,这里面包含了导致孩子犯罪的因素。佐佐木光郎教授还警告说,当一个人肚子饿了的时候,为了等大家到齐一起吃饭,还需要学会忍耐。这样才会在其他方面也能忍耐,如果没有学会忍耐,当自己的欲求得不到满足的时候,孩子就会想去做些什么马上行动,导致犯罪。在集体生活中,肯定不会一切都遂自己的愿,学会忍耐在成长过程中也是必要的。

三、离农的教育：全球性的问题

现代教育发源于西欧，近百年来皆以城市化和工业化为主流内容，农业和农村在学校和课程中鲜有重视。教育体系在培养劳动力的方面，它的优先性首先在于给予了城市劳动力。农业技术和知识除了在农技学校或者农业大学有教授，在教育体系的其他学校都很少存在。在普遍的观念中，学校的知识与技能是适应工业化、城市化和现代化需要的，农业属于前现代的概念，因此不应包含在学校的课程里面。离农的教育带来什么后果呢？后果就是教育体系整个不适合农村发展的需求。学校教育成为农村的“抽血机”，把农村最好的学生，通过一次一次的考试转移到县城的中学，进而转移到高中、大学，进入城市，农村流失了劳动力和最好的头脑。很少大学生能够回到农村服务农村。为什么？因为当农村的发展滞后于教育发展，乡村无法提供非农就业，受过高等教育的青年人回到农村之后一筹莫展、无计可施。近年来，农村家庭更是主动选择城镇学校，使乡村学校进一步困顿。离农的教育同时使得城市人口的知识结构严重失衡。事实上，现在不仅城镇人口对农业和农村知之甚少，即使是农村青少年对农技和乡村生活都缺乏系统的了解。更严重的问题是，无论如何被忽视，农业对于经济、社会、国家安全，以及生态环境持续发挥着至关重大的影响，而绝大部分青少年对于这一事实一无所知！如何改造教育，使其能够造福乡村，服务农业，既是对中国也是对全球的学校体制提出的紧迫问题。[①]

最近这10年，西方已经发生了逆转，出现了一个21世纪的教育逆潮——向食物学习。例如，芬兰最早提出“味觉”教育，因为现在的孩子连酸甜苦辣都分不清楚，他们的味觉被垃圾食品摧毁了。意大利推行“慢食”运动，慢食是与速食相对应，也就是和我们熟知的麦当劳等快餐文化相对立。英国食品教育的重点是做饭，因为他们发现儿童的生活技能非常缺乏，所以做饭和营养课程成为食育教育的重点。澳大利亚的食育教育要求添设校田和厨房等设施，加入体验式种植的教育内容。以食物为契机，学校教育的内容得以向农业和农村靠近。但这也仅仅是个契机。事实上，“食育”在大部分发达国家的课程中停留在浅表的层面，多以纠正食品消费习惯和提高生活技能为目的，与农业生产生活深入结合的案例很少。相对而言，日本和美国的政策和实践，更多结合“食”与“农”两个方面。日本大概有食育和食农这两个方向，最终转向了食农教育。“农场到学校”于2010年开始受到美国农业部的支持而成为一个全国性的教育计划。主要涉及

① 《改造乡村，改造教育：重新认识食农教育》，https://www.sohu.com/a/363598400_663098。

三大内容:校餐食材本地购买、食育教育和校田计划。美国传统的食农教育内容也包含在食育教育的范畴内。各所学校、各个学区具体实施可以不同,但这三大内容是基础要求,必须包含的。其目的是促进儿童健康饮食习惯的养成,支持本地农业(中小农场)的发展,加强学校和社区的联系,"农场到学校"的最大特色是校餐地产地销。顾名思义,就是校餐食材的来源从本地农场购买。但"本地"的概念很模糊,有不同层次的定义。首选的本地购买是本郡范围,次选是本郡周围402公里内,末选为全州境内。

四、因复杂的食品供应链而产生的食品安全问题

食品安全是国民健康的基础,随着日渐复杂多样的食品供应链而产生的食品安全问题,加上消费者的消费意识抬头,人们开始对所吃的食物从何而来,农产品生产过程及如何选购安心食材等问题产生高度关注。

有句俗谚说"没吃过猪肉,也见过猪跑",但现今的社会却是"没看过猪走路"的比较多。虽然是句玩笑话,却也反映出社会对饮食文化的漠视,只要能吃饱,不必太在乎吃什么,食物从何处来等问题,久而久之,无法培养国人落实健康饮食生活,生产者及消费者无交流,对本国产或本地区产农产品支持度下降,导致农村就业机会减少等连锁反应。如台湾专家整理的"台湾食农教育多元面向"将食农教育涉及的领域归纳成8个方面,其中就有食品选购与饮食安全,包括认识食品过度加工及化学添加物的风险,了解食物里程及在地食材的观念,鼓励选购在地新鲜的农产品,认明台湾产农产品"四章一Q"标章。该标章或条码标注了农产品的供应来源,这些都可以被追溯查核,有利于学生的食农教育及农业发展。台湾地区从2007年开始推动产销履历(即可追溯)农产品制度,亦即农产品在生产、加工、流通、销售每一阶段中的信息,都可以向上游或下游追溯查询,针对原材料的来源、食品的制造厂或销售点做好记账及保管的记录,使其能对农产品及其信息追根究底,强调安全、可持续、公开、可追溯等核心价值,并且有第三者验证体系把关。

通过饮食改变世界是行动,不是口号。当消费者对食物失去信任,没有健康的饮食生活,与生产者无法产生对接,更甭谈地产地销及提高粮食自给率,而食农教育的重要性,就是要强化民众对于健康饮食、本国产或本地产农产品、在地饮食文化等的认同与支持,并强化生产者及消费者了解本国产农产品与粮食安全、粮食自给率的关联性,提高消费者对认证农产品的购买力与信赖度。如食品可追溯是一项自愿性农产品验证制度,目的在于协助消费市场正确辨识安全、可持续、信息公开的可追溯农产品。消费者可通过选购可追溯农产品,间接维护饮

食健康及环境保护，并促进农业和农村的发展。近年坊间吹起一股回家“好好吃饭”的风潮，通过食材挑选，参观在地农产销售点如农民直销站、农夫市集（如北京、浙江、武汉等地）等，了解农产品展售实况；在食物烹饪的过程中，学会尊重环境、生产者及食物；从产地到餐桌的饮食供应链中，反思食育过程相关议题。您有多久没有“好好吃饭”了呢？

五、减少粮食浪费，维护粮食安全

2017 年，联合国粮食及农业组织（FAO）在《未来的食物和农业：趋势和挑战》报告书中提到，21 世纪以来全球共同面临的问题，如贫困、粮食和农业系统的永续性、人口持续增加、经济体系改变、食物分配不均、极端天气等，皆为未来的粮食安全带来难以预期的挑战。世界经济论坛发布的 2017 与 2018 年版的全球风险报告中，食物危机持续位于发生率中等但冲击性高的全球风险位置。“民以食为天”等谚语，都道出“食”在百姓生活中占有举足轻重的地位。粮食来自农业生产，一个国家的农业能供应该国的民生物资，维系社会安定。农业除了经济性功能，并兼具粮食安全、国民健康、乡村发展、文化传承、土地及景观维护、环境及生态保护等非经济性功能。因此国家的可持续发展，需要依靠长期的农业生产力以及优良的农地完整性。然而现今中国正面临许多农业问题，包括农地面积缩减、农村劳力老龄化、粮食自给率下降、农业产值偏低等问题。

国务院新闻办公室 2019 年 10 月发布的《中国的粮食安全》白皮书显示，近几年我国稻谷和小麦产需有余，完全能够自给，进出口主要是品种调剂。2001—2018 年年均进口的粮食总量中，稻谷和小麦品种合计占比不足 6%。我国粮食生产连年丰收，人民群众衣食无虞，但连年丰收、自给自足的背后，我国粮食消费量的增长仍快于产量的提高，粮食生产和消费长期处于“紧平衡”状态。从中长期看，中国的粮食产需仍将处于“紧平衡”态势，确保国家粮食安全这根弦一刻也不能放松。因此，必须始终对粮食安全抱有危机意识。进城务工使从事农业生产的农民数量逐年减少，出于对农业生产后继乏人的担心，“谁来种地”仍然是人们普遍关注的问题。此外，有资料显示，我国用全世界 33%的化肥，生产了世界 25%的粮食。对化肥过高的依赖和不规范使用，有可能带来土壤污染和农业生态环境的恶化，不利于农业生产长远发展。①

一方面是供应紧张、隐忧暗伏；另一方面却是粮食浪费这一世界性难题。根

---

① 《何应始终对粮食安全抱有危机意识？为何要反复敲响杜绝浪费的警钟？》，https://china.huanqiu.com/article/3zSF5gNsZyg。

据联合国粮农组织《2019世界粮食安全和营养状况报告》统计,全球每年约有1/3的粮食被损耗和浪费,总量约为每年13亿吨。对于有着14亿人口的大国来说,粮食浪费问题更不容小觑。此前有数据测算,我国每年仅在粮食储存、运输和加工环节造成的损失浪费就高达700亿斤,中国餐饮业人均食物浪费率达11.7%。国家统计局重庆调查总队课题组2015年撰文《我国粮食供求及"十三五"时期趋势预测》指出,据估算,在消费环节,全国每年浪费食物总量折合粮食约1000亿斤,可供养约3.5亿人一年的需要。随随便便倒掉的一碗饭,浪费的不仅是粮食,还有宝贵的自然资源。粮食浪费越多,水土资源消耗就越多。粮食浪费带来的环境污染问题同样不可小觑。

国际关系、自然灾害导致影响粮食生产的不稳定因素增加,这可能会恶化全球粮食市场预期,形成各国抢购、限卖及物流不畅的恐慌叠加效应,导致国际粮价飙升,世界粮食供应变数丛生,国际粮食市场风云暗涌。

"餐饮浪费现象,触目惊心、令人痛心!"2020年8月,习近平总书记对制止餐饮浪费行为做出重要指示,强调要采取有效措施,建立长效机制,坚决制止餐饮浪费行为。各部门针对不同的个体多管齐下,如对于消费者要推出惩戒制度,规范餐饮行为,惩罚浪费行为;对于餐饮企业,则要强化监管,采取有效措施,建立刚性长效机制。除此之外,《中国的粮食安全》白皮书还提出,要大力开展宣传教育活动,增强爱粮节粮意识,抑制不合理消费需求,减少"餐桌上的浪费"。食农教育是农业素养教育、饮食习惯和营养的教育、环境教育、生命的教育等多种形式的教育的融合体,既是一种回归生活的教育,也是一种回归教育的生活。通过食农教育,能培养中小学生良好的饮食习惯和生活习惯,形成健康的生活方式和社会人格,培养中小学生的认知能力和生活技能,塑造正确的人生观、价值观、世界观和生命观。可以说,食育是德育、智育、体育、美育、劳育的基础。实施食农教育能增进学生珍惜食物、爱惜土地,并更重视食在地、吃当季的精神,减少粮食浪费。

六、推广可持续发展理念,创建生态文明的农业和农村

改革开放以后,中国的经济增长有目共睹,人们的生活得到了很大的提高和改善,但这些成就背后也付出了巨大的代价,如自然资源,空气、水、土地、森林被污染和破坏;生物多样性也急剧降低;环境破坏严重,生活垃圾触目可见;乡土文化的没落或消失,等等。环境和文化,这两个可持续发展的重要因素,在农村都遭遇了严峻的挑战。这些问题不仅是中国的问题,也是全世界的问题,无论是发达的美国及欧洲各国,或者是非常贫困的非洲国家,同样的问题在所难免。这种

不可持续的环境的破坏、文化的消失，使得可持续发展面临着巨大的挑战，也开始引起全球的重视。所以在1992年的时候，在巴西里约热内卢召开了第一次环境和发展大会，把可持续发展和环境摆在一起，认为发展的本身是要有规范，不能不停地去制造生产，不停地服务于消费。[①]

可持续发展有四个领域——经济、环境责任、文化多样性、社会公平，现在的共识是发展绝对不等同于经济增长，发展是人类的智慧、感情、潜力等多方面的发展。乡村发展并不只是要"致富发财"，而是在产业发展中，同时照顾到环境、文化和社会公平，没有一个优先，没有一个落后，没有一个可以缺少，所以我国的"乡村振兴战略"20字总要求"产业兴旺、生态宜居、乡风文明、治理有效、生活富裕"中涉及经济、环境责任、文化多样性、社会公平等多方面。2005年8月，时任浙江省委书记习近平同志在湖州安吉首次提出"绿水青山就是金山银山"的发展理念。2017年10月，"必须树立和践行绿水青山就是金山银山的理念"被写进党的十九大报告；"增强绿水青山就是金山银山的意识"被写进新修订的《中国共产党章程》之中。"绿水青山就是金山银山"的理念已成为我们党的重要执政理念之一。绿水青山是人类生存与发展的前提条件，是推动中华民族永续发展的重要理念，改善环境就是发展生产力，是农业农村可持续发展的基础。[②] 促进可持续发展，教育是关键。因为所有这些不可持续的后果主要是由人造成的，人的价值观和人的行为，起了决定性的作用。通过教育改变人的行为和人的价值观，去促进可持续发展。可持续发展教育，是终身学习的教育，包括学校教育、成人教育、幼儿教育。学习的机制有正规教育、非正规教育及非正式教育，是终身学习，活到老，学到老，而可持续发展教育就是食农教育的一个面向。如前面提到的台湾的《食农教育推广手册》中针对食农教育课程规划，提出10点教学目标，其中一个，亦即最重要的目标就是培养学生的可持续发展理念。当食物通过农业技术生产出来，其自身还能起到保护环境、维护公共卫生、保障人类社区和动物福利时，那这种食物就被称为可持续的食物。2020年的新冠肺炎疫情让我们认清真正能够让我们免疫的，是我们自身的免疫系统。这场世纪大灾难同时也提醒我们对自己赖以生存的食物的可持续生产和消费给予足够的关注。因为好的免疫系统来自健康的身体、良好的生活习惯和安全安心的食品。现如今，可持续发展正成为一种趋势，一些环保意识比较强的消费者在购买食品时更关注它们在生产过程中的持续性。因为我们仅吃得健康还不够，还必须考虑食物对地

---

① 《比长江禁渔十年更长远的，是给孩子一颗呵护生态的心》，http://www.shiwuzq.com/portal.php?mod=view&aid=2107。

② 《"绿水青山就是金山银山"发展理念的科学内涵》，http://theory.people.com.cn/n1/2018/0509/c40531-29973471.html。

球的影响。我们选择吃什么,会极大地影响空气、水、土地以及依赖于这些的多样化生态系统的健康。食农教育通过参与劳动的方式和乡村、农民互动,唤醒与土地、食物、老乡的情愫和联结,重拾对食物的珍惜,对农民的尊重,对生态的呵护,对乡土的热爱。我国学者王丹在第一届“生态乡村与食农教育”研讨会上指出:“中国的食农教育应该弥补欧美发达国家在食农教育方面的缺陷,以消费为起点,以生产为终点;以食品安全为起点,以改造农业和农村作为终点。食农教育应该担负改造教育和改造农村的双重任务。改造教育把儿童培育成为有智慧的、手脑结合、具备农业素养的劳动者,而不仅仅是消费者。而从农村来讲,思考农业和乡村的未来,支持生态农业和集体经济,改造农业、改造乡村的文化,让农村生活成为人们向往的生活,让农村变成幸福而不是落后的代言词。”希望食农教育能够形成典范转移,促进我国农业农村的可持续发展,促进“乡村振兴战略”的落实。

七、乡土文化及其饮食文化的传承

在早期文献中,乡土一般泛指家乡。现阶段对于乡土的普遍解释有“故乡”和“地方”这两层含义。乡土包含了农村的生活方式和生产方式。乡土的概念还包括地域和情感两方面,乡土不仅仅指向于自然环境与空间领域,更体现了人与人、人与自然之间的情感联结与精神寄托,并通过出生或者长期生活在此的人们世代延续。乡土文化既包含了具有地方特色的自然生态和人造景观,也包含建立在这种自然地理和生态环境之上的人们的生活和生产方式及其衍生出来的地方性知识和文化体系。

随着城市化的快速发展,城市文明的影响日益深入,人们的思想意识在无形之中被现代文明所冲击,受到电视、网络等多种传播媒介的影响,现代人的乡土意识和传统的价值取向发生了转变。罗伯特·IV.墨菲在《文化与社会学引论》中写道:“农夫的桃花源被卡车与飞机碾得粉碎,他们的视野开阔了……由于大众传播,他们的文化也接近于全民的文化。”由此可见,由于城市化进程的加速,随之而来的城市文明成为现代社会的主流文化,乡土文化慢慢脱离于现代文明的视野之外,乡土意识正在缺失,乡土文化被趋于同化,正逐渐处于被边缘化的境地,呈现出日益明显的“断裂”痕迹,在教育领域也十分明显。

著名教育家杜威则认为:“乡土文化教育在于使学生认识自己生长或长期居住的乡土,使其认同乡土文化并愿意加以改善。”乡土文化教育作为一种“根文化”教育,以其广泛性和浸染性,使乡土文化的相关物质载体及乡土文化精神遗产得以传播和传承,从而培养受教育者认同乡土、热爱乡土的“原乡情怀”,在传承优秀传统文化的同时形成对乡土文化的认同感和归属感。我国教育界学者对于利用乡土资源开展学校教育也提出了不少观点。比较著名的有陶行知先生主张的“生活即教育，社会即学校”理念，他认为教育应当与生活相融合，学校应当与社会相联系。陈鹤琴先生的“活教育”思想也特别倡导“大自然、大社会都是活教材”，大自然、大社会都应该作为教师组织活动的课程资源，以此为出发点，支撑孩子的学习与发展。乡土文化具有显著的地域性色彩，它是一种根文化，是培育幼儿社会归属感的重要资源。教育与乡土中国内在价值的剥离，是我们当下教育精神贫乏的重要原因之一。乡土文化中所蕴含的宝贵教育资源被人们所忽视，体现在家庭教育的断代危机，学校教育与乡土文化的疏离，社区教育对乡土文化价值的漠视等。而学校教育与乡土文化疏离的表现除了对乡土文化价值的忽视，还有学校教材对乡土资源的忽视，学校培养目标缺少乡土文化要求，课程脱离乡土文化背景，活动设计脱离乡土文化因素等。如何全方位保护乡土文化的独特性，如何进行乡土文化的弘扬与传承已经成为一个亟待解决的问题。

美国文化人类学家露丝·本尼迪克特在《文化模式》一书中提到：“个体生活的历史首先是适应由他的社区代代相传下来的生活模式和标准，从他出生之时起，他生于其中的风俗就在影响着他的经验与行为。”意大利教育家蒙台梭利也认为：“对于儿童来说，他们对生养自己的土地非常喜爱，不管那里的生活有多么艰难，他们也会感觉到从其他地方无法找到的快乐。”人自出生就与他周围的文化建立了密不可分的联系，地方文化的精髓在无形中塑造着一个人的灵魂，对其进行早期文化启蒙。如何有效开展乡土文化教育，实现其传承价值，是培养个体对本土文化认同感和归属感的关键，也是当前学校教育迫切需要开展的工作。

人类饮食与其他行为一样，具有实用性与表达性两面，食物除去满足饱食、营养、口味与生产供应等实用意义外，所蕴含及借以表达、延伸、象征的无形意义也相当重要，有时甚至凌驾于实用面。饮食即生命之源，文化的缩影。饮食文化作为中国传统文化的重要组成部分，有着悠久的历史和独特的文化内涵，铸造了中华儿女健康的体魄和高尚的情怀。在当前多元文化理念和社会价值观念背景下，饮食文化早已超出固有的饮食领域，成为影响人们日常生活和国家稳定的重要因素，正如陈寿在《三国志》记载的“国以民为本，民以食为天”。饮食文化属于乡土文化的一种，食农教育的农事体验和饮食教育就根植于乡土文化中，是对乡土文化的一种传承，食农教育能够使乡土文化与其他文化领域进行交流，并且赋予其新的活力。除重视中小学生的乡土文化教育外，幼儿期作为基础教育的初级阶段，应当通过食农教育开展适宜的乡土文化教育，帮助幼儿从小了解本地区的优秀传统文化，并且具备传承和发扬乡土文化及其饮食文化的能力。

八、唤醒生命的觉知

这些年来,食物出现了什么问题,问题是什么,原因是什么,人们都不大清楚,给人们提供食物的农民也不清楚,因为没有人明确告诉他们农药、化肥会伤害土壤和庄稼,又如何通过食物影响人们的健康,归根结底是人们想当然地以为无非是“饿了就吃”,从来没有想过食物与生命之间的关系。在这样一个大环境下,改变社会认知,建立社会共识,更需要食农教育。

食农教育到底是一种什么样的教育?我国学者萧淑贞认为,因为食物、食品安全成为一个问题,所以它成了一个跨学科关切的领域,涉及医学、营养学、农学、教育学。但从文化和文明的角度来看,它首先是一种哲学,因为食物跟大自然有联系,跟人有联系,这是食农教育最本质的东西。食农教育首先是生命教育。因为人是宇宙的一部分,人是自然的一部分,如果我们不能认识到人跟天地、自然的关系,就无法认识人和食物的关系。如果从生活的角度看,它是一种生活技能教育,教科文组织有一个专门的词“life skill”,称为生活技能;如果从文明、文化、哲学的角度切入,食农教育一定首先是生命教育。[①] 现在很多人不了解什么食物好,什么时候吃对自己好,什么生活方式健康,什么生活方式不健康,很欠缺这部分的生命教育和生活技能教育,对人们进行生态健康的衣食住行的生活技能教育已经迫在眉睫;食物教育不能仅仅停留在知识层面,更要直指人心,注重培养情感和价值观。如果社会大环境对于食物的认识问题没有得到解决,在学校开展的食物教育的作用就会打折扣。习近平总书记对“制止餐饮浪费行为”做出重要指示,强调要采取有效措施,建立长效机制,坚决制止餐饮浪费行为这一举措,为食农教育在我国的发展奠定了良好的基础。

第四节　食农教育的多元面向

一、食农教育推广的面向

正如食农教育的含义目前还没有统一规定,因此食农教育在推广时要包括哪些内容也没有统一确定,且会随着食农教育的研究和实践与时俱进。在本节,

---

① 《食农教育:唤醒生命的觉知》,https://www.sohu.com/a/291275611_653202。

我们主要以台湾地区的食农教育研究与推广为例，谈谈食农教育的推广方向。台湾学者林如萍在2017年提出"食农教育的概念架构"，并把食农教育划分为三大构面，依序是农业生产与环境，饮食、健康与消费，饮食生活与文化。由此可知，食农精神除常见的食物和农业课题，更囊括文化内涵。台湾学者董时叡、蔡嫦娟在2016年曾建议将食农教育分成以下4个方面：一是亲手做，即学习者通过饮食烹调与农事体验，将食材转换成香喷喷的料理，或者利用小盆栽、校园角落进行蔬菜的种植，借此提升自我料理能力与体会农人的辛劳；二是农业食物，即期望学习者多吃农业食物，少吃工业食品，吃下工业食品的同时也会吃下添加物，长久下来会造成身体的不健康；三是共耕共食，即通过团体的活动，学习用餐礼仪与团体生活；四是绿色产销，即消费者通过绿色消费，减缓食物里程与碳足迹的攀升，进而达到保护环境的目的。台湾"农委会"在近年来积极推动食农教育相关活动及课程的基础下，于2017年推出年度"食农教育推广计划征选活动"，借此强化食农教育的广度及深度，并协助各申请单位发展特色课程及经营模式。台湾当局委托专家整理出"台湾食农教育多元面向"，并将食农教育所涉及的领域归纳成8个方面，包含与饮食教育相关的低碳饮食、饮食文化、均衡饮食（正确的饮食知识）、与农业教育相关的社区产业（含农村及在地经济）、食农体验、全球环境变迁调适（粮食安全），以及串联饮食教育及农业教育的友善环境、食品安全，如表2-3所示。各方向中又有子核心概念，提供推广及设计食农教育课程活动所需较为完整的参考方向。

表2-3　台湾食农教育多元面向①

面　向	子核心概念
低碳饮食	①地产地销与自然加工；②适量不浪费；③动物性蛋白质来源替代
饮食文化	①食物的重要性；②饮食特色；③节庆食物；④饮食行为
均衡饮食（具有正确的饮食知识）	①认识营养素与需求；②健康饮食原则；③餐点制作及食物组合；④绿色烹调
社区产业（含农村及在地经济）	①认识里山与里海；②社区的特色农产品；③在地小农市集；④融入环境教育
食农体验	①社区参与体验农业生产；②体验食物烹饪；③生态体验
全球环境变迁调适（粮食安全）	①台湾农业面临问题；②环境变迁带来的农业生产调适；③安全粮食供给；④农业生产永续

① 陈建志、林妙娟：《全球环境变迁下食农教育的课程内涵探讨》，《国教新知》2015年第12期。

续 表

面 向	子核心概念
友善环境	①友善土地的耕种方式;②友善耕作保育生物多样性;③关怀在地友善小农;④建立产消互信
食品选购与饮食安全	①加工食品及添加物;②食品运送与保存;③台湾农产品安全体系"四章一Q"

注:《台湾食农教育多元面向》表中8个方面的内涵为近似概念并非绝对,会随着食农教育的规划与执行扩展其面向,提供更丰富的内涵。

(一)食农体验

食农教育不是灌输知识性内容,它是从亲手做开始,通过实作、共耕、共食等参与、体验农业生产及食物烹饪,培养学习者掌握简单的耕食技能,激发他们对食物的感知和情感记忆,使其通过体验过程了解食农的相关资讯、观察及认识生态环境与农村样貌,了解环境与农业的关联及重要性,提升他们对土地的情感,进而认同某些与环境和谐共处的食农理念,学会思考如何解决食农问题。

(二)社区产业(含农村及在地经济)

里山指的是环绕在村落周围的山、林和草原,也就是位于高山和平原之间,包含社区、森林、农业的混合地景。里山倡议的愿景是实现社会与自然和谐共生的理想,认识台湾当地的里山与里海,搭配里山倡议的精神,兼顾生态保育与社区产业,带动社区的特色农产品,支持在地小农市集,融入环境教育的思维,帮助农村自给自足,发展当地经济。

(三)全球环境变迁调适(粮食安全)

全球环境变迁调适(粮食安全)的概念提供给学习者反思的议题,例如因环境变迁(包含气候变迁,以及土壤、水资源、森林等自然资源的变迁)引起农业生产调适,安全粮食供给,农业生产永续,等等。

(四)低碳饮食

低碳饮食最直接的就是地产地销,不但缩减食物里程,减少碳足迹,亦能促进在地农产品的消费。而自然加工指的是强调产销调节型的加工(例如将过剩的鲜果制作成果干,以延长保存期限及增加产品价值),饮食适量不浪费,寻找动物性蛋白质来源替代(例如昆虫)也都归属低碳饮食的面向中。

(五)饮食文化

饮食文化是人类对于食物的情感以及利用方式,相同的食物在不同的地区,可能拥有不同的重要性、历史文化、食用及料理方式等,这些都值得我们去深入了解,从中明白当地食物的文化价值,进而维护当地的饮食文化,包含了食物的重要性、饮食特色、节庆食物、饮食行为。

(六)均衡饮食(正确的饮食知识)

均衡饮食是现代人较不容易达到的一项目标,除了忙碌的生活之外,对于饮食知识的正确认知也不够充足,因此于食农教育中,应认识营养素与需求、健康饮食原则、餐点制作及食物组合,搭配绿色烹调,强调低碳、简单且健康的烹调方式等,将食物对于人类的健康作用发挥到最大限度。

(七)友善环境

消费行为影响着市场的供应与经营,现今大众对于农产品的选购,不再只是价格取向,也有安全、健康取向的需求,友善土地的耕种方式,不仅提供了安全的农产品,而且保证了生物多样性,促进了环境、自然的循环与永续发展,人、环境、动植物共存共荣。除此之外,通过关怀当地小农,建立产销互信,人们直接向信任的农夫购买,也有助于恢复从前人与人的情感,使之不再只是商品与价格上的互动。

(八)食品安全

食品的选购对于现代人而言是一门学问,例如如何挑选新鲜美味的食材,以及食物的外观及营养价值其实是没有绝对关系的,而了解加工食品及添加物、食品运送与保存方式、农产品安全体系等,绝对可以在选购安全的食品上做出正确的选择。

二、食农教育必修的 6 堂课

开展食农教育时需要把前面的多元面向设计成食农教案或教具,它又可以分成 6 个主题,我们可以把它变成 6 堂课,就是藏种于农、低碳农业、循环农业、生态食物链、社区支持型农业和节气文化。

(一)藏种于农

农民留种自用,是千年来的习惯,也是各地方栽培出千千万万适合各地方作物品种的基础。随着科技以及种苗企业的发展,作物的商业生产已大多采用育种家在惯行农法之下所选育出的新品种。选种时偏重于具有商业价值的少数特性,因而长久以来许多农民所保存下来的种子特性从市场上消失。而每年以公家单位或者种苗公司购买种子来播种,不但导致作物品种多样性的降低,也丧失了农民发现而且选留新遗传特性的机会。相对于今后环境的剧变,这显然更为严重。国外推行农民保种已行之有年。我国近年来也开始有团体或个人呼吁恢复留种的做法。农民保种可以说是"藏种于农",与国家作物种原库的重要性互相补充。种原库的功能是将过去农民所累积下来的千千万万品种做长期保存,让其所含基因不会改变;农民保种则可以在气候变迁的过程中,让农民能够创造合适新环境的新地方品种,其重要性不言而喻。台湾大学农学系郭华仁教授认为,保种为什么那么重要?因为它可以通过每一年的选种,选最健康的、最适合当时气候的植株,然后把它的后代保留下来,就这样在气候缓慢变迁的过程中,农民手上永远会有一个新的适合气候的材料,这对整个国家和地区来讲是非常重要的。因为有这个新的材料,即使将来当地平均温度升高了1摄氏度半,那我们田里面还有一些能够适应这种气候的品种。育种家要做品种改良,也有新的材料进来,所以这个非常重要。也就是说,虽然有一部分专业农民没有办法来做留种的工作,但我们还有不少小农或所谓"半农半X"的农人,他们没有那么大的生产压力,需要的量不多,在这种情况之下,可以负担起自己留种的工作,那他们就希望能够往这个方面尽量去推展。

(二)低碳农业

低碳农业是以减缓温室气体排放为目标,以减少碳排放、增加碳汇①和适应气候变化技术为手段,通过加强基础设施建设,调整产业结构,提高土壤有机质,做好病虫害防治,发展农村可再生能源等农业生产和农民生活方式转变,实现高效率、低能耗、低排放、高碳汇的农业。低碳农业是在可持续发展理念指导下,通过产业结构调整、技术与制度创新、可再生能源利用等多种手段,实现高能效、低能耗和低碳排放的农业发展模式。

低碳农业关键在于提高农业生态系统对气候变化的适应性并减少农业生产

① 碳汇,是指通过植树造林、森林管理、恢复植被等措施,利用植物光合作用吸收大气中的二氧化碳,并将其固定在植被和土壤中,从而减少温室气体在大气中浓度的过程、活动或机制。

中二氧化碳的排放量，维持自然界的碳平衡状态。低碳农业是应对气候变化的有效途径，是创新农业发展模式的战略制高点，是新形势下转变农业发展方式，实现农业可持续发展的必然选择。

低碳农业是“三低”农业，即低能耗、低污染、低排放。低碳农业是节约型农业，尽可能节约各种资源的消耗，尽可能减少人力、物力、财力的投入；低碳农业是效益型农业，以最少的物质投入，获取全社会最大的产出收益；低碳农业是安全型农业，采取多种措施，将农业产前、产中、产后全过程中可能对社会带来的不良影响降到最低限度。低碳农业发展模式有节省化肥模式、节省农药模式、节省农膜模式、节水灌溉模式、节约能源模式、能源替代模式等。[①] 其实实施低碳农业战略的关键是引导消费者走向“低碳化”消费。实施低碳农业战略固然需要科学技术做支撑，法律政策做保证，其实最重要的是广大消费者要形成低碳消费的习惯，因为在食品从土壤到餐桌的金字塔中，消费者是最大的群体。首先是引导就地消费。就地消费也称为地方性消费，提倡购买地方性食品，即食品的“在地化”，这是农业可持续发展的基石。其次是引导低端食物链消费。根据生态学的食物链原理，随着食物链营养级升高，能量转化效率逐级降低。因此，提倡低端食物链消费，以消费植物性产品为主，同时可节制动物性生产，既提高能源转化率，又减少碳排放。实际上，低端食物链消费正是我国长期的消费模式，也是我国长期能够以占世界7%耕地养活占世界22%人口的根本原因，应该得到大力发扬。第一，它省却长途运输的汽油燃烧而达成事实上的低碳农业；第二，它保护生命农业及其源头的农民和土地；第三，保障了食品的安全；第四，消费者和生产者直接连接，极大地降低了交易成本。目前，世界各地方兴未艾的社区支持农业就是地方性消费的绝好榜样，是低碳消费的典型模式。此外，由于部分动物食品的消费对每个消费者身体健康来说是必需的，而各类动物食品生产过程碳排放数量不同，因此，提倡以鸡、鸭肉和羊肉的消费替代牛肉是低碳农业的发展趋势，消费者选择消费哪类动物食品也对实施低碳农业起着至关重要的促进作用。[②]

（三）循环农业

循环农业是将种植业、畜牧业、渔业等与加工业有机联系的综合经营方式，利用物种多样化、微生物科技等核心技术在农林牧副渔多模块间形成整体生态链的良性循环，力求解决环境污染问题，优化产业结构，节约农业资源，提高产出

① 《低碳农业：未来农业必经之路》，https://www.sohu.com/a/219963708_783770。

② 《低碳农业时代的来临与中国13亿消费者的责任》，http://www.jiabowen.com/526.html。

效果,打造出一种良性的生态循环环境和新型的多层次循环农业生态系统;同时,因地制宜,依托当地生态资源搭建独立成熟的单一或多种复合农业模块的经营方式。① 如台湾地区云林县斗南镇芸彰牧场养牛产生的牛粪会交给农民,农民会再拿回去做一次发酵,发酵之后这些牛粪就会被当作肥料,农民又和当地的农会配合,用发酵后的牛粪生产出来的能商品化的产品交给农会帮助销售,不能商品化的次级产品交给农会喂给牛吃,这就是一个循环经济基本的模型。

(四)生态食物链

"食物链"一词是英国动物学家埃尔顿于1927年首次提出的。如果一种有毒物质被食物链的低级部分吸收,如被草吸收,虽然浓度很低,不影响草的生长,但兔子吃草后有毒物质很难排泄,当它经常吃草,有毒物质会逐渐在它体内积累。鹰吃大量的兔子,有毒物质会在鹰体内进一步积累,因此食物链有累积和放大的效应。美国国鸟白头鹰之所以面临灭绝,并不是被人捕杀,而是因为有害化学物质DDT逐步在其体内积累,导致其生下的蛋皆是软壳,无法孵化。一个物种灭绝,就会破坏生态系统的平衡,导致其物种数量的变化,因此食物链对环境有非常重要的影响。

生态系统中的各种成分之间最主要的联系是通过营养关系来实现的,即通过营养关系把生物与非生物、生产者与消费者连成一个整体。生物成员之间通过取食与被取食的关系所联系起来的链状结构称为食物链。通俗地讲,是各种生物通过一系列吃与被吃的关系,把这种生物与那种生物紧密地联系起来,这种生物之间以食物营养关系彼此联系起来的序列,在生态学上被称为食物链。

最近国际上兴起的生物修复,是以生物为主体的环境污染治理技术。它包括利用植物、动物和微生物吸收、降解、转化土壤和水体中的污染物,使污染物的浓度降低到可接受的水平,或将有毒有害的污染物转化为无害的物质,也包括将污染物稳定化,以减少其向周边环境的扩散。如利用土壤动物(蚯蚓、牡蛎等)处理有机废弃物和污染水体物,利用微生物净化土壤。

(五)社区支持型农业

CSA(Community Support Agriculture,简称CSA,社区支持型农业)最初的出现是由于市民对食品安全的关心和城市化过程中对土地的关注。因为有着环境方面惨痛的代价,1971年,一群日本家庭主妇开始关心化肥和农药对于食

① 《4种模式详解循环农业》,https://new.qq.com/omn/20181224/20181224A16KCL.html。

物的污染；此外，加工和进口食品越来越多，而本地新鲜的农产品却越来越少。于是，她们开始主动寻找有机农产品的生产者并与其达成协议，规定生产者按照有机的方式生产，这群家庭主妇则预先支付高于一般农产品价格的货款。这种方式叫作 Teikei(日文原文为“提携”)，是共识或一起合作的意思，希望创造一个替代销售系统，而不是依赖传统市场。为实践这个协议，生产者与消费者会直接地对话与接触，加深互相的了解，双方都要提供人员及资金支持本身的运输系统。Teikei 最初的宣传口号是“在蔬菜上看到农夫的脸”。随着生态环保理念的传递，1986 年在马萨诸塞州建立了美国第一个 CSA 农场，至今越来越多的美国农场采用这种模式，其核心理念是建立生产者和消费者的直接联系，减少中间环节，让消费者了解生产者，同时双方共担农业生产中的风险，共享健康生产给双方带来的收益。CSA 背后所蕴含的理念是建立起本地化的有机农业与有机食品体系，以达到本地的生产者和消费者共同保障本地食品安全与社会、经济和自然环境可持续发展的目的。

社区支持型农业(CSA)是可持续农业的重要形式之一，近几年在国内逐渐受到人们关注。2000 年以来，我国的食品安全事件逐渐爆发，三聚氰胺奶粉和地沟油等恶性食品安全事故的曝光使得越来越多的人开始自寻解决的办法。温铁军、何慧丽等学者 2006 年发起的“购米包地”活动就是社区支持农业的雏形。与此同时，香港社区伙伴(PCD)和其他一些社会组织也开始在国内推动小农户做生态农业。如成都河流研究会从 2007 年开始以治理农业面源污染为出发点，号召四川成都郫县安龙村村民转变化学农业种植方式为生态农业，几经波折形成了 9 户农民参与的生态农业种植小组，并以 CSA 的模式销售农产品。2008 年，小毛驴市民农园以社区支持农业“风险共担、收益共享”为核心理念，对外招募消费者份额成员，所有成员预付份额费用，并与农场共同承担风险，农场根据当地应季产出定期给配送份额成员配送蔬菜产出，劳动份额成员则因为自己的劳动投入而收获健康的蔬菜，由此形成农场参与式保障系统，并在短时间内吸引了社会的广泛关注。“分享收获”是清华大学社区食品安全研究推广中心的合作基地，是由一群热爱农业，希望推动生态农业与可持续生活的年轻人于 2012 年 5 月创办的社会企业。下面介绍的是原小毛驴市民农园名誉园长，现为“分享收获”CSA 项目梨园公社创始人与负责人的石嫣博士和北京师范大学教科文组织国际农村教育研究与培训中心项目专家萧淑贞教授于 2019 年 8 月 16 日在《人民日报》直播间接受采访的《食农教育，让城里的小孩变“土”》的部分内容，以此来了解我国社区支持型农业以及食农教育发展的一些信息。

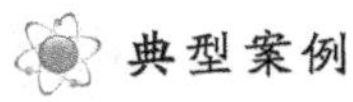

典型案例

食农教育,让城里的小孩变“土”[1]

主持人:由于生命教育和社会技能教育的缺失,引发了一种新的教育叫作食农教育,在今天的节目里,我们也将与两位老师一起来探讨这个话题。

萧淑贞:其实我们面前的是两个词,一个是食物教育。一个是食农教育,食物教育这个词,严格来说,它最早起源于日本,然后它变成一项自觉的教育运动。但在我们古代的传统文化理念里,也富有很多食育的理念,比如“不时不食”,如果食物不是当季、当时的,就不要吃。在北魏末期,像贾思勰的《齐民要术》也把食与农联系在一起。如果按国内的食农教育,我理解的是石嫣和她的小伙伴们一起提出来的“食”跟“农”结合起来,这也是有中国特色的,把食物和食物背后的本质来源联系起来,也表明了中国农耕文化的强大基因。

主持人:刚才萧老师从专业性给我们阐述什么叫食农教育,同时也提到石嫣老师是理念提出的最早的践行者,甚至是提出者,在石嫣老师看来,什么样是“食农教育”。

石嫣:其实可能是从时间的角度来谈,我们发现,最初在做研究的时候,更多是将农业的研究放在更大的范围,我们叫食物系统,这是因为我们发现只从农业本身去研究农业,其实是很难找到出路的。应该看到,食物的生产和流通,包括到消费者的餐桌,以及饮食文化,它其实是一个大的系统的问题。另外一点我觉得很重要的是,西方人在谈到环境教育或食物教育的时候,他们更多还是把环境,把食物看作是一个对象,但我觉得中国的文化里面,我们把食物和人,还有我们的自然界是看作一个整体的,不是说它是我们去观察的一个对象。而且更重要的是我们现在在中国谈如何让更多的孩子回到大自然。其实大自然是一个非常抽象的概念,而更具象化的一点呢,我觉得就是食物和农耕。因为每一个人每天都要吃饭,而且我们每天都要吃三顿饭,所以说我们如果能建立跟食物的关系,就能很好地去建立我们和这个大自然的关系,这个应该说是我们最早提出食农教育的一个出发点。

主持人:石嫣老师把为什么当初要提出食农教育这个教育理念做了很好的分析,其实这个理念推出的时间并不是很长,是一个新兴的教育理念吗?

石嫣:这个也不算是一个新兴的理念,我觉得其实我们做这个实践的过

① 《食农教育,让城里的小孩变“土”》,https://wap.peopleapp.com/living/4486561。

程中也吸收了很多过去的理念，比如说像陶行知的生活教育，或者包括很多我国的农耕文化、传统文化里的一些东西，当然我们也结合了一些现代的理念，比如说像现在大家推广比较多的，五感教育，触感、味觉、视觉、听觉、嗅觉等，通过这种感觉的教育去连接人和食物之间的关系。虽然有一些新的方法，但我觉得核心的内容其实一直是一脉相承的。

主持人：但在最初的时候我们为什么要推行食农教育，或者说在这个推行的道路当中，我们有没有遇到一些什么样的困难？或增加了一些什么东西在里面？

萧淑贞：比如我们的二十四节气，现在我们一提起二十四节气就说我们该吃什么了，是吧？我们的这个概念已经根深蒂固了，我们传统文化里基本上把科学，就是天人合一吧，将科学、人文和生产完美地结合在一起了。为什么出现食物教育？也是因为我们工业化的食品安全问题。食品出了问题，饮食出了问题，所以人们强调这个食物教育，以前是不需要强调的，以前人们吃的就是有机的、生态的食物。日本是2005年的时候就开始立法把《食物教育基本法》变成一个全民性的推动运动。这也是跟工业化的、化学的肥料、农药等有关系，所以人们要重新强调食物的问题，借由食物跟大自然、跟土地重建健康的关系。这是食物教育之所以在全世界受到重视的由来。像日本，它一开始也并不是从食品安全的角度开始的，它是为了“二战”后国民的身体健康，为了拥有健康的体魄，在学校里实行供餐制，开始有了食物的教育。慢慢地，随着工业化食品安全问题不断出现，我觉得全世界几乎都开始强调食物教育。直观面临的问题如食物安全问题，儿童的过度肥胖，重大疾病年轻化，比较严重的疾病的出现，让人们开始重视食物安全，在我们国家也同样如此。

主持人：但与国外相比，日本、美国以及欧洲各国推行的食农教育的理念有什么不同？

石嫣：关于这几个国家，很多我都去看过他们的试验，就是他们自己做的一些试点，我觉得可能很不一样，比如说，现在西方的食物教育，在食物和美食、食物和安全这个角度，更多的还是逻辑性的、分析性的一些内容，或者就是另外一个层面，纯粹是跟环境有关的，跟食物的生产就离得比较远。但是我觉得，就像萧老师说的，中国，或者说东亚一些国家都有一些相似性，就是我们的农耕文化已经有了几千年的历史，所以其实我们自己在实践的时候，就很有优势，比如我们可以把节气、四季、农业耕作的历史结合起来，我们又可以把传统制作结合起来。比如说中国的发酵工艺，几千年来，我们做馒头，用的就是发酵工艺，现在西方甚至重新去研究发酵的价值。我觉得在这里边，我们其实可以吸收很多传统的和新的东西。

主持人:萧老师,您怎么看待这个问题?

萧淑贞:因为食物教育也是扎根于每个国家和民族文化的土壤之中,每个地方提出的理念也都不一样,像日本就比较全面,也是包罗万象的,开始做得比较早,日本人相信食育就是生命教育,教导孩子认识食物的原味,文部省还编定了食育的教材,要学生学会认识和热爱生物,培养他们的协作精神。英国的食物教育开展得比较早,他们有烹饪课程,孩子在7—14岁要学会全部的烹饪技能,14岁以后要学会做20道菜。意大利刚才石嫣也介绍了,他们提倡慢食,要慢慢地吃才能品味食物的原味,如今慢食也变成全世界在推动的一项运动。各个国家都不一样,无一不是基于它本身的文化,来对食物和食物带来的社会问题做出回答。

石嫣:刚才听萧老师讲的时候,我有一种感受,确实,我们东亚的一些国家,如日本、中国,我们基本的农业和自然资源相对于人口的数量而言是比较有限的,所以在有限的条件下,人怎么吃,怎么负责地吃,这其实对我们资源的分配也是非常重要的,对于食育,在我们这样的一些国家有这层含义在里面。

主持人:所以在本质上,还是与国外所提出的食农教育的理念有区别的。我们刚才也说,中华文明是建立在农耕文化的基础上的,强大的文明最后一定要落实在饮食文化上,也就是刚才石嫣老师讲到的这个问题。那我们国内最早是什么时间推行食农教育的,目前推行的进度如何?如何将中国食物的文化和知识融入食农教育中去呢?两位是怎么看待这一系列问题的?

萧淑贞:我先介绍,石嫣。因为食物教育不像我们所理解的教育,它不是发生在课堂上,而是发生在教室和学校之外的。我觉得2008年你们开始建立小毛驴市民农园时,就应该可以算作是食农教育的开始。之后石嫣博士又跟她的朋友一起提出食农教育,才开始有了一支推广食农教育的队伍。

(背景字幕10:小毛驴市民农园创建于2008年4月,占地230亩,位于京西凤凰岭脚下,希望重建乡村和城市社区和谐发展、相互信任的关系。)

石嫣:我在人大读书的时候,想推动农民做生态农业,因为当时发现的问题是,我们中国的农业面源污染实际上已经超过了工业和生活源的面源污染,它是贡献率最大的,农业的面源污染就是来自我们大量的化学、化肥农药的使用,以及饲养的动物的粪便的排放。但是当我们想要去推动农民做生态农业时发现有一个困难,就是农民做完了生态农业之后,他投入更多的劳动力,投入更多的时间去照料这些植物,但是产出来的东西又卖不出好的价格,他投入的精力得不到应有的回报，所以农民就没有动力继续去做生态农业。当时就发现我们要去教育消费者，怎么让消费者意识到我们和我们吃的东西是一体的，我们不能光想着我们住上好的房子，或者买奢侈用品，但是我们吃进自己身体里的是一堆垃圾，这个是不行的。其实你多花一点钱，买一些好的食材，买一些好的食物，既是对自己身体有好处，而且又支持了这些农民来做生态农业，进而又支持到了我们的土壤、环境转型。所以当时是有这样的一个逻辑。我们开始做食农教育，做农业的时候，突然发现其实教育非常重要，就又把这个食物和农业的教育同时去推。

主持人：所以现在相当于是将农业、教育、文化三者结合在一起。

石嫣：对。

萧淑贞：所以从食农教育的过程来说，生产者、消费者、加工者其实都是食农教育的对象。

石嫣：其实在咱们中国的文化里边，农业本身就是文化，就像你刚才提到的，它就是一个生产、文化和教育的一体。之所以咱们把农业分成了一产、二产、三产，好像原来农业只有一产的功能一样，但其实你看自古以来，农业就不只有生产的功能，还有环境保护的功能，有就业的功能，有休闲的功能，有很多其他的功能，这就是农业的多功能性。

主持人：刚才萧老师也提到，石嫣老师在之前有一个小毛驴市民农园，这是一个计划还是一个活动？

石嫣：一个农场，在做这个农场之前也做过一个。当时确实还是比较早的，应该是2008年就开始的。

主持人：石嫣老师能否跟我们聊一下分享收获在推行食农教育上具体做了哪些项目或哪些活动？

石嫣：我们现在归纳为两个“新”。一个“新”是我们叫新农人的培训，等于说我们现在每个月搞一期培训，然后大家就住在我们这个小院里。一周的时间你不光是来学的，还得去实战的，学习怎么去种好地，怎么去运营好农场。同时还有一部分时间是真正地在种，就是在实操，这个是针对新农人的。我觉得新农人不是说他只有年轻，或者说他只有学历，他才是新农人。实际上，我觉得“新农人”是个新的理念。我们应该通过自己的耕作去保护我们的环境，而不是再去破坏我们的环境。

另一个“新”是“新吃货”。就是有了“新农人”后，他愿意种好的食物，生产好的食物，这边还得有新的吃货，因为现在大家经常会说，谁谁是吃货，甚至很多人点一大桌菜，最后就为了拍一张照片，或者说胡吃海喝，对自己吃饭完全没有知觉,最后把身体都吃坏了。所以对于“新吃货”,我们就想说,其实真正的吃货不应该是胡吃海喝的,真正的吃货应该负责任地吃,你吃完之后不光对自己的身体好,也可以负责任地对待环境,对待地球,对待我们的农民,你作为消费者还有这样的一个责任。

“新吃货”这边,其实我们还有第三个方面,就是针对儿童的,我们有大地之子的活动。一方面我们在农场里搞夏令营,就是有这样的一个自然农耕的夏令营;另一方面我们还走到城市里去,比如说我们在呼家楼小学建立了屋顶菜园。屋顶建菜园,是因为学校里现在都没有土地了,我们在建立屋顶菜园之后,每一周还要去上一节课,所以就又把农场搬进学校,孩子们可以在第一时间近距离地接触农业和食物。

主持人:石嫣老师,刚才你也提到了呼家楼小学这样一个计划,那你能跟我们分享一下详细情况吗?

石嫣:实际上是四年前,呼家楼小学老师找到我们,希望能够在学校里教孩子们种地。后来我们去学校一看已经没有土地了,都变成塑胶跑道了,那怎么办呢?后来跟学校商量了一下,学校有一个屋顶,是他们教学楼三楼的楼顶,再通过做防水,就可以把楼顶变成“一米菜箱”,耕种成一个小的菜园,所以我们就把这个“一米菜园”的课程带到了学校。也就是说一个学期,我们要上12节课,一周一节课,然后通过这12节课,孩子们一方面学习农耕技术,比如说培种、育苗、栽培,包括捉虫、打叶,最后收获。另一方面,我们这个课还有一个延伸,就是到最后我们会和孩子们一起用自己收获的菜去做个食物,比如说包一顿饺子,这样我们就把食农教育从种子到餐桌连接起来了。而且我们当时在设计这个课的时候,也想把社会、经济、文化这几个方面结合起来,比如说我们在课上讲到的蔬菜,菜叶做完饺子之后还有一些剩下的,其实可以堆肥。所以我们又把如何处理剩余物,如垃圾的处理、分类,带到课程里,所以它其实是通过一个菜园把整个的环境、食物、农业、生活这些都结合起来了。

主持人:哦,那这个计划推行之后,家长和孩子们的参与度高不高?

石嫣:可以很自信地说,我们的课是这所学校四年来重复选修率最高的。什么叫重复选修率?就是因为这个课一节课只能有30个孩子,然后一个学期第一批学生选修之后,到下一个学期他还想选修这节课,这就是重复选修,甚至是超过了我们选修的数量,然后还得老师劝他们说你们还是去选修别的课程。而且我们也看到了,他们在种菜的过程中,看到了一般日常生活中看不到的,比如他们包了饺子之后或者摘了菜之后,哪怕就是一根黄瓜,都很想装到包里,带回去给他们的父母。因为他们觉得这就是他们自己种的东西。

我觉得这个感受是很不一样的，包括那次我们本来带了一些蔬菜想做“丑菜”的教育活动，就是说我们现在很多食物浪费，是因为食物长得不好看，比如说这根黄瓜长得歪，大家就不想吃它了，只想吃直的，都是“外貌协会会员”，那我们想带着这根弯的黄瓜，或者长了好几条“腿”的胡萝卜去学校。本来是想教育孩子们不要觉得这些菜丑，结果没有想到我们带过去，孩子们给我们的反馈是：这些菜都很漂亮，都很奇特，都很有个性。没有一个孩子觉得它们丑。所以我觉得我们反而也在这个过程中，作为成年人被再教育了。

主持人：那在您看来，孩子们通过参与这些活动，他们在成长过程中、在思想上最大的收获是什么？

石嫣：我觉得除了他们可能会种一些菜以外，更多的是建立情感联结，就是他们和土地，他们和自己吃的东西的一种关系。这种关系也许我们没有去跟踪分析，但是我觉得可能在他小的时候会带着这种联结感，并一直延伸到他未来很长的生命中。就像前段时间来我们这儿的一个孩子，他在幼儿园的时候来我的农场种过地，种了三年，他后来上了小学之后，就不再来种，课业忙了，但是他经常跟他父母提到原来小的时候种地的一些感觉。

（六）节气文化

二十四节气是中国传统农学指时体系中最具特色的重要组成部分。2006年，“农历二十四节气”入选第一批国家级非物质文化遗产代表性项目名录；2011年，九华立春祭、班春劝农、石阡说春被列入该遗产项目的扩展名录；2014年，三门祭冬、壮族霜降节、苗族赶秋节、安仁赶分社被列入该遗产项目的扩展名录。2016年11月30日，在埃塞俄比亚召开的联合国教科文组织保护非物质文化遗产政府间委员会第11届常委会经过审议，批准中国申报的“二十四节气——中国人通过观察太阳周年运动而形成的时间知识体系及其实践”列入联合国教科文组织人类非物质文化遗产代表作名录。[①]

二十四节气是古人通过观察太阳周年运动，认知一年中时令、气候、物候等方面的变化规律所形成的知识体系和社会实践。二十四节气起源于黄河流域，是我国农历的重要组成部分。农历根据太阳的位置，把太阳周年运动轨迹划分成二十四等份，规范了二十四节气。远在春秋时期，中国古代先贤就定出仲春、仲夏、仲秋和仲冬等四个节气，以后不断地改进和完善，到秦汉年间，二十四节气已完全确立。西汉早期的《淮南子》有了和现代完全一样名称的二十四节气的完

---

① 《二十四节气的文化意蕴》，http://theory.people.com.cn/n1/2016/1205/c40531-28924583.html。

整记载。公元前104年制定的《太初历》,正式把二十四节气订于历法,明确了二十四节气的天文位置。太阳从黄经零度起,沿黄经每运行15度所经历的时日称为"一个节气";每年运行360度,共经历24个节气,每月两个节气。其中,每月的第一个节气为"节气",即立春、惊蛰、清明、立夏、芒种、小暑、立秋、白露、寒露、立冬、大雪和小寒;每月的第二个节气为"中气",即雨水、春分、谷雨、小满、夏至、大暑、处暑、秋分、霜降、小雪、冬至和大寒。"节气"和"中气"交替出现,各历时15天,现在已统称为"节气"。[①]

由于二十四节气相当准确地反映了时令、气候、物候在一年中的变化及其相互关系,自秦汉时代定型之后,2000多年来就一直在国计民生中发挥着十分重要的作用。在长期的生产生活实践中,各地的人们不仅身体力行地传承着融于其中的中华文明的宇宙观和核心价值理念,而且对于二十四节气进行了因地制宜、因俗制宜的创造性利用,形成了丰富的物质文化和精神文化——既有国家祭典,又有生产仪式和习俗活动,还有谚语、歌谣、传说、诗词、工艺品、书画等文艺作品。二十四节气既是国家行政的时间准绳,又是农业生产的指南针,日常生活的风向标,而其中蕴含的尊重自然、效法自然、爱护自然、利用自然、扶助自然的天人合一思想,更是中国文化的精髓,在全球生态环境日益恶化,可持续发展遭遇危机的当下,凸显出普遍意义和共享价值。

应天时而动,就地利而兴。在与天地的对话互动中,中国人认识了自然,创立了二十四节气。从"种田无定例,全靠看节气"到"春牛春杖,无限春风来海上",二十四节气从最初的指导农耕生产逐渐深入中国人的衣食住行,已经穿越了2000多年的时光。当下,我们面临的新命题是:如何让农耕时代的二十四节气讲出新时代的精彩故事,让它成为人民更美好生活的载体。同济大学教授、非遗研究中心主任范圣玺认为,传承最关键的是先要把旧的东西学会了,我们才能知道它缺什么,我们才能知道应该加上些什么,然后让它成为现代生活的一部分。传承是从传统文化里不断吸取精髓,发展是创造出有自己时代特点的东西。当你有能力、有底气把民族的东西变成世界的东西时,你才有文化自信。二十四节气的传承,我们要抛弃其不科学、不理性的元素,把最科学、最有价值的基因留下来。如通过食农教育,学生做二十四节气设计,知道那么多鲜活的节气饮食风俗,有天然的色彩,有文化的温情,有素雅的时尚。不仅如此,通过设计大家还可以涉猎美丽乡村、现代乡愁、地域再生、转型发展等热点问题。[②]

---

① 《节气总说》,http://www.ihchina.cn/details/6967.html。

② 《让二十四节气的文化价值融入现代生活》,http://www.xinhuanet.com/book/2017-11/09/c_129736471.htm。

第三章

饮食习惯与食农教育

第一节　食育与饮食习惯教育

食农教育中的“食育”就是饮食习惯的培养，让孩子从小就认识食物的价值，学会健康的饮食，在踏上社会后有足够的精力、活力去工作和生活。孩子在食育课程中感受到快乐，通过兴趣化、艺术化的食品制作，培养健康的饮食习惯。食农教育的核心概念在于通过传递营养、健康以及食物生产过程等相关资讯与知识来改变人们的饮食习惯。

一、背景

民以食为天，饮食是日常生活中不可或缺的例行活动之一，是获取人体所需营养，维持人体健康，增进活动精力的源泉。医学之父希波克拉提斯(Hippocrates)说，你的食物就是你的医药，你的医药就是你的食物。由此可见，食物与我们的身体健康有着密切的关系。世界卫生组织对影响人类健康的诸多因素进行了评估，结果显示遗传因素对人类健康的影响居于首位，而饮食营养因素的影响仅次于遗传因素。饮食营养因素对人体健康发挥着重要的作用，国内外许多研究也表明，通过改变饮食营养结构和饮食习惯可以改善人体的健康状况。但随着社会形态的转变，人们的饮食形态与习惯也跟着改变，饮食的重要性也随之被忽略；加上饮食工业化及食品安全问题层出不穷，不断影响着国民的健康状况。虽然大部分国民已经认识到了健康饮食的重要性，在日常饮食中懂得食用营养丰富的食物，但是，国民对食物营养方面的知识了解得不多，不懂得如何通过合理搭配饮食保证营养摄入的充足与均衡，以至于国民存在着营养不良和营养过剩等问题。据调查，目前我国青少年对钙、锌、维生素等微量元素的摄入量普遍不足，青少年的肥胖率也在逐年提高。在一些贫困地区，青少年营养不良的问题也非常突出。

现如今，随着社会经济的发展以及医疗卫生水平的提高，人们的健康生活得到了保障。但是，人们不当的饮食导致的非遗传性疾病，如肥胖症、高血压、糖尿病、脂肪肝、癌症等疾病仍对国民的健康造成了极大的威胁。中国农业大学李里特教授将各类疾病高发的原因归结为以下两个方面:一是人们长期以来形成的饮食习惯和饮食经验已经不能适用于如今的饮食生活。过去,由于物质匮乏,人们的饮食结构普遍都比较单一,随着改革开放的不断深入,人们的生活水平由"温饱"达到了"小康",人们过去形成的饮食结构和饮食习惯已经不能满足现如今的饮食生活要求,饮食观念不改变必然会造成一系列饮食健康问题。二是食品的工业化和商业化导致诸多食品安全隐患产生,影响着人们的健康。现如今,食品中都含有各类食品添加剂,食品添加剂的不当使用会对人体产生极大的危害,如著名的"三鹿奶粉事件""苏丹红事件"。

学生中不良的饮食习惯普遍,多数学生喜欢饮用含糖饮料并且喜欢食用甜食,有许多学生吃早餐的习惯不正常。然而,若能在学校原有的课程体系中加入食农教育课程,让学生正视"饮食"这件事,应可改变学生的饮食习惯。再者,国内外学者皆指出健康的饮食习惯要从小培养,不健康的饮食习惯,不仅会影响正处于生长发育阶段的学生,在饮食不均衡的情况下,还会造成身材过瘦或肥胖两极化现象,甚至产生慢性疾病。

1991年美国政府开始实施"Healthy People 2000"计划,其中一个主要的目标是"5A Day for Better Health",鼓励人们每日摄取五份或更多的水果和蔬菜,企盼改变国人不良的饮食习惯,目的是希望人民早日建立健康的饮食习惯,以减小罹患心血管疾病、肥胖症、糖尿病、癌症的概率。为了达到此目标,美国政府分别在九个州内实施不同的计划,对象有妇女、婴儿、儿童,地点则有教堂、学校等。"Gimme5"为在小学校园实施的一个计划,此计划在八所学校内实行,研究对象中有小学四、五年级的学生,学校推出营养教育课程,课程通过有趣的活动、歌曲、游戏让学生充分认识家中蔬果的可用性,为了引导学生对蔬果的偏好,借由简单、快速、安全、美味的食谱,增强学生自行准备蔬果料理的能力,利用行为改变的方法,提升蔬果消费量。美国各州依照不同对象推行相关的饮食改革,并且再三地表示,营养教育在孩童时期扮演着非常重要的角色,影响着身心成长、智力发展、学习能力,除了影响心理和生理,它甚至是奠定未来成年饮食习惯的重要因素。在日本随着战后经济的快速发展,国民饮食西化,出现了肥胖、偏食、过度减肥、不吃早餐、家人各自吃不同食物、饮食不规律等混乱现象。居民日常生活中普遍出现的饮食习惯不健康和运动量不足,导致癌症、心脏病、脑血管疾病成为日本人口死亡率提升的三大主因。于是,2005年由厚生劳动省和农林水产省共同编订了《饮食平衡入门》,为国民详细讲解每天该吃什么、怎么吃和吃多少。同时,在日本的教育改革行动中,将培养儿童良好的生活习惯列为重点工作。

1968年，瑞典提出的名为《斯堪的纳维亚国家人民膳食的医学观点》的膳食指导原则，产生了积极的社会效果。世界卫生组织(World Health Organization，WHO)和联合国粮农组织(Food and Agriculture Organization of the United Nations，FAO)建议各国仿效。至今，全球已有20多个国家公布了各自的膳食指南。膳食指南(dietary guidelines，DG)是根据营养科学原则和百姓健康需要，结合当地食物生产供应情况及人群生活实践给出的食物选择和身体活动的指导意见，目的在于优化饮食结构，减少与膳食失衡有关的疾病发生。各国的膳食指南均由政府或国家级营养专业团体研究制定，是健康教育和公共政策的基础性文件，是国家实施和推动食物合理消费及改善人群营养健康行动的一个重要组成部分。我国政府于1989年首次发布了《中国居民膳食指南》，在1997年4月，再次发布了修改后的新的膳食指南。2007年卫生部委托中国营养学会制定了《中国居民膳食指南(2007)》。随着时代的发展，我国居民膳食消费和营养状况发生了变化，为了更加契合百姓健康需要和生活实际，受国家卫生计生委委托，2014年中国营养学会组织了《中国居民膳食指南》修订专家委员会，依据近期我国居民膳食营养问题和膳食模式分析以及食物与健康科学证据报告，参考国际组织和其他国家膳食指南修订的经验，对我国第3版《中国居民膳食指南(2007)》进行修订，最终形成了《中国居民膳食指南(2016)》系列指导性文件。

各国在发展各种饮食教育或饮食运动中，发现学生参与后，也间接地影响其对于蔬果的偏好，甚至提升自行准备简易料理的能力，进而使不良的饮食习惯逐渐得到改善。由此可见，饮食与人体的健康密切相关，合理的饮食结构对人体的健康非常重要。目前，我国国民中出现一系列饮食营养问题，我国政府已着手对国民开展饮食教育，如2020年8月，习近平作出重要指示，强调坚决制止餐饮浪费行为，切实培养节约习惯，在全社会营造“浪费可耻、节约为荣”的氛围。其实早在2013年1月17日，习近平就在新华社一份《网民呼吁遏制餐饮环节“舌尖上的浪费”》的材料上作出批示，要求厉行节约，反对浪费，“要采取针对性、操作性、指导性强的举措，加强监督检查，鼓励节约，整治浪费”。时隔5天，2013年1月22日，习近平再次在中纪委全会上强调，要坚持勤俭办一切事业，坚决反对讲排场比阔气，坚决抵制享乐主义和奢靡之风。在习近平总书记的指示下，针对党和政府作风的“八项规定”出台，社会上也开展了成效显著的“光盘行动”。[①]

① 《以身作则、综合施策，看习近平如何狠刹“舌尖上的浪费”》，http://news.youth.cn/sz/202008/t20200813_12448600.htm。

典型案例

为什么从小妈妈就教我们“吃干净，别浪费”①

“谁知盘中餐，粒粒皆辛苦。”这是我们每个人打小就会背的一句诗。从小到大，父母都叮嘱我们：“吃多少盛多少，千万别浪费。”从古至今，我们接受言传身教，养成了珍惜粮食的习惯。你知道一粒米要走过多少路才能抵达我们的餐桌吗？想要吃到香喷喷的白米饭，首先要种水稻，种稻之前必须先将稻田里的土壤翻过，使其变得松软，这一个过程呢，又叫整地，随后育苗、插秧、除草除虫、施肥、灌排水，每一个环节都要投入大量的人力和物力。风调雨顺之年，等到水稻丰收，干燥、筛选、脱壳、去碎米、提纯这些环节也是不容忽视的，包装、入库、仓储、物流，一袋袋大米从生产转向销售，沿着四通八达的交通系统运往千家万户，被端上餐桌，构成中国人主食中不可或缺的一部分。粮食作物育种技术的不断进步和连续多年的惠农政策，让中国仅用了世界7%的土地就养活了约占世界20%的人口，但是在自动化、机械化的现代，一粒米走到我们的餐桌上，依然需要经历时间的打磨。今年（2020年）受异常气候的影响，蝗灾给非洲北部、阿拉伯半岛和南亚各国的农业生产造成了巨大的破坏，粮食歉收带来的危机已经初见端倪，根据联合国粮食及农业组织、世界粮食计划署等机构联合发布的报告，新冠疫情可能导致新增1.3亿饥饿人口，全世界将有6.9亿人处于饥饿状态，研究报告甚至警告全球或将迎来50年来最严重的粮食危机。可能有人会担心，世界上这么多国家都出现了粮食危机，我们会不会买不到粮食呢？这个呀，大家大可放心。国储局表示，个别国家限制出口对国内面粉、大米等口粮供应基本没有影响，我们有信心、有能力保证国内粮食供应，从库存的情况来看，稻谷小麦都能满足一年以上的消费需求。根据国家统计局发布的数据，2020年全国夏粮总产量2856亿斤，比去年增长了0.9%，中国饭碗端得更稳、更牢了。居安思危，长期以来，我国大豆对国外进口的依赖程度较高，联合国粮农组织数据显示，中国在2017年生产粮食6.18亿吨，位居世界第一，但因为有着14亿的庞大人口基数，人均年产量为446千克，在世界范围内排名第40位。随着经济以国内大循环为主体的新格局逐渐确立，在努力发展生产的同时，“珍惜粮食”也应该成为我们的共识，想要中国人的饭碗装中国粮，需要实现农业现代化，也

① 《为什么从小妈妈就教我们“吃干净，别浪费”》，http://www.ddcpc.cn/detail/d_video/11515115346260.html。

需要每一个手捧饭碗的人尊重这份来之不易的劳动成果。从要求“浪费之风，务必狠刹”到要求“厉行节约，反对浪费”，作为人口大国的中国，粮食消费量大，人均耕地少，粮食生产和安全更是维护政治稳定和经济社会健康发展的首要战略问题。今年，面对新冠肺炎疫情的冲击，部分国家已经出现了疯抢粮食、扫空货架的场景，这为我们敲响了警钟，也更加凸显了粮食安全的重要性。面对庞大的人口基数和复杂的世界形势，我们始终要有忧患意识，提倡文明点餐，点餐从实际就餐需求出发，不看面子和排场，用完再加餐，避免浪费，提倡“光盘行动”，用不完的打包带走。一粥一饭，当思来之不易，从“光盘行动”到遏制“舌尖上的浪费”，“厉行节约，反对浪费”八个字的背后，是中华民族的传统美德，也是我们每个人都能身体力行的事。请善待每一餐饭，认真对待每一粒粮食，正如多年前爸妈告诉我们的那样“吃多少盛多少，千万别浪费”。

餐饮浪费更令人担忧的是城市中小学校园的食物浪费，这背后呈现出另一个令人担忧的场景：孩子们热衷于吃各种垃圾食品，食品安全、营养健康问题不容小觑。传统饮食习惯的培养在当代遇到诸多问题与挑战。中华民族饮食文化博大精深，源远流长。传统农业社会中，每个人饮食习惯的养成源自家庭，源自母亲的饭菜，这几乎成为每个人终身偏好的饮食口味和记忆，成为影响我们一生饮食习惯的餐饮内容。摄取食物似乎成为无须刻意学习的事情。然而，随着我国社会经济的飞速发展，我们迅速地穿越饥饿时代、温饱时代，快步跨入饱食时代，过去饥饿时代和温饱时代形成的饮食经验和习惯，已经无法在物质极大丰富的当下延续。尤其对于这些成长环境得天独厚的独生子女中小学生来说，由于缺乏正确的饮食知识，在越来越多的新型食品的诱惑下，正在形成不良的饮食习惯，这一切严重影响着孩子们的身心健康。

上幼儿园、中小学的孩子是食物的消费者，也是食物浪费行为的产生者。中小学阶段是人生观和价值观形成的关键时期，关系国家的未来。中小学阶段是孩子身体发育和品德形成的重要时期，也是饮食习惯和消费观念以及人生观塑造的关键阶段。目前，中小学不同学科的课程标准中零散出现了一些与培养饮食习惯等相关的课程内容。教科书中虽然有相关内容供学生学习，但是这些碎片化、单一化的知识并不足以让中小学生形成正确的食物观念，很难有效影响他们的饮食行为，正确的食育尚未引起重视。所以，我国应以遏制“舌尖上的浪费”为契机，宣传和培养国民健康的饮食习惯，特别应加强饮食教育，尤其是要尽快在学校落实食育进课堂这一措施，在校园中进行饮食教育对学生的健康成长具有重要意义。

二、饮食习惯教育的必要性

饮食习惯是指人们对食品和饮品的偏好,其中包括对饮食材料与烹调方法以及烹调风味及作料的偏好。饮食习惯是饮食文化中的重要元素,世界各国人民的饮食习惯由于受地域、物产、文化历史的种种影响而有所不同。对食品安全的担忧,粮食自给率降低,不当的饮食习惯所引起的疾病,使各国开始对饮食和农业有了新的改革方式。同时,世界各国都对学生的身体健康状况十分重视,很多国家都在以各种形式在学校开展学生食品(物)教育活动,简称食育。在英国,政府在全国推行"英国食品两星期"食育政策,还在中小学校中开展"校园菜园计划"食育活动。英国名主厨杰米·奥利佛(Jamie Oliver)与珍妮特·欧雷(Jeanette Orrey)发起"给我好食"运动(feed me better),目的是唤起英国政府、学生家长重视学生饮食偏差的状况;意大利的卡洛·佩特里尼(Carlo Petrini)提倡慢食运动(slow food movement),目的是要和速食文化做对抗,讲求在地、永续、公平的饮食文化;在日本,政府将食育立法,以法律条文的形式明确规定了食育开展的计划以及实施的方法,并在幼儿园、中小学、社区积极推动农事和饮食课程,努力恢复日本传统饮食文化耕作方式。因此,日本的学生从幼稚园时期就开始在校园中接受系统的饮食教育;在美国,政府虽然没有对食育进行立法,但是已经将食育纳入学生的课程体系中,并在学校开展"从农场到学校"的食育活动,使学生能够得到充分的食育实践,同时,美国也成立了许多食育组织,建立了"Eats-Grows-Moves"的食育机制,通过各种食育实践培养学生的饮食意识;在德国,政府在全国中小学推行"公共厨房"项目,学校不仅建立了专门的食育教室(学校厨房),还在校园中开辟了菜地,邀请有经验的农民来指导学生学习种菜。政府、学校以及家庭三方形成合力,共同培养学生健康的饮食习惯。我国台湾地区也在积极推动食农教育,如新北市一周一次的有机午餐,或者是在小学开设食农教育课程。从国外和我国台湾地区开展的食育活动中可以看出,他们非常重视对学生的食育实践培养,使学生在参与实践的过程中形成食育的意识。

目前我国大陆的学生食育还处在起步阶段,在学校也没有形成完整的食育体系。据了解,2007 年,绍兴将饮食教育引入中小学校课堂,在全国率先开展了食育实践活动。2010 年,我国才开始在北京、黑龙江哈尔滨、山东青岛、上海、浙江等地的一些中小学校开展食育进课堂的教育试点。这些食育实践活动都在中小学校取得了可喜可贺的成绩,但是,食育在高校中却很少提及。虽然,我国在高校中早已设立了与饮食相关的专业,如营养学专业,但是食育在高校中没有得到足够的重视,大学生对食育普遍缺乏了解。

虽然,家庭是食育的主体,但是现实的情况显示大部分父母不具备良好的有关食物的知识,因此,学校必然成为开展食育的关键场所。在学校中对学生开展食育,不仅对学生一生的饮食习惯养成具有重要的作用,还可以惠及未来一代人的饮食观念。

三、饮食习惯的影响因素

社会认知理论(Social Cognition theory,SCT)是由美国加拿大裔心理学家班杜拉等学者从社会学习理论发展而来的。社会认知理论认为,人类功能是个人、行为和环境因素三者互为影响的因果关系,即三元交互决定论。社会认知理论常被用在儿童行为改变的研究,如味觉偏好、自我效能、预期效果。社会认知理论包含三个内部相关因素:一是个人,例如学生是否了解蔬果知识;二是行为,例如学会准备一道健康的菜肴;三是环境因素,指周遭环境的影响及父母亲的支持,使接受食农教育的学生多了学生健康饮食的知识与技巧的机会,并且参加食农教育的学生比没有参加的学生更愿意品尝蔬菜,对于蔬果的识别力也较没有参加的学生好。食农教育可以增强学生品尝蔬菜的意愿,增加蔬果知识,并且增加蔬菜摄取量,改变蔬菜消费习惯。

父母亲的饮食习惯、饮食态度与小孩的饮食习惯有非常大的关系,国外学者Hood等在2000年研究指出,父母亲若是有不当的饮食习惯,小孩肥胖的概率会增大。因此除了在学校养成良好的饮食态度及学习饮食知识外,家庭的饮食习惯对于小孩的影响更为重要。Yuasa等在2008年的研究中提到和家人一起用餐的实验组,不管是男生还是女生,有每天吃早餐习惯的占90%,该研究结果指出,小孩于儿童时期拥有良好的生活习惯及饮食习惯是非常重要的,会间接地影响之后成人时期的饮食习惯;对女生而言更加重要,母亲的饮食习惯大部分会直接影响女孩的饮食习惯。根据学者的研究,可以得知性别和家庭饮食习惯皆会影响个人的饮食习惯。影响饮食习惯的因素有很多,例如:对蔬菜的偏好、蔬果知识、蔬果辨识、饮食知识、营养知识、饮食行为等多种因素,表3-1列出了一些学者所提出的影响因素及对应题项:

表 3-1 饮食习惯的影响因素及测量题项[①]

学　者	影响因素	测量题项
Johnson, Wardle & Griffith(2002)	健康的饮食行为	(1)如果我午餐不在家里吃,我会在外面选择油脂含量低的食物。 (2)我通常会避免吃油炸类食物。 (3)如果每天可以吃一份甜点,我会常常吃。 (4)我确定我每天都会吃一种水果。 (5)我尝试着减少脂肪的摄取。 (6)如果我买洋芋片,我会选择脂肪含量低的品牌。 (7)我会避免吃大量香肠和汉堡。 (8)我经常买点心或是蛋糕。 (9)我尝试着减少糖分的摄取。 (10)我确定我每天都会吃一种蔬菜。 (11)如果我有机会在家里吃甜点,我会选择脂肪含量较低的甜点。 (12)我很少把外面的食物当作一餐。 (13)我会每天试着吃大量水果和蔬菜。 (14)每一餐之间我都会吃甜点。 (15)我晚餐至少会吃一种以上的蔬菜。 (16)如果我要买汽水,我会选择热量较低的饮料。 (17)如果我要在面包上涂奶油或是美乃滋[②],我只会涂一点点。 (18)如果我自己带便当,通常还会有巧克力或是饼干。 (19)如果在每一餐之间要吃点心,我会选择水果。 (20)我在餐厅吃饭的时候如果有甜点或是布丁可以选,我会选择比较健康的那个。 (21)我的甜点常常是冰激凌。 (22)我一天至少吃三种水果。 (23)我正尝试着培养健康的饮食。
Turconi et al.(2003)	饮食习惯	(1)你有吃早餐的习惯吗? (2)你每天至少喝一瓶牛奶吗? (3)你每天至少喝一瓶酸奶吗? (4)你每天至少喝两塑料瓶(600毫升)以上的水吗?
	饮食行为	(1)你每天至少吃两种水果吗? (2)你每天至少吃两种蔬菜吗?
	营养知识	(1)你会常常把蛋糕或是饼干当作点心吗? (2)你每天在正常吃饭时间吃早餐、午餐、晚餐吗?

① 曹锦凤:《都市型小学推行食农教育之行动研究》,台湾中兴大学硕士学位论文,2015年。

② 美乃滋(Mayonnaise)是一种主要由植物油、蛋、柠檬汁或醋及其他调味料所制成的浓稠半固体调味酱,其一般用在沙拉等料理中。

续　表

学　者	影响因素	测量题项
Serra-Majem et al.(2004)	饮食行为	(1)每天都会吃新鲜的水果或是喝新鲜现打果汁。 (2)每天都会吃两种水果。 (3)每天至少一餐会吃新鲜烹调的蔬菜。 (4)每天超过一餐会吃新鲜烹调的蔬菜。 (5)每个星期有两次以上会吃到鱼或是海鲜。 (6)每个星期超过一次去速食店(麦当劳、肯德基等)吃汉堡、薯条。 (7)喜欢吃豆类蔬菜,每个星期超过一次。 (8)每天吃饭时大部分会选择吃米饭。 (9)把谷类食物或是面包当作早餐。 (10)每个星期至少有两次以上会吃坚果。 (11)家里使用橄榄油煮饭。 (12)常常不吃早餐。 (13)早餐会喝牛奶或酸奶。 (14)常常把蛋糕或糕点类的食物当作早餐。 (15)每天至少会吃两次酸奶或是奶酪 40 克。 (16)每天会吃好多糖果或甜点。
Cotugna & Vickery(2005)	饮食知识	(1)糖会造成胃酸过多。 (2)吃太咸对身体不好。 (3)牛奶对我是好的。 (4)要多吃水果。 (5)每天要吃 5—9 份蔬果。 (6)学会卡路里计算。 (7)了解速食的影响。 (8)一天该吃几份食物。 (9)了解何谓纤维质(纤维素)。 (10)酸奶中含有钙。 (11)维生素的作用。 (12)不要吃太多糖果。 (13)谷类或麦片比起其他东西对你是好的。 (14)维生素 A 对你的眼睛有帮助。 (15)早餐的重要性。 (16)学习钙的知识。
	饮食行为	(1)我会少吃一点高油脂和高胆固醇的东西。 (2)吃得健康一点。 (3)减少吃速食的频率。 (4)不要每天吃冰激凌。 (5)多喝牛奶。 (6)吃小一份(吃少一点)。 (7)到速食店少吃油炸类,尽量选择烤鸡。 (8)多喝水,少喝饮料。 (9)维持吃早餐的习惯,可保持清醒。 (10)不要和母亲争辩不吃蔬菜。 (11)少吃糖果。 (12)多吃水果。 (13)不吃夜宵。

续　表

学　者	影响因素	测量题项
Morgan et al.(2010)	对蔬菜的偏好	(1)请问你是否愿意品尝桌上的蔬菜(胡萝卜)? (2)请问你是否愿意品尝桌上的蔬菜(豌豆)? (3)请问你是否愿意品尝桌上的蔬菜(马铃薯)? (4)请问你是否愿意品尝桌上的蔬菜(西蓝花)? (5)请问你是否愿意品尝桌上的蔬菜(辣椒)? (6)请问你是否愿意品尝桌上的蔬菜(莴苣)?
	蔬菜辨识	(1)请问你是否认识桌上的蔬菜(胡萝卜)? (2)请问你是否认识桌上的蔬菜(豌豆)? (3)请问你是否认识桌上的蔬菜(马铃薯)? (4)请问你是否认识桌上的蔬菜(西蓝花)? (5)请问你是否认识桌上的蔬菜(辣椒)? (6)请问你是否认识桌上的蔬菜(莴苣)?

总之,饮食习惯指的是饮食偏好,包含“喜欢吃何种东西”及“怎么吃”。“怎么吃”指进食过程中与进食相关的一些行为,如吃一餐要花费多长的时间、吃的量、吃的速度及对饮食的认知经验、态度、情境、动机等。饮食习惯还包含是否具备饮食知识和健康的饮食行为,以及对于蔬果的偏好等。总的来说,饮食习惯范围包含饮食知识及蔬果辨识、饮食态度、饮食行为,而饮食习惯改变指学生在学习了食农教育课程后从课程中获得正确的饮食知识与基础的饮食行为,拥有良好的饮食态度,逐渐改善原本的饮食习惯。良好的饮食平衡能获得平衡的膳食。平衡膳食又称合理膳食或健康膳食,在营养学上指全面达到营养素供给量的膳食。这种膳食意味着摄食者得到的热能和营养素都达到了生理需要量的要求;要求摄入的各营养素间具有适当的比例,达到了生理上的平衡。为此,各国的膳食平衡指南均由政府或国家级营养团体研究制定,是健康教育和公共政策的基础性文件,也是各国食育参考的基础性文件。在下一节,我们来介绍全球一些健康国家的膳食指南。

第二节　全球健康国家的膳食指南

2019 年 2 月,彭博社(Bloomberg News)公布了 2019 年全球最健康国家指数榜单(Bloomberg Healthiest Country Index),对 169 个经济体进行排名,衡量了它们的整体健康因素组合。该指数依据涵盖了从行为性质到环境特征的一系列动态数据,使用包括平均预期寿命、死亡原因在内的变量对各国进行逐个评级,同时对血糖、血脂、肥胖、吸烟、接种和污染等风险进行扣分。它还考虑到环境因素,包括获得清洁水和卫生设施的机会与普及度。排名靠前的国家都是综合健康指标相当不错的国家。最终指数仅包括人口至少为30万且数据充足的国家(见表3-2)。[①]

表3-2 彭博社全球最健康国家指数[②]

排名			国家	得分		
2019	2017	变化		健康等级	健康得分	健康风险处罚
1	6	+5	西班牙	92.75	96.56	−3.81
2	1	−1	意大利	91.59	95.83	−4.24
3	2	−1	冰岛	91.44	96.11	−4.67
4	7	+3	日本	91.38	95.59	−4.21
5	3	−2	瑞士	90.93	94.71	−3.78
6	8	+2	瑞典	90.24	94.13	−3.89
7	5	−2	澳大利亚	89.75	93.96	−4.21
8	4	−4	新加坡	89.29	93.19	−3.90
9	11	+2	挪威	89.09	93.25	−4.16
10	9	−1	以色列	88.15	92.01	−3.86
52	55	+3	中国	62.52	66.73	−4.21

注:健康等级=健康得分+健康风险处罚。

"You are what you eat."从表3-2可见,西班牙拔得头筹,成为最健康国家,其后六个国家依次是意大利、冰岛、日本、瑞士、瑞典、澳大利亚。健康的膳食结构是这些国家在此次排行中脱颖而出的"制胜法宝"之一。日本是最健康的亚洲国家,在2019年的调查中跃升至第四名,取代新加坡,后者降至第八名。韩国排名上升7位至第17位,而拥有14亿人口的中国则上升3位至第52位。根据华盛顿大学健康指标和评估研究所的数据,到2040年,中国的预期寿命有望超过美国。

膳食指南(也称食源性膳食指南)旨在为食物和营养、健康及农业领域的公共政策提供依据,并为营养教育计划提供基本内容,从而推广健康的饮食习惯和生活方式。膳食指南针对食物、食物组类和膳食结构提出建议,指出了公众增强全面健康和预防慢性疾病必须获取的营养物质。通常情况下,膳食指南提出了

---

① 《2019年全球最健康国家指数榜单》,http://www.ttpaihang.com/news/daynews/2019/19030611824.htm。

② 《2019年全球最健康国家指数榜单》,http://www.ttpaihang.com/news/daynews/2019/19030611824.htm。

一系列食品类别和饮食模式的建议,促进国民整体健康和预防慢性疾病。因为88%的国家面临两种或三种营养不良导致的沉重负担:急性和/或慢性营养不良、微量营养素缺乏症、肥胖症和与饮食有关的疾病(包括Ⅱ型糖尿病、心脑血管疾病和某些类型的癌症)。营养不良的原因是复杂的,多层次的,但是饮食是造成营养不良的最重要因素之一,而营养不良又受到许多因素的影响,从个人偏好到广泛的国家食品供应。以食品为基础的膳食指南可以用来广泛地指导食品和营养、健康、农业和营养教育等政策和计划的制定;这是一个从生产到消费对食品系统产生有利影响的独特机会。膳食指南是饮食指南全部或部分信息的图形表示。它们通常代表着好的饮食建议,食物类别及建议比例。有关生活方式的信息,例如定期的身体活动建议,与酒精消费有关的警告也可能被显示。膳食指南最常见的例子是食物金字塔和食物盘的形状。许多国家往往会选择一个具有文化特色的膳食指南,并可能成为其所在国家营养传播和教育战略的重要标志。全球共有100多个国家已经或正在制定食源性膳食指南,很多指南都经过了至少一次修订。各国也制定了区域性指南,如世卫组织在地中海东部区域推广健康膳食指南。在亚洲及太平洋、欧洲、北美、拉丁美洲及加勒比地区,大多数国家制定了本国食源性膳食指南。一些非洲和近东区域的国家也制定了膳食指南。接下来我们来介绍一些全球最健康国家的膳食指南。[①]

一、西班牙的膳食指南:圆盘

西班牙居民膳食指南的核心是蔬果、橄榄油和鱼类丰富,属于地中海饮食模式。西班牙作为2019年排名第一的健康国家,健康度高达92.75分,国民的预期寿命超80岁。就饮食而言,西班牙、意大利、葡萄牙等一些地中海国家在地理上都占据了优势,因为在地中海人民大部分食用的是橄榄油、深海鱼和坚果之类的食物,这些都能够降低心血管之类疾病的发病率。资料证明,现在西班牙因心血管疾病和癌症等死亡的人数,每年都在下降,并且西班牙政府对医疗福利的补贴也很给力,就连在西班牙生活的华侨也能够享受到免费的公共医疗服务。再加上西班牙还是一个非常适合居住的国家,也是游客最喜爱的国家之一,这里环境优美,空气清新,温度宜人,当地人保护自然环境的意识很强。其实,西班牙人之所以健康,主要还是因为他们的生活习惯比较好,大部分西班牙人喜欢运动、晒太阳,大部分人的皮肤是古铜色的,西班牙也很少有肥胖的人。

---

① 《健康国家是怎么吃的?各国都有个健康核心》,http://www.jksb.com.cn/html/life/food/2019/0517/136702.html。

西班牙居民的膳食结构属于以粗制谷类、新鲜蔬菜、水果、鱼类和海鲜、豆类、坚果以及橄榄油为主的“地中海饮食”膳食结构(见图3-1)。多项研究表明，地中海饮食有助于降低患心脑血管疾病的风险。在动物性食物中，海鲜占肉制品的比例高。鱼肉蛋白质含量高，而且脂肪酸组成优于畜禽肉，含有较多对大脑和心血管有益的n-3多不饱和脂肪酸。他们的膳食指南还强调丰富的新鲜蔬菜和水果，推荐每天食用大于或等于250克的蔬菜，包括至少一份新鲜生蔬菜沙拉，并建议每天食用400克或更多的水果。在植物性食物中，坚果和豆类在他们的膳食指南中也比较关键。在烹调用油方面，对橄榄油“爱得深沉”。橄榄油富含不饱和脂肪酸，以油酸为主，还含有人体必需的脂肪酸——亚油酸和亚麻酸，还含有酚类化合物、β-谷甾醇、类胡萝卜素、角鲨烯等天然生物活性成分，有益健康。此外，《西班牙居民膳食指南》还建议，提高复合碳水化合物的摄入比例，每天食用含糖食品的频率少于4次等。

图3-1　西班牙的膳食结构[①]

二、意大利的膳食指南:面食

意大利的食物金字塔最大的特点是面食。在意大利，水果、蔬菜和水成了这个金字塔形膳食组合的基础。这看上去是合理的，但是奇怪的是，饼干、米饭和意大利面、咸肉出现在同一食物组。

① 《健康国家是怎么吃的？各国都有个健康核心》，http://www.jksb.com.cn/html/life/food/2019/0517/136702.html。

三、冰岛的膳食指南:食物圈

冰岛的膳食指南核心是少糖少盐,鱼类丰富。渔业是冰岛居民重要的经济来源,因此鱼类也是冰岛居民饮食中常见的食物。冰岛卫生部在2006年发布了膳食指南,并在2014年发布了营养素推荐摄入量等配套内容。这部膳食指南主要针对2岁及以上的儿童和成年人。膳食指南用一个“食物圈”表示,食物圈中有6类食物:水果和蔬菜、谷薯类、乳制品、动物性食物、坚果、油和脂肪。具体的量也有建议:水果或蔬菜每天至少吃5份,至少一半是蔬菜;全谷物每天至少吃2次;鱼类每周吃2—3次;肉类要适量,红肉(猪牛羊肉)每周不超过500克,少吃加工肉类;无糖低脂乳制品每天吃2份;少糖、少盐、健康脂肪的饮食;建议至少在冬季补充维生素D,可以使用维生素D补充剂、鱼肝油或维生素D片剂来补充。食物圈的中心是水,表示每天要足量饮水。食物圈的外围是不同类型的身体活动,强调了定期进行锻炼的重要性。

四、日本的膳食指南:陀螺

日本的膳食指南核心是少油盐、多海产品,三大类比例合适,突出谷物。日本的膳食指南用陀螺表示,它把人的身体比成旋转的陀螺,需要经常补充水分,进行适量运动,强调每天要吃30种以上的食物,少吃动物性脂肪,同时还标注了老年人吃食物要分先后顺序,进餐时应保持愉快的心情。日本居民的平均寿命全球最长,很大程度上归因于健康、均衡的膳食。日本居民的膳食结构中动植物食物较为平衡,膳食少油,少盐,多海产品,蛋白质、脂肪和碳水化合物的供能比合适,是公认的有利于预防营养缺乏病和营养过剩性疾病的合理膳食结构。目前日本的膳食指南是日本厚生劳动省和农业部于2005年发布并于2012年修订的日本膳食指南陀螺(见图3-2),最上层为推荐食用量最多的食物,食物分布越靠近下层,该种食物的推荐食用量越少,日本的膳食指南特点是突出谷物,促进粮食自给率的提高。

陀螺最上层为主食,如米饭、面包、面条等,推荐量为5—7份/天,一日量为200—280克;往下第二层为蔬菜类菜肴,指以蔬菜为主材料制作的菜品,推荐量为5—6份/天,一日量为350—420克;往下第三层为鱼及肉类料理,由肉、蛋类、鱼、大豆及其制品为主制作的菜品,推荐量为3—5份/天;最下层为牛奶和奶制品以及水果,牛奶及其制品推荐量为2份/天,约200毫升牛奶或酸奶,水果一日推荐量为2份,约200克。同时该膳食指南强调要足量饮水或饮茶以及进行身

Japan日本(2005)

Japanese Food Guide Spinning Top

Do you have a well-balanced diet?

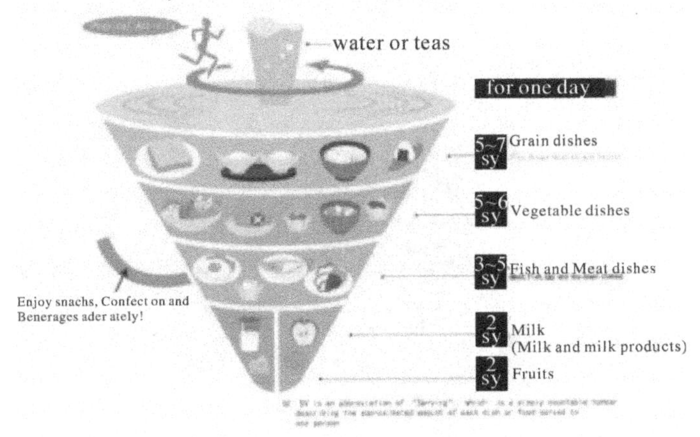

Decided by Ministry of Health, Labour and We lfare and
Winistry of Agriculture Farestry and Fisheries.

图 3-2　日本的膳食指南[①]

体活动。对于零食、甜点和饮料需要适量食用，以上食品能量偏高且含有添加糖，过量食用易增加超重肥胖发生的可能性。对于日本的《膳食平衡指南》，本书将在本章第 4 节详细介绍。

五、瑞士的膳食指南：金字塔

瑞士的膳食指南核心是喝水吃菜嚼奶酪，均衡饮食要记牢。瑞士传统的膳食模式以奶及奶制品、巧克力的高消费为特征。部分地区受邻近国家如德国、法国的影响，形成了以动物性食物为主的西方膳食模式。为提倡均衡饮食，瑞士营养学会和联邦食品安全和兽医办公室于 2011 年共同发布了瑞士食物金字塔。该金字塔共分为 6 层，由下而上，推荐摄入量逐层减少(见图 3-3)。

与其他国家不同，该金字塔的最下层为水。水是构成人体的重要成分，推荐每天饮水 1—2 升，最好是自来水、矿泉水、水果或花草茶等。其次，推荐每天摄入 3 份不同颜色的蔬菜和 2 份水果。第四层为谷薯类，推荐每天摄入 3 份，最好是全谷物食品。第三层为高蛋白类，推荐每天摄入 3 份奶及奶制品，畜肉、禽肉、

① 《健康国家是怎么吃的？各国都有个健康核心》，http://www.jksb.com.cn/html/life/food/2019/0517/136702.html。

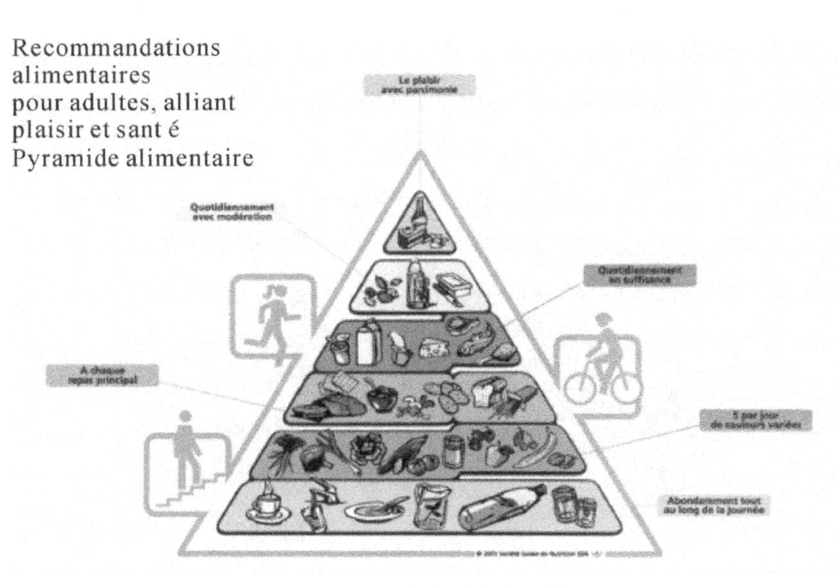

图 3-3 瑞士的膳食指南①

鱼、蛋、豆腐等各 1 份。第二层为油脂类,推荐每天摄入 20—30 克植物油,1 份无盐坚果、种子或果仁,黄油、奶油等应尽量少吃。最上层为零食及含糖饮料,应适量摄入甜食、咸味零食、含糖饮料和酒精饮料。居民应尽量选择当地应季的植物性食品,且用餐时应避免浪费。

六、瑞典的膳食指南:交通灯

瑞典的膳食指南核心是食品有钥匙孔标识,以帮助民众选择健康食物。瑞典的膳食指南非常简洁,是以食物为基础的。在建议吃适量的食物来保持能量平衡的基础上,采用的是交通灯的形式,该形式非常明了地展示了不同食物的推荐级别(见图 3-4)。

绿色代表多吃蔬菜、水果、浆果、鱼类、贝类、坚果、种子,多运动。尽量选择膳食纤维含量高的蔬菜,如根茎类蔬菜、卷心菜、花椰菜、西蓝花、豆类和洋葱。每周吃 2—3 次鱼类或贝类,选择脂肪含量低的品种,并且选择有生态标签的;黄色代表改用全谷物、健康的脂肪和低脂乳制品。在吃意大利面、面包、米饭等主食时,要选择全谷物。烹饪时选择健康的油脂,如菜籽油。红色代表少吃红色肉类、加工肉制品、盐、糖、酒。每周吃不超过 500 克的红色肉类及肉制品,且应只

① 《健康国家是怎么吃的?各国都有个健康核心》,http://www.jksb.com.cn/html/life/food/2019/0517/136702.html。

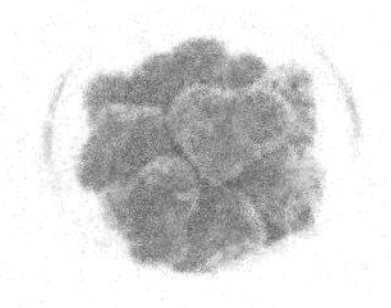

图 3-4　瑞典的膳食指南[①]

有少部分是加工肉制品。少吃高盐食品，烹饪时少加盐并且选择加碘盐。不要吃甜食、糕点、冰激凌和其他含有大量添加糖的加工食品，特别是少喝含糖饮料。为了帮助人们更加容易地选择健康食品，瑞典使用了“钥匙孔符号”这一标志。如果食品包装上有这一标志，说明它含有较少的盐、糖，较多的全谷物、膳食纤维，更健康或更少的脂肪。

七、澳大利亚的膳食指南：圆形餐盘

澳大利亚的膳食指南的核心是低脂、低糖、高纤维。澳大利亚的膳食指南通过一个圆形餐盘展示，与很多卡通化的餐盘模型不同的是，在澳大利亚膳食指南中，餐盘中的食物都是实拍照片，甚至可以清楚地看到全麦面包上的谷麸，更便于读者在日常生活中进行选择。澳大利亚的餐盘模型中推荐的五种食品是谷类、奶类及替代品、肉蛋水产豆类等高蛋白食物、蔬菜、水果。与我国的膳食宝塔相比，它对健康食品有更高的要求，澳大利亚的膳食指南中明确提出了谷类食物应大多选择全谷物或者高膳食纤维的谷物，奶类应大多选择脱脂产品。此外，在澳大利亚的餐盘中蔬果类占据了 1/3 的面积，而油脂类则未在餐盘中有一席之

① 《健康国家是怎么吃的？各国都有个健康核心》，http://www.jksb.com.cn/html/life/food/2019/0517/136702.html。

地,只是在餐盘外写着“少量食用”,碳酸饮料、熏肉、汉堡包等则更进一步,被标记着“应只偶尔摄入,并少量食用”。可以看出作为发达国家,澳大利亚在满足居民基本营养摄入的同时,重点提倡低脂、低糖、高膳食纤维的饮食,这也许是澳大利亚在这次榜单中名列前茅的原因。

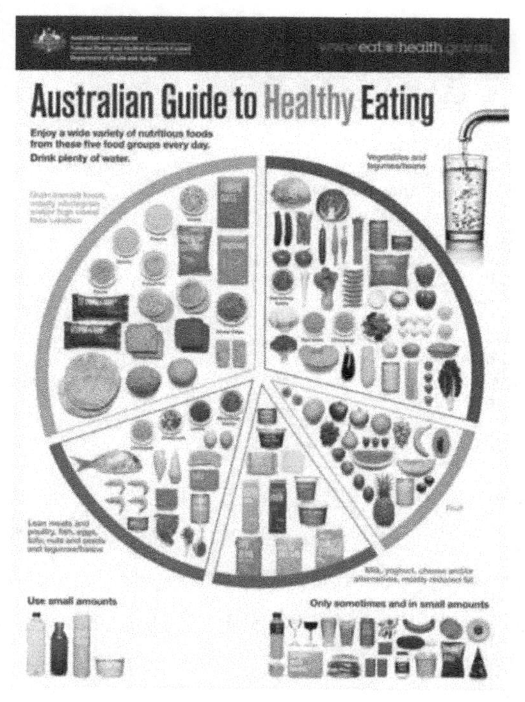

图 3-5　澳大利亚的膳食指南

八、新加坡的膳食指南:健康餐盘

(一)膳食指南

《新加坡膳食指南》采用定性和定量相结合的方法,既考虑了营养需要量,又推荐了食物种类和选择食物的模式。新加坡最新的“健康餐盘”中,盘子的一半装满各种蔬菜和水果,1/4 的盘子摆上各类全麦品,剩下 1/4 铺上肉类、鱼类等,既易懂又易记。同时,餐盘周围还标注有多吃蔬果、多选择健康食用油、多饮水、积极生活等 4 个口号,提醒人们更健康的生活(见图 3-6)。具体包括以下几点[①]:

① 《世界各国膳食指南里的健康观:亚洲篇》,http://www.360doc.cn/article/1940378_504671163.html。

图 3-6 新加坡的膳食平衡指南①

(1)食物多样化;

(2)维持适宜体重,如果肥胖要减肥;

(3)限制脂肪摄入,使其占总能量摄入的 20%～30%;

(4)膳食脂肪中 1/3 为多不饱和脂肪酸,1/3 为单不饱和脂肪酸,1/3 为饱和脂肪酸;

(5)胆固醇摄入量每天不超过 300 毫克;

(6)谷物中碳水化合物产能占总能量的 50%;

(7)食盐摄入量每天不超过 5 克(200 毫克钠)以下;

(8)减少腌制及熏制食物的摄入量;

(9)精制糖的摄入低于总能量的 10%;

(10)吃水果、蔬菜及全谷类食品,以保证维生素 A、维生素 C 和膳食纤维摄入;

(11)如饮酒,限制每天摄入量不超过 2 标准杯(约 30 克乙醇);

(12)鼓励母乳喂养婴儿至 6 个月。

(二)18 岁以下儿童的饮食指导准则

为了让儿童与少年吃得更健康,最近,新加坡保健促进局推出新的儿童与少年饮食指导准则,明示了 18 岁以下青少年每天应摄取的食物及重量。新建议共

① 《世界各国膳食指南里的健康观:亚洲篇》,http://www.360doc.cn/article/1940378_504671163.html。

有以下 9 条:

(1)摄取所有类别的食物,确保饮食均衡。与《中国居民膳食指南》相同的是,考虑不同类的食物所含的营养成分不同,强调平衡膳食的基础是食物多样,但与《中国居民膳食指南》不同的是没有在此强调应保持以谷类为主的膳食结构。

(2)培养健康的饮食习惯,鼓励孩子多运动。除强调运动的重要性外,也强调了培养饮食习惯的重要性。《中国居民膳食指南》除建议不过量、天天运动外,还强调了保持健康体重的重要意义;运动的目的之一是消耗多余的能量,预防肥胖。《新加坡膳食指南》分别在其他条款提出控制能量摄入的原则。

(3)控制脂肪的摄取,尤其是 2 岁以上的孩童。减少脂肪的摄入主要是减少总能量的摄入,预防儿童肥胖,特别提出 2 岁以上儿童是重点人群;而《中国居民膳食指南》直接强调减少烹调用油量、吃清淡膳食。

(4)鼓励每天吃足够的水果和蔬菜。与《中国居民膳食指南》一样,提倡多吃水果、蔬菜,尤其强调水果、蔬菜的食用量要足够,但未提及薯类。此条目既增加膳食纤维和维生素的摄入,又有预防慢性病的意义。

(5)鼓励吃全谷类食物。鼓励吃全谷类食物与《中国居民膳食指南》第一条的粗细搭配是同一个含义,强调粗粮富含膳食纤维和丰富的维生素、矿物质,但《中国居民膳食指南》更强调以谷类为主的膳食结构。

(6)鼓励每天食用钙质丰富的食物。未直接强调奶及奶制品,但明确多吃含钙丰富的食物,不仅首先想到奶,还可考虑其他高钙食物,目的是增加骨密度,防止佝偻病,预防骨质疏松。

(7)选择低盐食物。此举的目的是预防高血压的发生,与《中国居民膳食指南》的吃清淡、少盐膳食本质是相同的。

(8)控制加糖饮料和食物的摄取量。此条强调控制食物摄取量,与《中国居民膳食指南》的食不过量异曲同工;控制加糖饮料的摄入是为了减少能量摄入,预防孩子发胖和蛀牙。

(9)鼓励并支持在婴儿 6 个月之前,只以母乳喂养。强调母乳喂养的重要性。①

九、挪威的膳食指南:愉快地吃很重要

挪威饮食建议包括以下几点:

(1)饮食多样化,富含蔬菜,水果和浆果,全谷类和鱼类,以及少量加工肉、红

① 《解析新加坡最新 18 岁以下少年儿童膳食指南》,http://blog.sina.com.cn/s/blog_5c46f82101-00axia.html。

肉、盐和糖;

(2)在通过食物和饮料获得的能量与通过运动消耗的能量之间取得良好的平衡;

(3)每天至少五份蔬菜、水果和浆果;

(4)每天粗粮;

(5)每周两到三次晚餐吃鱼;

(6)选择瘦肉和瘦肉产品,限制加工肉和红肉的量;

(7)乳制品是日常饮食的一部分;

(8)用食用油、液态人造黄油和软人造黄油,而不是硬人造黄油和黄油;

(9)选择含盐少的食物,并在烹饪和食物中限制使用盐;

(10)每天避免食用含糖量高的食物和饮料;

(11)选择晚水止渴;

(12)每天至少运动 30 分钟。

挪威卫生局还提出了一些营养建议,这些营养建议是根据营养需要对饮食的营养成分提出的建议。这些建议有助于生长、发育和健康,并降低与饮食有关的疾病的风险。

十、以色列的膳食指南:食品金字塔

以色列食品金字塔于 1998 年首次出版,于 2008 年修订。食品金字塔是在以色列卫生部领导下,营养协会、大学和食品行业参与制定的,得到了卫生部、教育部和农业部的批准,食物金字塔是针对普通人的。以色列用金字塔来代表其指导方针的信息。金字塔的底部是水,然后是五类食物:谷物,蔬菜,水果,富含蛋白质的食物(肉、蛋和乳制品),脂肪和油,零食和软饮料。金字塔底部的食物应该每天大量食用。当一个人向上爬到金字塔的顶点时,推荐的每日用量就会减少。食物的消费量应尽量减少。金字塔周围的图像代表身体活动(如图 3-7)。

以色列食品金字塔提供的信息包括:吃各种各样的食物;每天从五大类食物中选择不同的食物;理想情况下,每顿主食至少应包含三种食物;选择水果和含纤维的蔬菜;一整天都要多喝水,包括吃饭的时候;选择低脂乳制品和瘦肉。准备食物时少用油;限制食用高饱和脂肪和反式脂肪的食物,如蛋糕和饼干;保持健康的体重。做有规律的体育活动。

总之,欧亚一些国家的膳食指南都提出,应该从饮食中享受幸福和快乐。挪威膳食指南提出“食物+欢乐=健康”,平衡的饮食和愉悦的心情才能打造健康的身心。英国强调要“享受食物”,品尝食物带给我们的愉悦感。日本建议让所

图 3-7　以色列的膳食指南①

有与饮食有关的活动都充满欢乐，如享受做饭，享受吃饭时与家人交流等。韩国也提出，应多跟家人一起享用健康的家常饭。在愉快的环境中就餐，有助于提高食欲，促进消化。另外，与家人一起快乐地就餐可以让儿童更乐于接受食物，避免厌食，保证摄取充足的营养。日本的《食育基本法》规定从小要教孩子做饭、种菜，让他们了解并享受饮食的快乐。下一节，我们将介绍日本的饮食生活指南。另外，在本书的附录中加入了《日本食育基本法》供大家参考。

第三节　日本的饮食生活指南

近年来，日本的饮食已经变得如此丰富，以至于让人感到饱腹，但是依然存在诸如营养不足、脂肪摄入过多和食物资源浪费等营养不平衡的问题。在这种

① 《Food-based dietary guidelines-Israel》，http://www.fao.org/nutrition/education/food-dietary-guidelines/regions/israel/zh/.

情况下，日本农林水产省在全国范围内支持基层的饮食教育传播和启蒙活动，努力让民众的饮食健康而丰富。

一、日本国民饮食现状和挑战

1. 生活质量(QOL)、健康、疾病

日本是世界上寿命最长的国家之一，预计未来的平均寿命将进一步延长。此外，截至平成 25 年(2013 年)，健康寿命(人们因健康问题日常生活不受限制的期间)男性为 71.19 岁，女性为 74.21 岁，可以说是健康长寿国(见表 3-3、表 3-4)。另外，肥胖已成为全球最大的健康课题，很多国家近 10 年间肥胖比例显著增加，但是日本却抑制了肥胖的增加。随着少子老龄化的发展，为了实现健康寿命的延长，有必要从儿童时代起就养成健康的饮食习惯，并彻底预防与生活方式有关的疾病。为了延缓因衰老引起的功能下降，维持良好的营养状态变得越来越重要。

表 3-3 国际预期寿命比较[①]

国 名	年 份	寿命(岁)	
		男 性	女 性
日本	2014	80.50	86.83
西班牙	2013	79.97	85.60
法国	2014	79.20	85.40
韩国	2013	78.50	85.10
新加坡	2014	80.50	84.90
瑞士	2013	80.50	84.80
意大利	2013	79.81	84.62
澳大利亚	2011—2013	80.10	84.30
挪威	2014	80.03	84.10
瑞典	2014	80.35	84.05
以色列	2013	80.30	83.90
芬兰	2014	78.20	83.90

① 《日本厚生劳动省"2014 年简易生活表概览"》，https://www.maff.go.jp/j/syokuiku/index.html。

续 表

国名	年份	寿命(岁)	
		男性	女性
奥地利	2014	78.91	83.74
冰岛	2013	80.80	83.70
加拿大	2009—2011	79.33	83.60

注:因为资料收集时间和统计方法因国家/地区而异,平均寿命很难与其他国家进行准确比较,这里的数据是当前公开的数据资料。

表 3-4 健康寿命国际比较①

男性		顺位	女性	
国别	健康寿命(岁)		国别	健康寿命(岁)
日本	71.1	1	日本	75.6
新加坡	70.8	2	安道尔	73.4
安道尔	69.9	3	新加坡	73.4
冰岛	69.7	4	法国	72.3
以色列	69.5	5	塞浦路斯	72.2

注:从国际比较的角度出发,使用 2013 年全球疾病负担研究数据。另外,日本的健康寿命(男 71.19 年,女 74.21 年)评价为"日常生活没有限制的期间",与此相对,本数据通过加权疾病状况来评价健康状况。

2. 营养状况、营养物质、食物等的摄入状况

随着能量和蛋白质的摄取量增加,年轻一代鱼贝类、豆类、乳类、蔬菜类、果实类等食品的摄取量比 60 多岁的人少。在运动习惯上,老年人好好运动、好好吃的比例很高,但是年轻人的问题很多。从日本的能量和蛋白质摄入量变化来看,战后摄取量一度增加,但自 20 世纪 70 年代后期以来能量一直在下降,蛋白质在 2000 年以后有减少的倾向。调整年龄(即按年龄分组)后的结果也有同样的倾向。此外,将当前摄入量与日本饮食摄入标准(2015 年版)中为预防与生活方式有关的疾病而设定的目标量进行比较后,发现两者之间存在差异的是食物的膳食纤维、钠和钾。当前的挑战是增加膳食纤维和钾的摄入量并减少钠的摄入量,同时保持能转化为能量的营养物质的摄入和平衡。

3. 饮食行为

一方面,随着生活方式和家庭状态的多样化,餐饮业(外食市场)的市场规模

① 《2013 年全球疾病负担研究》,https://www.maff.go.jp/j/syokuiku/index.html。

扩大,饮食相关信息泛滥等围绕饮食生活的社会环境的变化,每个人的饮食行为也变得多样化。另一方面,在外就餐(外食)、加工食品、烹饪(即食)食品、营养功能食品、特定保健用食品等再加工食品的形态和功能越来越多样化了。

另外,生活阶段不同,饮食行为特征也不同,详见表3-5。20—30岁间的年轻人存在经常不吃早饭和饮食不平衡等问题。男性在外面吃饭的频率很高,很少有自己做饭的机会,20多岁的女性也有同样的倾向。近九成的孩子回答说作为孩子一定要吃早、中、晚三顿饭,也有些孩子缺乏和家人一起吃饭等生活体验,也存在贫困孩子等社会经济问题。对于高龄者,虽然健康饮食意识很强,但是随着年龄的增长,购物和料理也变得不方便了。另外,单身人士的比例增加,有些人可能没有机会与家人一起吃饭。

表3-5 按人生阶段分饮食行为①

人生阶段	饮食行为
孩子	(1)不吃早餐①:4.4%。 (2)一个人吃早餐②:15.3%。 (3)注重早中晚三餐且一定要吃的②:89.4%。 (4)吃饭时注重考虑营养平衡的②:41.6%。 (5)每周食用烹调过的食品和速食食品一天以上的②:45.5%。 (6)在家帮忙做饭的②:"购物"男孩子27.4%,女孩子32.3%;"帮忙做饭"男孩子32.3%,女孩子51.3%。
成人	(1)平时吃早饭(几乎不吃早餐)的人③:"20—60岁"男性18.9%,女性10.6%。 (2)一天两次以上的主食、主菜、副菜(几乎每天)的人③:男性50.6%,女性58.1%。 (3)为了体重而调整饮食量(有"用心")的人④:"20—60岁"男性63.5%,女性81.7%。 (4)自己做饭(几乎每天都自己做饭)的人⑤:"20—60岁"男性8.5%,女性72.8%。 (5)每周至少有一次在外面吃饭的机会⑤:"20—60岁"男性36.4%,女性21.6%。 (6)在外吃饭或购买食品时,时常参考营养成分标示的人⑥:"20—60岁"男性25.0%,女性38.8%。 (7)基本上没有和家人一起吃早饭或者晚饭的人③:"20—60岁"男性20.2%,女性9.8%。 (8)在当地和家庭有传承下来的乡土料理和传统料理等的味道和料理方法、筷子的使用方法(继承)的人③:"20—60岁"男性47.1%,女性67.2%。

① 《食生活方针》,https://www.maff.go.jp/j/syokuiku/index.html。

续　表

人生阶段	饮食行为
老年人	(1)平时吃早饭(几乎不吃早餐)的人[③]:"70岁以上"男性2.8%,女性1.5%。 (2)一天两次以上的主食、主菜、副菜(几乎每天)的人[③]:"70岁以上"男性67.2%,女性69.5%。 (3)为了体重而调整饮食量(有"用心")的人[④]:"70岁以上"男性66.0%,女性75.2%。 (4)每周至少有一次在外面吃饭的机会[⑦]:"70岁以上"男性15.2%,女性20.6%。 (5)在当地和家庭有传承下来的乡土料理和传统料理等的味道和料理方法、筷子的使用方法(继承)的人[③]:"70岁以上"男性59.9%,女性71.1%。

注:①文部科学省"平成27年度全国学力·学习状况调查";②独立行政法人日本体育振兴中心"平成22年度儿童学生的饮食状况等调查报告书;③内阁府"关于饮食教育的意识调查"(平成27年10月);④内阁府"关于饮食教育的意识调查"(平成24年12月);⑤内阁府"关于饮食教育的意识调查"(平成26年12月);⑥厚生劳动省"平成21年国民健康·营养调查";⑦内阁府"平成24年度关于老年人健康意识调查"。

4.饮食文化

日本受惠于四季应时的食材,经过漫长的岁月,与地域的传统仪式和礼法相结合,形成了饮食文化。然而,近年来,随着小家庭[①]化的进展和与地区社会关系的淡薄化,以及饮食全球化的推进,地区传承下来的优秀传统饮食文化的保护和继承遇到了危机。基于这样的状况,《食育基本法》(2005年法律第63号)规定:"推进与传统的饮食文化和礼法相结合的饮食文化、地域特色饮食文化等我国传统优秀饮食文化的继承。"另外,为了保护和继承2013年12月被联合国教科文组织列入非物质文化遗产的"和食",推进饮食教育也被认为很重要。

5.食品的稳定供给、食品资源

日本的食品自给率(卡路里基准)从昭和40年(1940年)的73%大幅下降到平成26年(2014年)的39%,在主要发达国家中处于最低水平。这样长期降低的自给率与饮食生活的变化有很大关系。具体来说,适合日本气候、风土的国内可以自给的大米消费量的减少,土地狭窄不平坦,不得不依赖进口饲料及原料的畜产品、油脂类的消费量增加等饮食生活的变化是很大的原因。世界粮食供需存在不安全因素,很多国民担心国内粮食生产供应能力下降,此外国内农业的劳动力减少、高龄化、水田等农业用地减少等使农业生产基础弱化的情况正在加

① 核心家庭是指由一对夫妇及未婚子女(无论有无血缘关系)组成的家庭,通常称"小家庭"。

剧。在这样的情况下，在努力扩大国内生产的同时，作为消费者，也需要充分理解饮食生活方式和食品自给率之间的密切关联。

一方面，日本的饮食生活已经丰富到可以说是饱食的程度；另一方面，世界上约有8亿人处于营养不足的状态，但日常有剩食物和浪费（废弃）食品习惯的人数却在不断增加，食品资源的浪费和对环境造成的负担正成为问题。

二、饮食生活指南的内容

（一）饮食生活指南的组成

日本“饮食生活指南”（也叫食生活方针）的最大特征是，它是从饮食生活整体的角度出发制定的，包括食物的生产、流通到餐桌，兼顾健康。它非常重视改善生活质量（QOL），以均衡的饮食内容为中心，同时考虑食品的稳定供应、饮食文化和环境。《饮食生活指南》是由日本文部省、厚生劳动省、农林水产省于平成12年，即2000年3月制定的，目的是促进个人健康，改善生活质量并确保稳定的食物供应，并于平成28年（2016年）6月适应形势的变化进行了修改。修改后的日本饮食生活指南如下：

（1）享受吃饭吧；

（2）从一天的饮食节奏开始，到健康的生活节奏；

（3）适度的运动和均衡的饮食，维持适当的体重；

（4）以主食、主菜、副菜为基础，保持饮食平衡；

（5）好好地吃米饭等谷类；

（6）蔬菜、水果、牛奶、乳制品、豆类、鱼等也可组合食用；

（7）食盐要控制，脂肪要考虑质和量；

（8）活用日本的饮食文化和地域的产物，继承地方风味；

（9）珍惜粮食资源，提倡少浪费、少废弃的饮食生活；

（10）加深对“饮食”的理解，重新审视一下饮食生活吧。

在此次（第二次）修订中，基于预防肥胖和防止老年人的营养不良是重要的健康问题的现状，从确保适度的身体活动量和饮食量的观点出发，“适度的运动和均衡的饮食，维持适当的体重”的项目顺序从第7个变更为第3个。另外，随着健康预期寿命的延长，日本政府意识到从食品的生产到消费这一饮食环节的重要性，对食品中的特定表述进行了部分修改，以实现减少饮食损失等环境友好型饮食。另外，关于第1个和第10个项目，“Let's do”，即表现为“做吧”，首先是考虑如何养成健康的饮食习惯。在实践第2—9项内容中，通过活用回顾饮食生活的 PDCA 循环[1],不断积累实践经验。

以上 10 点主要从生活品质 QOL 的提高,适度的运动和饮食,均衡的饮食内容,食品安定供给和饮食文化的理解,对食品资源和环境的关怀等五方面进行考量,每个饮食生活指南的实践要点,详见表 3-6。

表 3-6 日本饮食生活指南及实践要点[2]

构 成	饮食指南	饮食指南的实践
生活品质 QOL 的提高	享受吃饭吧	(1)通过每天的饮食来延长健康寿命吧。 (2)一边品尝美食一边慢慢咀嚼吧。 (3)请珍惜与家人的团聚和与人交流的机会,并参加饮食制作。
	从一天的饮食节奏开始,到健康的生活节奏	(1)用早餐开始充满活力的一天吧。 (2)不要吃太多夜宵和零食。 (3)饮酒要适度。
适度的运动和饮食	适度的运动和均衡的饮食,维持适当的体重	(1)平时就要量体重,注意饮食量。 (2)平时就要有意识地活动身体。 (3)请不要过度减肥。 (4)特别要注意年轻女性的瘦,老年人的低营养也要注意。
均衡的饮食内容	以主食、主菜、副菜为基础,保持均衡饮食	(1)组合各种各样的食品吧。 (2)烹调方法不要偏颇。 (3)让我们巧妙地将手工制作、外出就餐、加工食品、烹饪食品组合在一起吧。
	好好地吃米饭等谷类	(1)每餐都要摄取谷类,保持适当的糖分摄取量。 (2)请利用适合日本气候、风土的米等谷物。
	蔬菜、水果、牛奶、乳制品、豆类、鱼等也可组合使用	(1)多吃蔬菜和每天吃水果,摄取维生素、矿物质和食物纤维吧。 (2)多吃牛奶、乳制品、黄绿色蔬菜、豆类、小鱼等,充分摄取钙吧。
	食盐要控制,脂肪要考虑质和量	(1)请控制食盐多的食品和料理。每天食盐摄取量的目标值,男性不满 8 克,女性不足 7 克。 (2)均衡摄取动物、植物、鱼的脂肪吧。 (3)在选择食品和在外吃饭时要养成看营养成分标识的习惯。

① PDCA 循环的含义是将质量管理分为四个阶段,即计划(Plan)、执行(Do)、检查(Check)、处理(Act)。在质量管理活动中,要求把各项工作按照做出计划、计划实施、检查实施效果,然后将成功的纳入标准,不成功的留待下一循环去解决。

② 《食生活方针》,https://www.maff.go.jp/j/syokuiku/shishinn.html。

续　表

构　成	饮食指南	饮食指南的实践
食品安定供给、饮食文化的理解	活用日本的饮食文化和地域的产物，继承地方风味	(1)请珍惜以“和食”为首的日本饮食文化，在日常饮食生活中发挥作用。 (2)在使用地区的产品和时令食材的同时，一边食用活动食品，一边享受自然的恩惠和四季的变化吧。 (3)掌握食材相关的知识和烹饪技术吧。 (4)传承地区和家庭继承下来的料理和礼法。
对食品资源和环境的关怀	珍惜粮食资源，提倡少浪费少废弃的饮食生活	(1)减少明明还能吃却被废弃的食品损失吧。 (2)熟练烹饪和保存，注意适量食用，不要吃剩。 (3)考虑一下保质期和消费期限再使用吧。
	加深对“饮食”的理解，重新审视饮食生活	(1)从小时候开始，就要珍惜饮食生活。 (2)在家庭、学校、地区，加深包括食品安全性在内的“饮食”相关知识和理解，养成良好的习惯。 (3)试着和家人或者伙伴一起聊聊饮食生活吧。(试着和家人、朋友一起考虑饮食生活，聊天吧) (4)制定自己的健康目标，以更好的饮食生活为目标吧。

注：QOL一般指生活质量。生活质量(Quality of Life，QOL)又被称为生存质量或生命质量，是全面评价生活优劣的概念。

(二)饮食生活指南每个项目的说明

在饮食生活指南的每一项中，提出为了实践而应致力的具体内容及说明。

1. 享受吃饭吧

日本的人均寿命持续延长，平成25年男性的平均寿命为80.21岁，女性的平均寿命为86.61岁，是世界上屈指可数的长寿国家。另外，男性的健康寿命为71.19岁，女性为74.21岁，健康寿命和平均寿命的差别为男性9年，女性12年。缩小这种差距，既能防止个人生活质量的下降，又能减轻社会保障的负担。为了延长健康寿命，每天的饮食是最基本的。因此，保持和增进健康所需要的均衡饮食是非常重要的，饮食时伴随着美味和快乐也是很重要的。另外，为了每天的饭菜都能吃得美味，重要的是要很好地发展和保持口腔功能，因此一边在享受交谈的同时，一边要慢慢地咀嚼着吃吧。通过饮食，谋求和家人、伙伴等人的交流，参加饮食制作，在掌握饮食生活相关的知识和技术的同时，准备好美味的饮食来享受，这样饮食的乐趣就更加浓厚了。

2. 从一天的饮食节奏开始，到健康的生活节奏

随着生活方式的多样化，不吃早餐的现象增加，特别是20—30岁的人，这个比例很高。另外，不吃早餐的人经常晚餐时间不规律，并且晚餐后经常吃零食，导致全天的饮食习惯节奏紊乱。早餐的缺食会提高肥胖和高血压等的风险,同时也有新的报告显示,如果每周的早餐摄取次数少的话,脑出血的风险就会变高。

从早餐开始,开启有活力的一天吧。另外,如果经常吃夜宵或零食的话,就会很难区分早餐、午餐和晚餐这三餐,吃饭本身就会被疏忽。过度饮酒也是扰乱饮食节奏的原因之一。按照自己的节奏有规律地吃一天的饭,创造生活节奏,也能实现健康的生活习惯。

3. 适度的运动和均衡的饮食,维持适当的体重

在日本人的一生中,体重极大地影响了日本人与生活方式相关的主要疾病和健康状况。肥胖与癌症、心血管疾病和糖尿病等是与生活方式相关的疾病,而年轻女性的瘦弱和骨质流失与低体重儿的出生风险有关。日本肥胖者(BMI25以上)的比例男性为28.7%,女性为21.3%。从这10年来看,男女比例都没有显著的变化,可以看出肥胖的增加受到了抑制。但是,30—60岁的男性中,肥胖者的比例为3成左右,因此有必要继续致力于预防肥胖。另一方面,瘦弱者(BMI不足19.5)的比例,年轻女性为19.5%。在2015年版的饮食摄取基准(标准)中,采用了“体格(BMI)”作为表示维持能量摄入量和消耗量之间平衡的指数(标)。将成人期分为3个区域,提出了BMI的目标范围。特别是对老年人来说,预防低营养非常重要。适度的身体活动和适量的饮食,可以预防代谢综合征①和虚弱(弗雷蒂)②。为了维持适当的体重,要仔细测量体重,尽早发现体重的变化。不仅要注意体重,还要注意健康状况,不要过度减肥。另外,在日常生活中,能够充分活动身体并形成习惯的年轻人所占的比例比老年人要低。为了保持和增进健康,不要让活动量保持在较低的状态,平时就要有意识地活动身体,在消耗适当的能量的同时,防止身体机能和肌肉力量的下降,维持必要的饮食量也是很重要的。

4. 以主食、主菜、副菜③为基础,保持均衡饮食

关于饮食的内容,以主食、主菜、副菜等料理的分类为基础,可以组合成各种

---

① 代谢综合征,是指内脏肥胖、高血压、高血糖、脂质代谢异常结合,容易导致心脏病和中风等动脉硬化性疾病的病态。根据代谢综合征诊断基准研究委员会制定的诊断基准,腰围直径男性超过85 cm、女性超过90 cm以上,符合血压、血糖、血脂3种中的2种就被诊断为代谢综合征。

② 虚弱(弗雷蒂)是指以老化的各种功能下降为基础,各种健康障碍的脆弱性增加的状态。虽然没有确定的定义,但代表性的是Fried等人的frailty的定义,如果有①体重减少,②主观疲劳感,③日常生活活动量的降低,④身体能力(步行速度)的减弱,⑤肌力的降低等其中3个项目的情况,则认为是虚弱的。

③ 主食:米、面包、面类等谷类,主要是葡萄糖能量的供给源。主菜:是以鱼、肉、鸡蛋、大豆制品等副食为中心的菜肴,是优质蛋白质和脂肪的供给源。副菜:使用蔬菜等做成的料理,对主食和主菜供给不足的维生素、矿物质、食物纤维等起到重要的补充作用。

各样的食品，平衡必要的营养素。报告显示，从营养物质摄取量角度看，1天内吃两餐以上的主食、主菜、副菜齐备比两餐以下的更合适。目前，一天内吃主食、主菜、副菜(配菜)齐备两餐以上的人占57.7%，20多岁的人占39.6%，30多岁的人占45.3%，可见以年轻一代为中心，很难做到均衡饮食。食物中所含营养素的类型和数量因食物而异。没有一种食物会包含人体所需的所有营养素。最理想的是把主食、主菜、副菜相结合，把不同营养特性的菜肴组合料理来进食，而不必依赖于特定食物或以特定成分强化的食物。

烹调方法也很重要。为了增加饮食的乐趣，也为了避免能量、脂肪、食盐的过量摄取，烹调方法不要偏颇。炒菜和油炸食品等要消耗大量的油，煮菜和汤汁等的盐含量往往较高。此外，近年来，外出就餐、使用加工食品和熟食的机会有所增加，但以主食、主菜、副菜为基础，在考虑各种各样的食品组合的同时，如能在与手工制作巧妙地结合上下功夫，也能有助于实现饮食的平衡。

5. 好好地吃米饭等谷类

产生能量的营养素是碳水化合物、蛋白质、脂肪，为了保持和增进健康，维持这些营养素的平衡，即维持各自的适当比例是很重要的。日本人的饮食摄取基准(2015年版)中碳水化合物的能量比例的目标值为50%—65%，并且目前任何年龄段的摄入率都在此范围内。碳水化合物的重要营养作用是充当能量来源，向大脑、神经组织和红细胞等通常只能以葡萄糖作为唯一可用的能量来源的组织供给葡萄糖。谷类是碳水化合物的主要供给源，它们作为能量发挥着重要作用。每天每餐都摄入来自谷类的碳水化合物的人和每天只摄取一餐以下的人，每天摄取的能量大不相同。经常活动身体，确保与一天的活动量相符的能量是很重要的。另外，在谷物中，大米适合日本的气候和风土，并且是自给自足的作物，因此，食用日本土地生产的大米对于稳定食品供应至关重要。

6. 蔬菜、水果、牛奶、乳制品、豆类、鱼等也可组合使用

摄入钾、膳食纤维、抗氧化剂、维生素等被认为对预防心血管疾病和癌症有效。为了摄取适量的这些营养素，必须吃足够的蔬菜，但是男女在20—40岁的时候摄取量都很低。另外，从预防癌症的角度来看，在水果的摄取量少的情况下，患癌症的风险也会上升，所以要注意每天摄取。除了有学校供餐的小学生外，国民钙的摄入量很低。为了获取适量的钙，请尝试吃各种食物，例如牛奶和乳制品，绿色和黄色等蔬菜、豆类、小鱼等。

7. 食盐要控制，脂肪要考虑质和量

食盐摄取过多容易引起高血压，甚至脑中风和心脏病。食盐的摄取量现在仍然是10.0克，处于过量摄取的状况。从预防高血压的角度来看，日本饮食摄入标准(2015 年版)中的盐摄入量目标值是男性每天少于 8 克,女性每天少于 7 克,因此,请勿食用盐分过多的食物和菜肴,努力减少食盐的摄取量。

关于脂肪的摄入状况,根据 2014 年日本厚生劳动省的国民健康和营养调查显示,20 岁以上所有女性的 n-6 系脂肪酸摄取量均超过脂肪能量比率的目标值范围,其中 20—50 岁年龄段的女性 n-3 系脂肪酸也超过了标准值。注意摄取合理的脂肪,防止摄入过多脂肪并考虑不同类型脂肪的质量,因为食物中所含的脂肪酸会因动物、植物而异。除了 20 多岁的女性的脂肪能量比率在目标值范围内外,所有年龄段的 n-6 系脂肪酸的摄取量都超过了标准量,除 50 多岁的女性外其他年龄段的 n-3 系脂肪酸的摄取量都超过了标准量。另外,由于盐和脂肪包含在加工食品和菜肴中,因此很难通过观察食物和菜肴本身来掌握其含量,所以要养成积极利用营养标签(成分标识)来选择食物或在外吃饭的习惯。

8. 活用日本的饮食文化和地域的产物,继承地方风味

在日本,以稻米为中心,与扎根于各地区气候、风土的食品生产相结合,孕育出各种各样的料理组合而形成了独特的饮食文化。此外,还有用于传统活动的菜肴和食物,在日常的饮食中,对应四季变化的应时(季)味道也被重视起来。

饮食文化是在围绕着我们的自然环境和社会环境的关系中孕育出来的,所以把活用地域食材的思想和智慧传递给下一代非常重要。特别是 2013 年 12 月,"和食:日本人的传统饮食文化"被联合国教科文组织列入非物质文化遗产,在此基础上,加深对具有四个特征的日本饮食文化的理解是很重要的:尊重多样的新鲜食材及其独特的味道(即原味),维持营养平衡的健康饮食生活,自然之美、季节的变迁,新年等年度密切相关事件。另外,使用传统的食材制作乡土料理,加入家庭的味道,使餐桌的变化更加丰富,从摄取多种营养素和食品,进而享受饮食的观点来看也是很好的。因此,要学习日本的饮食文化,掌握食材相关的知识、烹饪技术、饮食方法等,积极地活用到日常的饮食生活中。

9. 珍惜粮食资源,提倡少浪费、少废弃的饮食生活

世界上约有 8 亿人因食品不足、营养不良而使健康状况受到严重损害,但估计日本家庭排放的食品损失量为 311.6 万吨。从吃剩的食物和废弃食品给环境带来影响的观点来看,每个人都要注意不要过度购买和过度制作,注意适量是很重要的。特别是在购买食品和烹饪时,要仔细观察食品的保质期和消费期限等标识,注意适量,有计划地使用,不要浪费。另外,为了有效利用食材等,我们要检查冰箱里剩下的食品是不是原封不动的,做好有计划的菜单准备、烹饪和保存方法,减少浪费和废弃。

10. 加深对“饮食”的理解，重新审视饮食生活

从孩提时代开始，在一生中培养实践健康饮食生活的能力和享受饮食生活的态度是很重要的。为此，有必要在家庭、学校、社区等创造一个环境，为儿童提供学习机会，使他们对包括食品安全在内的“食品”相关知识有正确的理解，并从儿童时期养成良好的饮食习惯。同样，由于饮食习惯是在与家人和朋友的相处中建立起来的，因此有机会与家人、朋友一起思考和讨论饮食习惯也很重要。为了保持和增进健康，重要的是，每个人都要重新审视自己的饮食生活并实行健康饮食。为此，制定自己的健康目标并检查自己的饮食生活，或者检查饮食生活并以此为基础制定下一个目标。确定目标并养成朝着这个目标实践的习惯是很有效果的。首先，让我们检查一下本指南的每个项目是否已实施或正在实施。

三、《饮食生活指南》修订(2016 年 6 月)

(一)为什么现在需要修改?

《饮食生活指南》自 2000 年制定以来已经过去了 16 年，在这期间，围绕“食”出现了以下变化：

(1)《食育基本法》的制定(2005 年)。

(2)国民健康体育运动 10 年计划，即“健康日本 21(第二次)”开始(2013 年)。

(3)“和食：日本人的传统饮食文化”被联合国教科文组织列入非物质文化遗产(2013 年 12 月)。

(4)“第 3 次食育推进基本计划”5 年计划开始(2016 年 4 月)。

基于这些，2016 年 6 月，日本文部省、厚生省、农林水产省对《饮食生活指南》进行了修改。

(二)修改《饮食生活指南》的宗旨

日本是世界上寿命最长的国家之一，男女的平均预期寿命都超过 80 岁，预计今后平均寿命将继续增加。人们认为，日本人的饮食有助于延长这种平均寿命。日本人的饮食特点之一是凭借良好的气候条件和地域的多样性，将时令食品和当地食材一起来烹饪并好好地吃，通过美味的食物来平衡饮食。

如今，与生活方式有关的疾病如癌症、心脏病、中风和糖尿病等已经成为国民健康的重大威胁。这些疾病与饮食、运动等生活习惯有着密切的关系。因此，通过改善饮食等生活习惯来促进预防疾病的“一级预防”的同时，防止并发症的发作和症状发展的“重症化预防”就变得重要起来。从减缓衰老与功能减退的角度来看，即使在年老时也要保持良好的营养状态，预防低营养等也是非常重要的。另外，饮食习惯对食品自给率也有很大的影响，剩余的食物和食物浪费与全球范围内资源的有效利用和环境问题有关。为了解决与饮食习惯有关的各种问题，为了让每个国民都能够实现健康的饮食生活，有必要推进相关机构共同往这个方向发展并建立支援饮食生活实践的环境。

（三）《饮食生活指南》的修改要点

（1）将“知道适当的体重，然后根据每天的活动量来决定饭量”修改为“通过适当的运动和均衡的饮食来保持适当的体重”，修改原因是：

首先，30—60岁的男性中，肥胖者的比例大约有30%，所以有必要继续努力预防肥胖；而年轻女性中“瘦弱”人群（BMI[①]低于18.5）的比例为19.5%。另外，尤其是老年人，需要预防营养不足（低营养）。

其次，为了维持适当的体重，要仔细测量体重，尽早发现体重的变化是很重要的。不仅要注意体重，还要注意健康状态，不要过度减肥。

（2）“要控制食盐和脂肪”修改为“食盐要控制，脂肪要考虑质和量”，修改原因是：

首先，在2015年修订的《日本人的饮食摄取基准》中，关于每日食盐摄取量的目标值，从预防高血压的观点来看，男性不足8克，女性不足7克，所以要控制含有大量食盐的食品和料理，努力减少食盐的摄取量。

其次，注意不要摄取过多脂肪，食品中含有的脂肪酸因动物、植物而异，所以也要注意脂肪的质量。

（3）“活用饮食文化和地域的产物，有时也会有新的料理”修改为“活用日本的饮食文化和地域的产物，继承乡土风味”，修改原因是：

首先，“和食：基于日本人的传统饮食文化”被联合国教科文组织列入非物质文化遗产，加深对日本饮食文化的理解是很重要的。

其次，制作包括传统食材的传统菜肴（乡土料理），扩大餐桌食品种类，摄取多种营养素和食品，从享受家庭用餐的角度将它们添加到您的家中。学习日本的饮食文化，掌握有关食材、烹饪技巧、饮食习惯等方面的知识，积极活用到每天的饮食生活中。

（4）“擅长烹饪和保存，减少浪费和废弃”修改为“珍惜粮食资源，提倡少浪

---

① BMI即身体质量指数，简称体质指数，是目前国际上常用的衡量人体胖瘦程度以及是否健康的一个标准。计算公式为：BMI＝体重（千克）除以身高（米）的平方。

费、少废弃的饮食生活”，修改原因是：

世界上因粮食不足、营养失调而健康状态显著受损的人约有8亿，而日本家庭排放的食品损失量大约为300万吨。从吃剩的食物和废弃食品给环境带来负担的观点来看，每个人都要注意不要过度购买和过度制作，注意适量是很重要的。

第四章

农业素养与食农教育

第一节　农业素养

中华人民共和国历史上曾两次提出“面向”：一次是1968年，国家提出青年要“面向农村、面向边疆、面向工厂、面向基层”，即教育不能与工农生产实际脱节；另一次是1983年，邓小平在北京景山学校提出的“面向现代化、面向世界、面向未来”的教育方针。改革开放四十多年来，我国教育在“面向现代化、面向世界”上成效卓著，但“面向现代化、面向世界”的代价是脱离基层、背弃乡村。我国的教育也同样正面临“离农的教育”这一全球性的问题。今天的教育领域里各种素养繁多，但从未提出过农业素养。有农业素养的人了解农业的运作方式，包括食物的来源，农业对经济、环境、技术、生活方式的影响，人类与牲畜的关系等。

美国的食农教育历史相当悠久，因为农业是美国的重大战略产业，所以美国农业部长期以来对于食农教育是重视的。美国的传统食农教育的两个目标涵盖了消费者和劳动者两个方面的教育。第一个目标是培养新一代的农民。新一代的农民不只是种田的农民，而是泛指整个农业相关的从业者。新一代农民的“新”是指具备新的农业技术和知识，绝不是农民子女子承父业就可以算作新一代农民的。第二个目标是培养非农人口的农业素养。美国传统食农教育有几个主要的机构推广实施校内外的课程，包括4-H俱乐部、美国未来农夫计划和“教室里的农业”计划。这三个机构都是美国农业部赞助的机构。4-H俱乐部始于1902年，所以它的食农教育历史非常之长，1911年起称为4-H俱乐部，名字来源于英文4个H打头的字，这四个H是头(head)、心(heart)、手(hand)和健康(health)，似乎跟今天中国的四大教育目标——知识、技能、情感、价值观遥相呼应。4-H主要由农业部资助，也接受商业和私人捐助。美国未来农夫计划成立于1929年，是一个民间资助的机构，但是也受到美国农业部的资助。它的出发点是培养农民子弟的自信心，让务农的人感到自豪。最后一个项目“教室里的农业”计划也受美国农业部支持，始于1977年，1981年成为全国性的食农教育计划，主要目的是培养农业素养。美国在20世纪80年代就提出了“农业素养”的概念。农业素养包含什么呢？它包含对整个食农体系的理解，包括食物和农业的历史及其对于当下所有美国人的重要性,而该重要性体现在经济、社会与环境等几个重大的方面。“农业素养”的提出,把农业放进了教育,为教育增加了服务农业发展的重要维度。

学校的食农教育课程,经由设计可以有效提升农业素养,学生在学习课程后,对于课程中获得的农业知识、农业行为能够融会贯通并拥有正向的农业态度。国外食农教育相关研究中,也会在课程之后评估学生参与后的改变或后续效应,如:在自然科学课程中加入校园菜圃的实践课程,会提升学生对自然科学的成就感;学生在参与饮食教育后的蔬果摄取量,会比未参加的学生高。

一、农业素养

(一)农业素养的定义与目的

“农业素养”(agricultural literacy)最初是在美国一些大学(如得克萨斯理工大学、亚利桑那大学、科罗拉多州立大学和加利福尼亚理工州立大学)中使用的一个术语,以促进对农业基本信息的理解和综合分析,以及与学生、生产者、消费者和公众一起谈论农业所需的知识和促进理解的项目。这些项目的重点是帮助教育工作者和其他人有效地将有关农业的信息纳入公共和私人论坛上的教学或考试的科目中,并更好地了解农业对社会的影响。

农业素养的定义和概念在不同的群体中各不相同。许多人将农业素养与在教室和 4H[①] 环境中与从事农业的青年人一起工作联系在一起。其他人则具有更广泛的农业素养观,包括成人教育。农业素养的内容也可能在范围上有所不同。有些人可能会将内容狭隘地视为仅仅以农业为中心。另一些人可能将农业素养描述为包括与农业有关或相关的领域,如食品、健康、环境、粮食生产等领域。从广义的角度来看,农业知识的普及可以在多种情况下进行(农业知识在许多环境中都会发生)。此外,许多正在进行农业扫盲(素养)方案规划的教师甚至不会将他们的工作描述为农业扫盲(素养)。随着人们对健康和饮食意识的增强,从广义上讲,农业素养在美国也得到了极大的普及。

关于农业素养,有许多有说服力的定义和概念,包括:

(1)美国国家研究委员会设想一个懂农业的人(即具有农业知识的人),能对食物和纤维系统(即农业)的历史及其当前对所有美国人的经济、社会和环境的意义有所理解。该定义涵盖了有关食品和纤维生产、加工以及驯化和国际营销

---

① 4H 出自英文 head、heart、hands、health 四个词的首字母,此源于美国的“四健概念”(强调农村青少年脑、心、手、身四方面的健全)。4-H 俱乐部于 20 世纪初起源于美国,它的使命是“让年轻人在青春时期尽可能地发展他的潜力”,随后于 1913 年传入加拿大,并得到了迅速的发展和壮大。

的一些知识。实现农业素养的目标将使知情的公民能够参与制定政策，支持国内外有竞争力的农业产业。

(2)农业素养可以定义为具备食物和纤维系统相关知识。拥有这些知识的个人将能够综合、分析和交流有关农业的基本信息。农业基本信息包括：动植物产品的生产、农业的经济影响、农业的社会意义、农业与自然资源和环境的重要关系、农产品销售、农产品加工、公共农业政策等，农业的全球意义和农产品的分布。

(3)农业素养需要个人具备经济生产所需的与农业有关的科学和技术等基本概念和过程的知识。至少，如果一个人了解农业、食品、纤维和自然资源系统，他或她将能够：①参与社交对话；②评估媒体的有效性；③识别地方(本地)、国家、国际问题；④基于科学的证据提出和评估论点。

由于农业是一种独特的文化，因此农业素养的定义中也应包括对农业固有信仰(念)和价值观的理解，以便人们能够参与系统。帮助学生阅读和应对农业世界需要我们提出问题：我们的食物来自哪里，为什么，以及我们如何继续按照农业政策、实践和群体来进行种族、性别、信仰分类。但是这样做时，我们必须做好准备，帮助学生阅读和批判性地理解这些农业“词汇”，并明确指出这些农业“词汇”在我们了解自身与农场所有者、农场工人、农业社区和食品之间的关系中所起的强大作用。

有许多教育术语可以至少部分地与农业素养相关。某些术语代表着具有各种不同意识形态目的的教育运动。每个术语至少具有一个要素，与农业素养的定义相同，它们分别是食品素养，农业食品素养，学校花园，自然资源素养，科学、技术、工程和数学(STEM)素养，农业职业，教室里的动植物，课堂上的批判教学法，粮食司法(粮食安全)，生态正义或生态教育学，生态学。

(二)农业素养的组成

从日本推行食育、美国发展饮食教育或营养教育、意大利的慢食运动可以发现，学生在参与后提升了对所在地农业的认同感，并且通过实践获得了在校园菜圃耕种的经验，从而了解了农业知识，增进了自我的农业技能。

学校的课程经由设计可以有效提升农业素养，农业素养包含农业知识(agricultural knowledge)、农业技能(agricultural skills)以及对于农业是抱持何种态度，所以也称为农业识能。农业素养可简单表示为：学习者在田间学习课程结束后，彼此间必须针对课程中获得的农业知识、农业技能进行综合的分析与交流，加深基本农业知识理解力。

美国的农业教育委员会认为，农业应是现今产业重要的发展主题，但很少会有学生把它当成职业来看待，因此为了提升学生的农业素养，抛开以往传统式的教学,积极发展不同层面的农业教育相关课程,并且提出 11 个具体的农业知识概念以衡量学生是否具有基本的农业素养。美国将农业融入小学课程,除了发展农业相关的课程来培养学生的农业素养之外,还加入不同领域的学科,如文学、数理、艺术与自然科学。

美国最早实行农业课程的小学在阿肯色州,该州的教育单位主张学校应依照不同年级将课程分级,训练学生从初期的知识吸收到后期的实际运用,并且将之前所学的知识、技能融会贯通。研究表明,在自然科学课程中加入校园菜圃的课程,会提升学生对自然科学的成就感,并且认为课程中加入让学生动手做、亲自去体验的内容,学习效果远比传统的室内课程好。

“食品和纤维系统扫盲课程框架”是俄克拉荷马州立大学的 James Leising 及其同事于 1994—1998 年在凯洛格基金会的资助下开发的,它是对美国国家研究委员会的报告《了解农业:教育新方向》中建议教育工作者和农业专业人士就学生对食物和纤维系统(农业)应了解的内容达成的共识。制定“食品和纤维系统扫盲课程框架”以与 K-12[①] 老师、课程主任、农业产业领袖和社区成员进行交流,从幼儿园直到 12 年级的学生都应该学习食品、农业和自然资源等知识和技能。该框架分为五个主题:了解粮食和纤维系统;历史、地理和文化;科学、技术与环境;商业与经济学;食品、营养与健康。每个主题都包含 4—5 个标准,这些标准描述了学生应该广泛了解的有关粮食、农业和自然资源的知识。对于每个标准,通过等级分组制定基准。“食品和纤维系统扫盲课程框架”已被 30 多个州的教师、农业教育领导者、课程主任等使用,作为规划有关 K-12 年级食品、农业和自然资源教学的总体框架。但是,自框架开发以来,在过去的 12 年中形势发生了许多变化,如生物能源产业的发展;生物技术以及用于农业和自然资源的技术的进步;农业恐怖主义问题;美国农业部改变了美国人的饮食和营养建议;以农业为背景,提高所有学生的数学、科学和阅读成绩;需要将课堂教学材料和课程中的 Ag(农业)与学术核心标准联系起来,需要更加重视环境和土地保护以及全球变暖问题。此外,美国国家课堂网络中的国家农业团体在 2010 年 6 月的课堂会议中批准了一项决议,将修订“食品和纤维系统扫盲课程框架”作为 NAITC[②] 网络的资金和工作的优先事项。修订和重新确认“食品和纤维系统扫盲课程框架”,不仅可适应当代粮食、农业和自然资源的变化,而且可以适应学生教育需求和公共教育优先领域的变化。这些变化将推动国家 AITC[③] 计划通过

① 从幼儿园直到 12 年级,即从幼儿园到高中。

② NAITC 即 National Agriculture in the Classroom,课堂上的国家农业。

③ AITC 即 Agriculture in the Classroom,课堂上的农业。

采用国家课程框架，指导州 AITC 主任、行业教育专业人员、学校行政人员、教师和课程计划者在全州范围内提供一套统一的标准和基准，从而作为课程评估和学生学习食品、农业和自然资源方面中知识的基础。农业扫盲课程图是该项目的主要成果，它分为四个主题：一是历史、地理和农业文化、粮食和自然资源系统；二是农业、粮食和自然资源系统中的科学、工程和技术；三是农业、粮食和自然资源系统的商业和经济学；四是农业、粮食和自然资源系统中的粮食、营养与健康。每个主题都有学生成绩和年级学习标准。学生的成绩描述了学生在高中毕业时应该学到的农业知识，并提供了标准以帮助教育工作者开展课堂教学和学习评估。该项目的主要影响是为“国家课堂计划”中的国家农业研究机构提供明确的指导，使课程重点围绕四个主题和每个主题内的特定学习成果，这些主题定义了幼儿园至 12 年级的所有学生应学习的有关农业、食品和自然中最重要的知识资源内容。

美国学者 Riedel(2006)提出的农业素养四个组成部分，即农业知识、农业的职业素养、农业政策素养、环境和自然资源的农业素养。表 4-1 仅列举农业知识、环境和自然资源素养的部分内容。

表 4-1　农业素养的组成部分(部分)①

农业素养组成部分	包括内容
农业知识	(1)土壤腐蚀不会污染湖泊和河流； (2)农药的使用会增加农作物的产量； (3)许多农民使用保护土壤的耕作方式； (4)养殖动物和野生动物不能在同一个地理区域； (5)生物技术的发达增加植物的抗虫性； (6)动物的粪便常被用来增加土壤肥力； (7)水、土壤和矿物质在农作物生长过程中扮演着重要的角色。
环境和自然资源	(1)动物的健康与营养对农夫来说是很重要的； (2)过多的加工会增加食物的成本； (3)我们的食物来源主要是农产品； (4)动物是医疗产品的重要来源； (5)牛奶均质化和加热会杀死牛奶中的细菌； (6)每年全世界有成千上万的人死于饥饿； (7)动物吃的粮食是不能被人类消化的； (8)剩余的粮食已发展成新的产品； (9)飞机是国与国之间运送食物常用的交通工具； (10)在美国，生物技术的发展增加动物的生产； (11)汉堡肉是由猪肉做成的； (12)运送的过程和储存的方式会影响农产品的供应。

① 曹锦凤：《都市型小学推行食农教育之行动研究》，台湾中兴大学硕士论文，2015 年。

美国农业局为了定义农业素养，还在2012年拟定相关草案，主张将学习者依照年龄层来分组，预期学习者通过在各组的学习可以获得相关的农业知识，这部分内容将在本章第二节详细介绍。台湾学者曹锦凤根据美国的一些学者的研究成果和美国农业局对于农业素养有关的草案资料，对农业素养的构成要素进行了归纳，详见表4-2。

表4-2　农业素养的构成要素①

学　者	农业素养的构成要素
Frick et al.(1991)	(1)农业和环境的关系 (2)农产品的生产过程 (3)国家的农业政策 (4)农业和自然资源的关系 (5)畜牧产品的生产方式 (6)农业所代表的社会意义 (7)农作物的生产方式 (8)农业的经济影响 (9)农产品的销售市场 (10)农产品的生产分布情况 (11)农业在全球代表的意义
Powell et al.(2008)	(1)农业知识 (2)农业态度 (3)农业技能
美国农业局(2012)	(1)农业与环境的关系 (2)农业与粮食生产之间的关系 (3)农业和动物的关系 (4)农业和生活风格的关系 (5)农业生产系统 (6)农业与科技的联结 (7)农业和经济的关系

从表4-2中可知，农业素养的组成要素涵盖范围非常广泛，有知识面的自然环境、农业政策、销售市场、生产分布情况；有态度面的生活风格、社会经济、社会意义；有技能面的农作物生产方式、农业与科技的联结、畜牧产品的生产方式等。但总的来说，可以把农业素养的构成要素简单分成农业知识、农业态度、农业行为这三个要素。

① 曹锦凤：《都市型小学推行食农教育之行动研究》，台湾中兴大学硕士论文，2015年。

二、美国的农业素养普及

美国为普及民众的农业素养，专门成立了美国农业局农业基金会（American Farm Bureau Foundation for Agriculture）。该基金会致力于通过教育来提高对农业的认识和了解，它有农业素养（Agriculture Literacy）板块专门介绍农业素养的普及知识（农业扫盲）。接下来我们来介绍美国农业局农业基金会关于农业素养普及的有关内容。

（一）美国农业局农业基金会的使命

美国农业局农业基金会的使命是通过教育培养公众对农业的认识、理解和积极的看法。具体包括：

（1）创建资源。制作关于农业的游戏、教案、活动和视频。这些资源经过精心研究，由教育专家撰写，并由主题专家审查，使民众对它们的相关性和准确性充满信心。

（2）提供教育机会。通过培训、农场参观、赠款和奖学金等形式提供教育机会，参加全国农业课堂会议。

（3）出版相关书籍。通过营养思想出版社（Feeding Minds Press）出版有关农业的书籍。

（4）火花洞察。人们甚至不禁想问："我的食物是从哪里来的？"美国农业局农业基金会要做的全部工作就是使民众对食物、纤维和燃料的来源产生好奇心，然后产生"想知道帮助回答这些问题的资源在哪里"的想法。

（二）开展农业素养知识普及的原因

为什么开展农业素养知识的普及？美国农业局农业基金会网站是这样介绍的："你知道吗？一项最近的研究表明，1600万美国成年人认为巧克力牛奶是棕色奶牛生产出来的；你知道吗？10％的中学生认为汉堡是由火腿制作成的（Hamburger is made from ham），事实上72％的消费者对于食物从哪里来知道得不多。那是不好的！因为农业概念的丧失会使消费者与生产者之间的信任纽带出现破裂。所以，到底是谁清楚地知道农业呢？我们知道，美国农业局农业基金会。我们的目的是帮助消费者知道他们的食物是从哪里来的。我们努力工作让民众通过教师训练、课程计划、教育成果和项目的设计，去帮助孩子和成人了解和提高农业素养，我们希望你能够认识到以上的所有，如果没有你的支持，以上都不会实现。"

以下是美国农业局农业基金会对农业素养知识普及的意义及目标的介绍：

"你的晚餐来自哪里?它是怎么到达那里的?谁成长了?为什么他们这样成长?美国农业局正在帮助所有年龄段的学习者了解农业及其在日常生活中发挥的重要作用。

我们[①]相信每个人都应该了解他们的食物来自哪里。我们的使命是通过教育建立对农业的认识、理解和积极的公众认知。无论年龄或经验如何,农业素养都可以在任何人身上培养。帮助他人了解农业在日常生活中发挥的重要作用是我们的目标。我们努力实现成为农业素养(扫盲)信息的可靠来源这一目标。我们的材料和计划不仅旨在反映可靠的信息,还旨在满足当今的学习标准。我们继续努力制作出色的教育材料,创造准确的资源,并提供讲述故事的机会。我们正在努力为教育工作者和志愿者免费提供更多的材料。您可以通过向基金会提供免税捐赠来帮助学习者更好地了解他们的食物来自哪里以及谁来增长它。

我们的目标是:

(1)教育农业的重要性;

(2)让农业变得真实;

(3)努力克服对农业的常见误解;

(4)将美国公众与种植食物的人重新联系起来;

(5)为农业领导者提供他们所需的技能,以教育所有年龄段的美国人。"

该基金会还与教育机构建立关系,引入农业教育工具和资源,提供这些资源的目标是帮助年轻人成长为知情的消费者,既懂得农业的重要性,又了解农民和牧场主(农场主)如何生产以及为什么要这样来生产食品、纤维(如棉花等)和可再生燃料。基金会还鼓励大众进行农业素养相关资源的捐赠,声称"无论捐赠规模大小,都有助于创建资源材料并把它们交给教育工作者和学生"。

在美国农业局农业基金会2018年度报告中,基金会主席Zippy Duvall在致辞中称:"农业的使命是以农业素养为中心。基金会的最初使命是围绕农业机械化和技术的研究。2006年,为了响应工业的进步和持续需求的评估,该任务(指以农业素养为中心)演变成了一个强大的教育重点。我们相信每个人都应该了解食物的来源。为了达到这个目标,我们为教育工作者、志愿者和家庭提供了一系列基于标准的项目。"他在基金会2018年度报告中介绍了2019年农业素质教

① "我们"指"美国农业局农业基金会",以下同。

育的主要资源和计划。

(1)一个新的儿童图书出版企业——营养思想出版社,将出版一本在新闻界很热门的书《就在此刻:一本关于食品和农业从餐桌到农场的书》(*Right This Very Minute*: *A Table-to-Farm Book about Food and Farming*,2019 年 2 月 5 日上市)。

(2)初版 32 页的《食品和农场的事实》(*Food and Farm Facts*)的彩绘书和地图今年将更新版本,书里的活动卡和相关产品内容是介绍美国食品是如何生长的和谁生产的事实。

(3)《紫色犁制造者太空挑战》(*The Purple Plow Maker Space Challenge*),利用科学、技术、工程和数学资源,鼓励学生研究与食物、饥饿和可持续性有关的情景。

(4)《我的美国农场》(*My American Farm*),教育幼儿园到五年级的学生,通过 24 个交互式电脑游戏、电子漫画、视频、免费课程计划和活动以娱乐的方式学习农业。

(5)“准确的农业资源”(Accurate Ag Resources)——一份按阅读水平、主题和类型搜索的出版物、教育者指南和农业杂志的精选目录清单。

图 4-1 《就在此刻:一本关于食品和农业从餐桌到农场的书》[①]

① 图片源自美国农业部网站. https://www.usda.gov/。

(三)美国农业局基金会2018年开展的农业扫盲活动

(1)2018年,在华盛顿举行的2018年美国科学与工程节上,12000名来自城市学区的学生参与了此项活动。

(2)现在能提供310种以上的免费资源。

(3)基金会上的免费资源下载了19056次。

(4)约翰-迪尔慷慨捐赠给500名教师每人一份资料包,包括《约翰-迪尔,那就是谁!》和随附的一本教育家指南;约翰-迪尔还捐赠了一套包含30个农业新设施的资料和农业杂志供学生在教室里观看,这使超过6000个学生受益。

(5)将2018年9月6日列为全国读书日,鼓励来自全国各地的人们准确阅读农业书籍。

(6)基金会参观过的地方包括AFBF年会、AFBF YF&R会议、FFA公约、沃斯堡农场牛肉STEM活动、费城农场牛肉STEM活动、俄勒冈州波特兰农场牛肉STEM活动、全国课外协会会议、全国农业课堂会议、全国延伸4小时协会代理商会议、全国农业协会教育者会议、全国肉牛协会会议、全国科学教师协会会议、美国科学与工程节。

(7)2018年新的资源包括食品和农场事实初级版,“My Little Ag Me”(我的小型可打印农场书),与美国国家航空航天局推进实验室合作的“极端高温:热浪、干旱和农业”等。

美国农业局农业基金会网站上对农业素养知识的普及,除以上介绍的三点外,还用较大的篇幅介绍了“有关农业素养的常见问题(回答准确的信息)”和“农业素养支柱——农业素养计划的规划工具”。这两部分相关内容分别在本章第二、三节予以详细介绍。

三、以农园(花园)为基础的学习

以农园(花园)为基础的学习(Garden-Based-Learning,简称为GBL),可简单地定义为是利用农园(花园)作为教学工具的一种教育策略,主要以体验教育、环境教育作为框架,具有生态素养、环境觉知、农业素养等理念,因此有大部分GBL活动被归类为环境教育。GBL包括计划、活动与方案,都是以体验式教育的农园(花园)为基础,用来整合单一及跨学科的学习,对象包括儿童、青少年、成年人及社群,他们都可在正规的学校情境、非正规的社区农园、休闲农场、市民农园内进行实践,获取经验。

蔬菜与我们的生活息息相关,而今农业在经济成长下以及近代化过程中,逐渐不被重视或是其重要性在一定程度上已被忽略。为了让大家重新理解近代化以前的农业性质，最基础的就是要从教育开始。早在1879年由Erasmus Schwabb以奥地利文写的书《学园——作为教育主体的实践贡献》，已说明欧洲地区早期进行以农园（花园）为基础的学习的动机是使用农园（花园）教育来让青少年同时达成精神、情感、社会发展的学习目标。

美国亦从1890年开始发展农园（花园）教育至今，但第一、二次世界大战之后都变得萧条，直到20世纪90年代初期将焦点放在环境教育上，并结合农业素养，于是校园农园再度成长与扩散。“农场到校园”是美国的一个在全国范围开展的项目，它致力于将中小学和当地的小型农场连接起来，让本地的这些农场给学校食堂提供新鲜健康的食物，同时也以此促进本地经济的发展。“农场到校园”项目开始于20世纪90年代末期。通过全国各地民众点滴的努力，在短短十几年后，美国所有50个州有超过一万所学校都在运行这个项目了。全国性的“农场到校园网络”则始创于2007年，最初是由社区食品安全联合会和西方学院的城市与环境政策研究所共同领导，由全国范围的30多个组织联合运营。而到2011年以后，“农场到校园网络”成为泰德中心（Tides Center，非营利组织）的工作项目之一。2015年，美国通过并实施《从农场到校园法案》。[①]

美国的学校可以根据自身情况，通过不同的方式来实施“农场到校园”项目：作为“国家学校午餐”项目的组成部分，在学校食堂设立新鲜蔬菜沙拉餐台；在学校食堂的餐品中，采用一种或以上的本地食物；在学校的资金筹集活动或者其他大型活动中，采用一种或以上的本地食物。此外，在“农场到校园”项目中，学校农园是不可或缺的组成部分。学校可以在校园中开辟一块小的土地，让学生们用合作的方式亲自动手种植蔬菜和花卉。而学校农园的意义也不仅仅是提高学生的园艺技能，而更多的是将农园当作跨学科的、实践性的教学工具，让孩子们在体验式的学习中达到全身心的健康。如新泽西的Haddon field校区的体验式学习的课堂，该校区的孩子们有幸品尝到了自己的劳动带来的果实。Haddon field校区在当地几个小学建立了完全可以自主运行的学校农园，学校农园的蔬菜收获后被直接送到食堂的沙拉餐台上，供学生们享用。为了帮助孩子们更好地了解农业，学校还邀请了当地的农户去演讲，告诉孩子们“农场到校园”项目对于农户而言有多么重要。又如俄勒冈的学校和社区组织的合作带来更可持续的“农场到学校”项目的成功。在2008到2009学年，俄勒冈州的Spring field校区和当地的Willamette农业和食物联盟合作，在该校区的三个学校中实施“农场到学校”项目。在学校食堂中，他们开展名为“每月的收获”的教育活动，另外还

① 《Farm to School：健康生活从农场到校园》，http://www.yogeev.com/article/22947.html。

开展农场体验学习、园艺课程、营养课程等丰富的活动。所有的活动都是由Willamette农业和食物联盟这个社会组织来协调和管理的。

我国台湾地区的校园内普遍设有花圃,但并没有强制性的以农园为主题的学习。台湾地区自2002年开始绿色学校计划,并推动永续校园建设,有些学校将有机农园作为申请的项目,在校园内建设菜园,让学生能在校园的菜园内进行农事教育。菜园的独特在于将农事体验带入课程,锻炼学生种植这一重要的生活技能。通过菜园,培养学生对收获的感恩与珍惜,学会敬重农人。由于是他们当园丁努力工作的结果,他们可以骄傲地向别人展示他们种植蔬菜的收获及对改善周边区域环境及生活的作用,与此同时,他们的自尊及察觉自我的能力也提高了。以农园(花园)为基础的学习对学习者的影响不只如此,加州学校农园网络的专属网站中提到学校推动农园教育对学生的影响,包括以下四个层面。

(一)健康的生活形态

以农园(花园)为基础的学习能提供更加宽广的生活课程,包括适当的营养和体力活动的工作。通过种植水果蔬菜所引发的自豪感和好奇心,可诱发积极态度和饮食行为,并通过挖掘、种植和除草,提供大量的体育活动。菜园活动更因此增加可及性与制造机会,教导学生如何通过吃来获得健康的实际经验,了解对收获的感谢与珍惜,且敬重农人,并把这些讯息与家人、朋友分享。

(二)学术成就

以农园(花园)为基础的学习是一个完美的教学工具,提供实际动手的经验,在阅读、写作、数学、社会研究和科学等方面均能提供较高的学习成就,并能增加生活技能。真实菜园的经验对于新的科学知识有很大的贡献,尤其是在学生的领悟和记忆力方面,在教室内看来抽象的概念会在菜园当中活跃起来,比起课本上的数字图表更令人印象深刻。学生通过去户外探索,在土壤种植、观察种子的生长过程以及从事园艺的过程中,建立起信心、耐心、自尊和自豪感,得到令人愉快和难忘的经验,并能因此减少课堂管理与纪律问题。

(三)家庭和社区

从事园艺活动是一种乐趣,一旦掌握这一技能,它可能成为终身爱好。庭院为连接世代交替提供了独特的机会,从事园艺活动时,菜园能创造合作工作和发展责任感的机会,孩子与老师、父母和社区志愿者互动,提供了经常缺乏的社交机会。

(四)环境教育

学校菜园是一个强有力的环境教育工具。学生从事园艺活动,可以成为负责任的管家,他们有机会在小小的土地上参与农务,得知耕种土地的责任和面临的冲击。他们可以探索生活与无生命之间的相互作用,并由此发展出对自然世界更多、更深切的理解。对于许多孩子而言,菜园提供他们可以接触自然的机会,在学习永续菜园的实践时,可以考虑到保育的议题,这些对成人的环境态度和行动都有重要的影响。在体验过程中让学生了解环境与农业的重要性,这对于提升农业意识及促进都市与农村的交流有一定的贡献。因此,在日本的小学到高中,"农业农村体验学习"都被融入环境教育课程以及社会科的综合学习时间中。在中国台湾,因学校本位课程改革政策,"农事体验"也成了环境教育新宠儿,从早期的即兴休闲活动,逐渐变成更贴近实务的农事观摩、体验。此外,若将有机农业作为环境教育的资源,可以让一般大众了解并体验农家人对环境的心意、工作的辛苦,进而培养对环境的关心,付出行动来保护环境。

以农园(花园)为基础的教育,除了引导学习者种植蔬菜、认识蔬菜外,还能提供更加宽广的生活课程,在参与农务,体验农夫角色的活动后,学习者能越来越真实地感知到种菜与土地、劳动、生命的关系,并且了解到耕种的责任及环境的冲击。其不论是在环境教育、生态素养、农业素养方面还是在农业教育方面都具有独特的影响力。在环境与农业的问题已被社会大众所重视的时代,教育相关单位应负起教育民众的责任,提升其对于农业与土地的认识与关心。

第二节 食农系统中农业素养的常见问题

在现今日益紧密相连的世界里,我们似乎变得越来越亲近,却也越来越疏远。只需点击一个按钮,我们就可以联系到其他人,但不正确的信息也比以往更容易传播。不准确的事实导致的误解常常会使我们产生分歧。这就是农业素养如此重要的原因。每个人都需要了解食物是如何生产的以及它来自哪里。有关农业的准确信息是将社区联系在一起的最佳方式。为此,美国农业局农业基金会以丰富的信息来源帮助民众解决有关农业方面的常见问题。美国农业局农业基金会收集了民众农业素养方面的一些问题,并把这些问题分成 6 类,即农业与动物的关系、农业与经济的关系、农业与环境的关系、农业与粮食以及纤维与能源之间的关系、农业与生活方式之间的关系、农业与技术之间的关系,并对其中一些问题进行了回答。美国农业局农业基金会搜集的有关农业常见问题并回答“准确”的信息主要包括以下内容,但由于国情不同,读者在阅读时需进行批判性分析。

一、农业与动物的关系

(1)家畜使用抗生素的目标是什么?

美国食品药品监督管理局(Food and Drug Administration,FDA)已批准在食用动物中合理使用抗生素,以治疗患病动物的疾病,在某些动物患病时控制动物的疾病并对有患病风险的动物进行疾病预防。牧场主按照标签上的说明并在兽医的指导下使用抗生素。除非绝对必要,否则牧场主不喜欢使用抗生素,因为抗生素价格昂贵,而且需要时间来管理。

(2)牛肉是健康的蛋白质选择吗?

一些牛肉切块可以像 3 盎司(约 85 克)去皮鸡大腿一样瘦。食用一块 3 盎司牛肉可提供 10 种必需营养素,包括维生素 B6 和 B12 以及大约每日蛋白质需求量的一半。国家卫生研究所指出,B6 与怀孕期间的新陈代谢和免疫功能以及大脑发育有关。B12 有助于血细胞和 DNA 的发育。有趣的是,没有植物具有天然存在的 B12。

(3)小马是年轻的马吗?

一匹年轻的马被称为小马驹。马有许多不同的品种,包括那些被归类为小马的品种。小马是一种小品种的马,其成年后的大小看起来比大品种的马要小得多。一匹马的高度是用手测量从地面到马肩隆(马脖子和背部之间的区域)的高度。一只手代表 4 英寸(约 10 厘米)。术语“马”通常适用于 14.2 手(4 英尺 9 英寸)或更高的手。少于 14 只手的成熟马被业界认为是一匹小马。

(4)什么是动物福利?

动物福利是指动物饲养的条件。动物福利对牧场主来说很重要,因为得到适当照顾的动物会更健康,更有生产力。根据动物农业联盟的说法,“生产者有其道德义务,非常认真地为动物提供最优质的护理”。该联盟为生产者确定了一份动物护理(保护)原则清单,其中包括“获得食物和水、保健和兽医护理、适当的环境和生活条件、实施基于科学的饲养方法、使用适当的处理方法和提供舒适和卫生的运输方式,以避免挤压”。

(5)牧场主是否通过放牧动物来危害环境?

如果管理得当,放牧动物可以帮助改善环境。“美国的农民和牧场主被认为是日常环保主义者。”牛人牛肉委员会(Cattlemen's Beef Board)分享说。牧场主通过实行轮牧、使用创新技术以较少的自然资源生产更多的产品以及与环境机构合作来监测和改善环境。美味研究所的艾伦·萨沃里(Allan Savory)也认为，“与其担心过度放牧和将牲畜带离土地休养，大多数放牧地不如增加更多的牲畜，因为它们的移动、浪费以及无情的咀嚼刺激了草的生长”。“当草原恢复自我时，”他补充说，“它们会固碳。因此，增加牲畜和其他放牧动物的密度，不仅可以恢复环境，还可以抵御气候变化。”

(6)生产1磅(约0.45千克)牛肉需要多少磅谷物?

在20世纪60年代，美国农业部的信息被误解，导致人们认为生产1磅牛肉需要16磅谷物。事实上，在美国生产1磅牛肉需要2.5磅谷物。在小牛生命的头六到八个月里，它主要是将母乳与少量草和干草一起食用来刺激其瘤胃发育。一头小牛在开始吃谷物之前平均体重是600磅。牛肉动物饲养场的饲料中有50%—70%是人类无法食用的草料和饲料。这些因素都导致了这样一个事实：生产1磅美味牛肉，平均只需要2.5磅谷物!

(7)棕色奶牛会生产巧克力牛奶吗?

不会。所有的奶牛都产白色牛奶。奶牛品种繁多——荷斯坦、泽西岛、布朗瑞士、艾尔郡、根西岛和米尔金短角等，均不生产巧克力牛奶。巧克力牛奶是人造的。来自热带可可树的巧克力与糖一起混合到白色奶牛的农产品中，制成巧克力牛奶。

(8)喂养牛的谷物人类可以食用吗?

如果考虑到牛的一生的采食量，它们的饮食中只有7%是由谷物组成的。其他93%的食物主要由人类无法食用的饲料组成。牛每食用0.6磅人类可食用的蛋白质，就会以牛肉的形式返回1磅人类可食用的蛋白质。牛是反刍动物，意味着它们有一个四腔的胃。这种独特的胃系统存在于其他农场动物中，如绵羊和山羊。这些动物有吃草和草料的能力，人类和其他没有反刍胃的动物不能消化这些纤维含量。牛饲料还包括从谷物碾磨和加工废料转化而来的饲料。牛能够将其转化为高质量的蛋白质用于其饮食。

(9)如果土地上的作物都被用作人类消费的食物，而不是牲畜或牲畜饲料，是否可以养活更多的人?

畜牧业在养活不断增长的人口方面发挥着重要作用。尽管看起来应该将用于牲畜和牲畜饲料的土地用于人类粮食消费，但其中大部分土地都不适合种植人类的粮食作物。全球牲畜食用的食物中有86%与人类的食物不冲突。许多用于牲畜放牧的土地是由牧草组成的，这些牧草只能被反刍动物(如牛)吃掉并转化为供人类食用的产品。此外，畜牧业为人类提供均衡、健康的饮食所需的成分，并贡献了许多副产品，包括皮革、软膏和烧伤药膏、胰岛素、油漆刷和运动器材等。

二、农业与经济的关系

(1)美国农业部(USDA)农业项目的主要重点是什么？

农场和商品计划项目仅相当于2018年美国农业部预算的18%。养护和林业占美国农业部总预算的7%。农村发展、研究、食品安全、市场营销和监管以及部门管理等占预算的6%。美国农业部预算的主要重点在于粮食援助和营养计划，这些占预算的近69%。这些计划包括补充营养计划或SNAP(食品券)，妇女、婴儿和儿童或WIC(妇女、婴儿和儿童特别营养补充计划)以及学校午餐/早餐计划。美国农业部还拥有许多使全体美国人受益的计划，从通过保护和林业计划来改善环境到协助农村社区提供关键服务，例如水、污水处理、电力和电信等，以及通过其农村发展计划建设学校、教堂和农村企业等。

(2)美国进口的农产品是否超过我们的出口？

农业的贸易差额为正，这意味着美国出口超过进口。2019年，美国农业出口额达到135.54亿美元，其中大豆、牛肉、小牛肉、猪肉、家禽、新鲜及加工过的水果和蔬菜位居榜首。2019年，美国农产品出口额为128.718亿美元，其中大豆、牛肉、小牛肉、猪肉、家禽、新鲜及加工过的水果和蔬菜位居榜首。美国农业进口总额为127.6亿美元，其中咖啡、可可、新鲜及加工过的蔬菜、谷物、饲料占大多数。

(3)农产品出口对经济有帮助吗？

根据美国农业部经济研究局的数据，2017年美国农产品出口到全球的价值为1405亿美元。中国和加拿大是美国最大的贸易伙伴，占美国全部农产品出口总额的46%。贸易协定的变更直接影响美国与其他国家之间的贸易额，因此，参与这些贸易协定谈判的个人必须了解其对美国农民和牧场主以及所有美国消费者的影响，这一点很重要。

(4)农业是奢侈品还是国家安全问题？

农业事关国家安全。自殖民时代以来，美国在农业方面取得了惊人的进步。在殖民时期，1个农民养活了4个人。如今，1个农民为其他166人生产粮食(食物)。美国农业对国家至关重要！如果美国的粮食(食物)供应中断或受到污染，则不仅要考虑对美国的影响，而且要考虑对全球的影响。2015年众议院农业委员会主席迈克尔·科纳韦K.(K. Michael Conaway)分享道，“农业与国家安全在许多方面相互交织——是否要确保有足够的粮食满足我们本国和世界范围内人们的营养需求，确保进入我们国境的食物没有病虫害，或者确保农民和牧场主拥有必要的政策工具，以继续生产食物和纤维”。

（5）粮食（食物）价格上涨是因为农民想赚更多的钱吗？

当你在杂货店看到价格上涨时，不要以为它会进入当地农民的腰包。在大多数情况下，农民是价格接受者，而不是价格制定者。当他们的作物或动物准备出售时，他们必须以当前的价格出售。平均而言，每零售1美元只有15美分的回报给农民和牧场主。随着食品价格的上涨，农民赚钱的数量并不总是相互关联的。事实上，在许多情况下，农民和牧场主最终发现投入成本增加了。这些投入包括土地、设备、肥料、化学品、种子、建筑物和设施、维护、人工、燃料、供暖、饲料、税收、保险等。随着这些费用的不断增加，农民和牧场主不断努力提高产量和效率，以便在长期内保持竞争力和盈利。

（6）我所花的大部分食物钱都会退还给农民吗？

不一定。根据美国农业部经济研究局（USDA Economic Research Service）的数据，2019年，每零售1美元食品，其营销、加工、批发、分销和零售等非农成本就占85美分。这样一来，平均只有15美分返回农民和牧场主。多年来，这个数字一直在下降。1980年，在美国，农民从每1美元零售食品中获31美分。而且，尽管这一数字继续下降，但农民为美国生产粮食（食品）的支出却继续上升。

（7）如果一个农场很大，这是否意味着它是一个公司农场？

一个农场面积很大，并不意味着它是一个公司农场。个人、家庭合伙企业或家族企业拥有美国98%的农场和牧场。非家族企业仅拥有美国2%的农场和牧场。近年来，其中一些家庭农场选择合并，以利用税收、业务结构、家庭住房保护等方面的优势。

（8）美国民众会因为公司农场接管美国农业而失去家庭农场吗？

美国的农场仍然是家庭农场。家庭农场的合并原因与其他企业合并的原因相同（税收、结构、家庭住房保护等）。是的，一些家庭农场正在变得更大，以利用规模效益和分散其间接成本。然而，它们仍然被认为是家庭农场。如今，大约98%的美国农场都是由家庭经营的，无论是个人、家族企业还是家庭合伙企业。

三、农业与环境的关系

（1）农民会浪费水吗？

美国的农业生产约占美国“耗水量的80%”，“耗水量”是指已用水且未返回原始水源的用水。然而，当我们在家里用水时，或者像农业这种行业用水时，大约90%的用水最终会返回到补充水源的环境中，并可用于其他目的。但是在灌溉用水中，只有大约一半可重复使用。其余的物质通过蒸发到空气中和植物的蒸散作用而损失，或者在运输中损失。农业虽然需要大量的水来种植农作物和饲养动物，但未使用的水又回到了生态系统。出于以下几个原因，农民专注于节水：①农民知道浪费水可能意味着未来作物缺乏资源；②水很贵，浪费水就是金钱的损失；③农民是耕种者，他们使用精确的技术确切地知道植物生长需要多少水，太多可能意味着生产不佳；④许多农民依靠大自然来取水。

(2)农民在使用转基因种子时是否使用更多的农药和肥料？

使用适合环境的转基因种子实际上可以减少农民必须使用的农药量。让我们来看看当今行业中正在发生着什么。最常见的转基因品种之一被称为Bt种子，它允许农作物从苏云金芽孢杆菌(Bt)中释放一种蛋白质，该蛋白质可作为某些昆虫的天然农药。Bt作物使用杀虫剂的情况已大大减少。另一种常见的转基因品种使植物能够抵抗除草剂草甘膦。例如，Roundup®是一种常见的草甘膦产品，转基因产品Roundup®Ready玉米在应用Roundup®后仍能生长。对于这些作物，除草剂的使用有所增加，因为农民可以在他们的所有土地上施用除草剂。草甘膦是最温和的除草剂之一。它的毒性比咖啡因低25倍。更频繁地使用草甘膦的能力使农民能够减少使用更有毒的除草剂。在过去20年中，转基因种子的使用减少了8.1%的农药喷洒。因此，转基因作物上的农药使用量减少了18%以上。

(3)奶牛会导致全球变暖吗？

美国环境保护署(EPA)的报告表明，牛的养殖并不是温室气体的主要贡献者。农业产业占美国温室气体排放总量的9%。相比之下，运输占美国温室气体排放总量的28%，发电占28%。奶牛行业的进步帮助美国农民和牧场主减少了他们的碳足迹。自1975年以来，美国肉牛的甲烷排放量已减少了34%。

(4)与肉食者相比，世界上能支持更多的素食者吗？

不幸的是，答案并不像单纯的计算那么简单。美国将其三分之一以上的土地用作牧场。对干旱地区的1亿多人来说，放牧牲畜是他们唯一的生计来源。美国一半的土地不能用于种植农作物，而是用作牧场。如果在这片土地上不放牧牛、绵羊和山羊，那将无助于粮食生产。

(5)与过去相比，今天生产粮食(食物)是否需要更多的投入(如劳动、种子等)？

实际上，美国的农民和牧场主以更少的投入生产更多的东西。例如，自1950年以来，美国玉米总产量(吨/英亩)增长了360%以上。在全球范围内，该统计数字与现有机械和生物技术的进步有着直接的关系。

(6)与过去相比，农民现在使用的土地是多还是少？

在美国，2012—2017年估计减少了1430万英亩的耕地。根据美国农业部的数据，仅仅一年，就有100万英亩的土地减少。造成这一现象的部分原因是城市面积不断扩大，技术不断提高，使更多的粮食能够在更少的土地上种植。然而，在全球范围内，随着发展中国家努力养活快速增长的人口，农田总面积继续增加。技术含量较低的国家必须使用更多的土地生产他们所需的粮食。

(7)购买有机食品比购买传统生产的食品更有利于环境吗？

最终，环境可持续性取决于农民，无论他们是有机生产还是按常规（惯例）生产货物。好的农民可以管理侵蚀、用水、控制径流并努力补充土壤的养分。影响环境的因素很多。让我们看一下土地的使用和运输。加拿大麦吉尔大学和明尼苏达大学的研究人员在《自然》杂志上发表的一篇文章发现，总体而言，有机生产与传统生产相比，在同一土地上生产的粮食减少了25%。然而，这是一个平均数，一些有机生产的农作物的产量与传统生产的农作物的产量相当。运输产品也会影响环境。所有货物都必须从农场运输给零售商，并且中间经常要停很多站。农民可能拥有非常可持续性的农场，但是将其货物运输给您可能会对环境造成影响。

(8)农业和牧场是如何影响野生动植物的栖息地的？

所有人都有机会损害或改善野生动植物的栖息地。农民和牧场主重视野生动植物的保护，并致力于改善栖息地（生境），同时为不断增长的人口提供食物、纤维和燃料。2016年，农民、牧场主和其他土地所有者已在保护区计划中登记注册了近2400万英亩的土地，以保护环境并为野生动植物提供栖息地。该计划自启动以来，已修复了超过200万英亩的湿地。

(9)人类活动会导致所有的土壤侵蚀（水土流失）吗？

无论人类是否存在，土壤侵蚀都是自然发生的，水、天气和动物也会影响侵蚀。大峡谷是水引起自然侵蚀的一个很好的例子！人类活动可以增加或减少土壤侵蚀。农民和牧场主知道土壤的重要性。表土含有重要的养分，可以使农作物生长。为了防止水土流失，许多农民采用了一些保护措施，例如在冬季种植覆盖作物或采用保护性耕作方法。大约70%的大豆(2012)、65%的玉米(2016)、67%的小麦(2017)和40%的棉花(2015)用于保护性耕作。

四、农业与粮食、纤维与能源的关系

(1)美国的食物供应安全吗？

安全。美国农民和牧场主是美国国家食物链的起点，该食物链生产世界上“最安全”的粮食（食物）。美国农业部(USDA)和美国卫生和公共服务部(HHS)是主要联邦食品安全机构的所在地。HHS是食品和药物管理局(FDA)和疾病预防控制中心（CDC）的所在地。食品安全检验局（FSIS）设在美国农业部。FSIS负责确保全国肉类、禽类和蛋类产品的商业供应安全，他们会在包装上粘贴有益于健康的正确的标签。FDA专注于新鲜和加工食品。除了联邦机构外，许多州还设有食品安全机构和法律管理各自州内安全和健康食品的生产。疾病预防控制中心的作用是防止"因国内和进口食源性疾病而导致的疾病、致残和死亡"。疾病预防控制中心通常会在出现食品安全问题时介入。

（2）能量从何而来？

能量就像食物——我们每天都需要它，但我们不会经常考虑它来自哪里或生产它需要什么。为了每天保持照明（以及其他重要的功能），我们不能依靠单一的能源。事实上，美国用于发电的能源有多种来源。化石燃料产量占电力的81%，天然气和煤炭产量占61.8%，核电发电占18%、水电仅占7.5%。其次是其他可再生能源，包括生物质、地热、太阳能和风能。太阳能发电呈上升的趋势，然而它只产生1.3%的电力。Direct Energy的一篇文章很好地总结了这一点："美国电力生产的多样性反映了美国作为一个国家的多样性。"美国依靠各种资源提供能源。当太阳不发光时，他们从太阳能中就得不到多少电。当风不吹时，风能是最小的。平衡可提供稳定的可用能源。

（3）谁负责食品安全？

农民和牧场主认真对待食品安全。他们生产的食品要经过广泛的食品安全检查，而技术可以使食品追溯到生产该食品的农场。农民和牧场主对食品安全有既得利益——他们生产的食品不仅供消费者使用，而且也是供给他们家人的。过去100年来，食源性疾病的发病率急剧下降。虽然食品安全始于农场，但它并不止于农场。将农产品加工成食品的公司要注意确保产品安全。他们也必须在家里和学校中尽力来预防食源性疾病。这里有几个重要的建议：将食物烹饪到适当的温度，使用单独的砧板处理未煮熟的肉和即食食物，将剩余的食物储存在浅容器中，并在两小时内冷藏。

（4）天然和有机是同一回事吗？

天然和有机是不可互换的术语。根据食品市场研究所的说法，"天然"一词广泛适用于经过最少加工且不含合成防腐剂的食品。根据美国农业部（USDA）的说法，"'有机'是一个标签术语，表明食品或其他农产品是通过已批准的方法生产的，这些方法综合了文化、生物和机械实践，可促进资源循环、促进生物平衡和保护生物多样性"。虽然"天然"一词的定义是模糊的，且通常是由生产该产品的公司定义的，但"有机"一词的定义是明确的，并受严格的联邦法规的限制。

(5)农民是否因为使用化学杀虫剂(农药)而患癌症的比率高于平均水平?

实际上,农民的总体癌症发病率低于普通人群。美国国家癌症研究所进行了一项“农业健康研究”,这项研究始于1993年,一直持续到2011年。这项研究的结论是,包括美国在内的许多国家的农民“总死亡率和癌症发病率低于普通人群”,这主要是由于农民吸烟率较低和非常积极的生活方式。然而,研究还表明某些类型癌症的发病率,如白血病、非霍奇金淋巴瘤和皮肤癌在农业工人中较高。关于高发病增加率的原因的研究尚未得出结论,但有理由相信,紫外线照射增加以及环境因素可能是农民皮肤癌增加的原因。

(6)天然农药是否比合成农药毒性小?

这种笼统的说法是一种常见的误解。几种天然存在的农药具有剧毒,甚至具有致癌性。硫酸铜具有很高的毒性,可引起肝病。鱼藤酮是在豌豆科的一些物种中发现的植物提取物,由于研究表明它与帕金森综合征有潜在的联系,因此受到了极大的关注。所有农药,无论是天然的还是合成的,均由环境保护局(EPA)审查和管制。

(7)有机生产是否使用农药或合成肥料?

经认证的有机产品不允许使用合成肥料,但允许使用某些农药。美国农业部国家有机计划(NOP)监督有机认证。有机生产者必须遵循严格的产品生产和加工过程。但有机并不意味着“没有农药”。在某些情况下,允许使用天然农药和合成农药。NOP要求提供了一份可用于有机生产的合成物质清单,只要这些物质不污染作物、土壤或水即可。氯和过氧化氢是有机生产中允许使用的某些合成物质的例子。

(8)“天然”标签是什么意思?

根据美国食品和药物管理局(FDA)的说法,“FDA尚未为‘自然’一词制定定义。然而,如果商品不含有添加的颜色、人造香料或合成物质,那么该机构就不反对使用该术语”。有许多自然产生的毒素和致癌物质,如尼古丁、鸦片、海洛因、吗啡和可卡因都来自植物,砷、氡、铅和马钱子碱(士的宁)都是天然的。“天然”一词不应被视为帮助消费者做出决定的标签。

五、农业与生活方式的关系

(1)我们是否需要更多的农民来养活不断增长的人口?

在这个问题上有两个问题需要解决。首先,到2050年,地球上将有近100亿人。这比2010年增加了大约30亿人。但这并不意味着我们需要更多的农民。技术将在提高效率以满足不断增长的粮食需求方面发挥关键作用。但是,必须指出的是,美国农民和牧场主的人口正在老龄化。农民的平均年龄是57.5岁,这意味着美国需要培养新一代的农民和牧场主,以填补未来20年退休者留下的空白。

(2)在美国,高果糖玉米糖浆会导致肥胖吗?

高果糖玉米糖浆(HFCS)是苏打水和饮料中常见的甜味剂。最近,它因影响肥胖而备受关注,但研究表明,HFCS和其他甜味剂之间没有显著差异。然而,研究人员相信,饮食中任何种类的糖过多都会导致肥胖。美国心脏协会建议女性每天添加的糖不超过100卡路里,男性不超过150卡路里。这相当于女性每天可食用大约6茶匙的糖,男性9茶匙。

(3)农业是必要的产业吗?

农业是必需的!它创造就业机会,帮助我们的经济发展,并提供了我们的基本必需品——食物、纤维(如棉花和羊毛)和住房(如家用木材)。到2050年,地球上将近有100亿人,这比2010年增加了大约30亿人。为了满足我们不断增长的人口的需求,需要创造力和创新,必须在保持未来资源的同时增加今天的粮食产量。各个年龄段的农民都面临着这一挑战,将来必须继续倡导农业的重要性和对该行业的需求。

(4)我能不花很多钱就吃得健康吗?

能。在美国,食物很便宜。美国人平均仅将家庭收入的10%用于食物,而印度为30%,肯尼亚为53%。根据美国农业部营养政策中心的数据,一个四口之家若执行节俭饮食计划,可以以每周约130美元的价格在家中就餐。美国农民努力工作,以这些负担得起的价格为消费者提供安全、健康和卫生营养的食品。此外,消费者可以按照www.choosemyplate.gov上的提示,以预算的方式进行健康饮食,其中包括在杂货店购物之前制订游戏计划,学习正确阅读食品标签并研究预算敏感的饮食。

(5)我鸡蛋纸箱上的标签是什么意思?

以下是一些常见的标签:

①富含欧米茄-3(omega-3):向母鸡的饮食中添加亚麻籽和鱼油等成分,以增加omega-3的含量。

②有机食品:母鸡不在笼中,并根据美国农业部的国家有机食品计划进行饲养。

③自由放养:在户外活动中饲养母鸡。

④免笼:允许母鸡在空旷地区漫游。

但不要被行话弄糊涂了。虽然一个富含多种元素的鸡蛋可能含有诸如omega-3脂肪酸等其他营养物质,但这些鸡蛋仍具有与常规鸡蛋相同的卡路里、蛋白质和总脂肪。当涉及生产方法时,研究表明母鸡的饮食比它们生活的地方更重要。每个生产系统都有利弊。为了保持国家和全球所需的鸡蛋产量，并保持较低的鸡蛋价格，在鸡蛋生产过程中需要使用传统的笼式系统的分层蛋鸡舍。

(6)购买本地食品和有机产品是一样的吗？

否。本地是基于位置的定义。美国国会研究服务局(Congressional Research Service)将"本地种植"定义为"运输距离不足400英里，或在生产该产品的州内运输"，但零售商、州、农贸市场和其他机构可以提出自己的定义。有机是基于生产方法的定义。根据美国农业部的说法，有机农场遵循《有机食品生产法》中概述的一套标准。从农场到餐桌，产品一直遵循这些标准，并接受定期的现场检查。想更多地了解国家有机计划吗？请访问 www. ams. usda. gov/AMSv1. 0/nop。

(7)新鲜、生蔬菜比冷冻蔬菜更健康、更有营养吗？

不一定。研究表明，冷冻蔬菜甚至比新鲜蔬菜更有营养！有两个原因。首先，冷冻蔬菜往往比新鲜蔬菜成熟时间更长，随着它们的成熟，它们会充满维生素、矿物质和抗氧化剂。其次，蔬菜一旦收获就开始失去营养价值。冷冻延缓了这个过程。科学家对冷冻和新鲜蔬菜进行了测试，他们发现新鲜花椰菜(西兰花)中的维生素C在一周内下降了50%以上，而冷冻花椰菜中的维生素C只下降了10%。那些只吃新鲜的、未加工的蔬菜的人可能会错过从各种来源吃蔬菜的全部营养的好处。

(8)全球饥饿是由粮食(食物)短缺引起的吗？

不一定。在许多情况下，饥饿不是由粮食短缺造成的。事实上，世界上生产的粮食足以养活每个人。在大多数情况下，饥饿是由贫穷造成的。贫穷导致无法购买粮食、无法安全储存粮食或将粮食从种植地运送到需要的地方。

(9)如果说食物是本地种植的，那是否意味着它来自我的社区？

不一定。这可能令人惊讶，但如果你购买或食用本地种植的食物，它可能不是您所在的社区种植的食物。对于"本地种植"的定义没有确定的规定。当地生产的产品可能是在与您购买的农贸市场位于同一县城，甚至在同一州内的公路旁的本地农场种植的。但是，在其他情况下，本地种植可能距销售地点250英里、400英里甚至1000英里。2008年的《食品、保护和能源法》将本地种植定义为"运输距离小于400英里，或从生产州内运输"，但是零售商、州、农贸市场和其他组织可以使用自己的定义。想知道您的食物来自哪里吗？阅读标签或询问您当地的杂货店。

(六)农业与技术的关系

(1)什么是转基因生物(GMO)？

根据世界卫生组织的说法，转基因生物被定义为基因物质(DNA)以一种非自然发生的方式被改变的生物。美国农业部的国家粮食和农业研究所将植物生物技术定义为一套用于使植物适应特定需求或机会的技术。自然界中发生的基因改造并不总是一致的。转基因生物是科学家不断修改的产物。

(2)什么是基因编辑?它与基因工程有何不同?

基因编辑允许科学家对基因中特定的DNA目标序列进行更改。它以精确和可预测的方式修饰基因。基因编辑工具在可以进行的各种遗传变化中提供了很大的灵活性。可以进行的更改包括对遗传密码中的一个或几个目标字母的简单编辑或删除。这些工具还可以用来插入来自同一物种或另一物种的更长的基因序列,类似于旧的转基因技术所能做的。关键的区别在于,这些编辑和插入可以在植物基因组中非常精确的位置进行。基因编辑比基因工程更加精确,技术也越来越可靠。与其他方法相比,它也相对具有较高的成本效益,这意味着更多的科学家可以使用它。所有这些优势意味着更多的潜在的创新。

(3)克隆和遗传改造(GM)有什么区别?

基因改造(修饰)和克隆是不一样的。克隆提供了一个确切的副本。克隆的基因只能在同一物种中复制。基因改造(基因工程)科学家们做的事情是挑选出一组特定的基因,并将这些基因放入对性状有帮助的生物中。跨物种可能会发生这种情况,以玉米为例,没有人喜欢害虫吃他们的玉米,因此,科学家发现了一种天然存在的被称为Bt的细菌,这种细菌通常生活在土壤中,但科学家能够从该细菌中提取杀死昆虫的基因。通过将这种基因添加到玉米植株中,它就可以自然地抵御害虫。

(4)农民能否保存和重新种植转基因种子?

转基因种子和其他种子一样,可以保存并重新种植。这种误解是所谓"终结者基因"的结果,为使种子无菌,这些基因在20世纪被研究,但它们从未被投入生产。但是,当农民购买转基因种子时,他们与种子公司签订了合同和每年购买新种子的协议,约定第二年不从作物中保存种子用于种植。首先,合同的条款具有约束力,既是农民的抉择,也是种子公司为保护其品种并希望鼓励未来销售所做的商业决策。第二,大多数商业种植者不会保存种子,因为收获的新一代种子不会包含所有原始种子的基因特征。

(5)吃转基因水果或蔬菜能改变一个人的基因吗?

吃转基因产品不会影响我们的基因。我们的身体消化蛋白质并吸收食物中的氨基酸。身体无法分辨蛋白质的来源,也无法对所有蛋白质一视同仁。这种误解可能源于过敏反应的问题。当一种生物的基因转移到另一生物上时,一个人可能会对放置在新生物中的基因产生过敏反应。世界卫生组织解释说:"不鼓励从常见的致敏性食物中转移基因。"他们澄清说,总体上没有发现与转基因食品有关的过敏作用。

(6)转基因生物(GMOs)是唯一具有基因的生物吗?

不是。生物或曾经的生物都含有基因,不管它们是否经过基因改造。“基因”是遗传学的词根。基因位于染色体上,它们控制生物体的特性,如高度、生产力、耐旱性或抗虫害性。

(7)农民在田间使用什么样的技术来帮助环境?

全球定位系统(GPS)是农民使用的一种常见技术。借助 GPS,农民可以跟踪农场上的每一个位置,并知道该确切位置的土壤需求。土壤湿度计和作物传感器也是一种趋势技术,帮助农民更有效地预测他们必须使用的投入(如水和肥料)来种植作物。直接放置在田间的传感器可以将信息发送到农场办公室,显示土壤中有多少水以及氮等关键养分的营养水平。该技术还可以与拖拉机和其他设备进行实时通信,使农田的每个区域都能得到适量的水或肥料。

(8)农业技术是如何变化的?

拖拉机技术正在改变!自动转向和 GPS(全球定位系统)有助于提高耕种效率。拖拉机技术也在帮助环境。制造商已经开发出了几乎无烟的“四级引擎”,它们获得了更好的燃油效率和清洁的排气!一些拖拉机制造商甚至在测试自动拖拉机,这些是无人驾驶的拖拉机!随着拖拉机马力的增加,设备的尺寸也随之增大。这会对土壤压实产生负面影响。自主拖拉机将更小,效率更高并且能够全天候运行。现在还不知道是否或何时会广泛采用自主拖拉机,但令人兴奋的是,新的拖拉机技术被认为可以提高效率,减少土壤压实,并帮助减轻农业劳动力日益减少所带来的压力……同时仍在为世界种植和收获粮食!

(9)什么是 RFID 技术?

射频识别(RFID)是一种已用于识别和跟踪家畜的技术。例如,在奶牛场上,您会发现 RFID 在起作用,那里的奶牛经常具有高科技的项圈,可以帮助农民追踪奶牛吃了多少,生产了多少牛奶。研究人员建议,可以将这种“标签技术”扩展到农作物,以便可以使用简单的计算机芯片更有效地跟踪从农场到餐桌的单个作物。RFID 已经进入干草市场,农民使用该技术跟踪大捆干草并跟踪其重要特征,例如重量和湿度。

第三节　农业素养支柱:农业素养计划的规划工具

美国农业局农业基金会为了解决大多数美国人对他们的食物、纤维和燃料的来源没有基本了解的问题,提供了农业素养终身学习的框架,称为“农业素养支柱”。希望通过教育，民众对农业与环境、食物、纤维、能源、动物、生活方式、经济、技术之间的关系建立深刻的基础理解。美国农业局农业基金会利用农业素养支柱为终身学习提供了学习框架，它是农业素养的规划工具，目标是对农业与环境、食物、纤维、能源、动物、生活方式、经济、技术之间的关系建立深刻的基础理解（见图 4-2）。该基金会力求在所有人中培养这种意识，无论其年龄或经验如何。

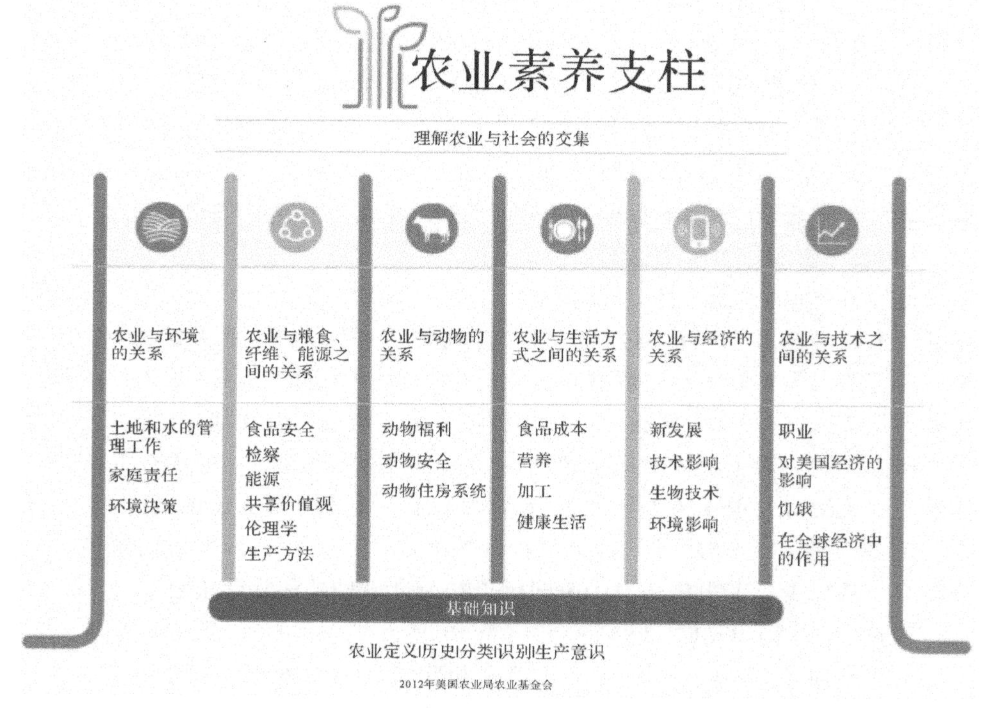

图 4-2　农业素养支柱矩阵①

似乎很难想象没有农业的世界，但是大多数美国人对他们的食物、纤维和燃料的来源没有基本的了解。对他们来说，农业根本就不属于他们的世界，而解决这个问题的方法是教育。美国农业局农业基金会认为，农业素养的培养路径为：认识、识别（awareness）→发现、探索（discovery）→分析（analysis）→知识（knowledge）→知情消费者（informed consumers）。

① 图片来自美国农业部网站，https://www.usda.gov/。

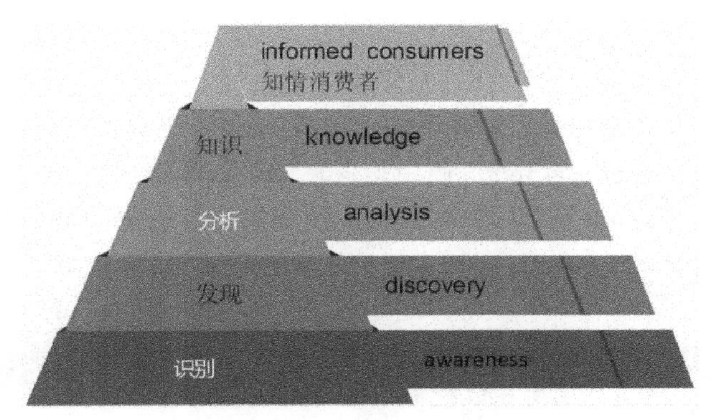

图 4-3　农业素养的培养路径[①]

一、什么是支柱？

支柱主要包括以下几点：

(1)规划工具：包括培养农业素养的计划指南；审查、评估和识别学习计划中差距的工具；建立一致的农业信息交流的资源。

(2)学习框架：包括一生中农业素养学习的结构、符合教育标准的基础、一种用于在教室中实施正式的农业学习活动的工具。

(3)起点：包括各个年龄段的学习者都应能够展示的核心知识指南、用作讨论和发现平台的工具。

(4)衡量成功的指南：包括建立目标和衡量绩效的工具、比较特定结果的参考点。

二、谁是支柱

(一)教师和农业扫盲协调员

(1)有目的的计划：计划未来一个月、一个季度或一年的外展工作时，使用支柱来集中精力进行工作。在每个年龄段建立有针对性的认识和理解。

(2)团队战略：与其他人一起计划学校或社区的课程或活动，确定一个要关注的支柱。全年进行活动，以支持团队的战略目标。

(3)实用资源指南：可以订购“支柱”资源，使用“支柱矩阵”来确定美国农业局农业基金会提供的与每个支柱一致的资源。

① 图片来自美国农业部网站，https://www.usda.gov/。

(二)行业合作伙伴

(1)学校参观计划:确定是否有员工很高兴与当地学校建立联系以分享工作,通过选择重点支柱和年龄段,使用支柱来计划游览。

(2)合作机会:是否与“课堂”中的“农业”或其他农业推广组织合作?在开始就成果进行合作伙伴关系讨论时,请使用支柱集思广益,并探索强化关键行业概念的新机会。

(3)评价:是否已经有可用的农业扫盲资源?使用支柱作为工具来审查当前资源并确定优势领域和改进机会。

三、农业素养支柱的基础知识

(一)农业及其主要词汇的定义

掌握农业使用中的主要词汇对于建立对该行业的认识和理解至关重要。总的来讲,个人应该知道农业是“人类赖以生存和繁荣的食品、纤维和燃料的生产和流通所涉及的所有行业和过程”。

此外,学生应该能够定义以下基本术语,以加深和补充他们对农业定义的理解(可以根据当地农业的优先重点添加其他术语):保护性(Conservation)、作物(Crops)、栽培(Cultivation)、农业(Farming)、饲料(Feed)、收获(Harvest)、灌溉(Irrigation)、牲畜(Livestock)、生产(Production)、牧场(Ranching)、可持续性(Sustainability)。

(二)FDN-2 行业术语

了解行业分类对于提高整体素养至关重要。以下是具体分类的例子,应作为基于当地生产和需求的指南。

- 牲畜种类(如牛、猪、家禽、绵羊等)。
- 物种和性阶段的术语(即母牛、小母牛、公牛、阉牛)。
- 植物作物(如园艺、蔬菜、饲料、大田作物等)。
- 土地。

(三)FDN-3 农业历史

学习者应该能够描述农业在全球和美国历史中的作用。学习农业历史者应该了解的重点示例包括:

- 所有伟大的文明都建立在农业的坚实基础上。

·从耕种底格里斯河和幼发拉底河之间的肥沃土地开始，美索不达米亚的建立说明任何文明都离不开农业生产。

·农业在美国的发展中发挥了重要作用。殖民者带来了有目的的耕种土地的技能。

·涉及农业的重大事件影响了美国的进程，包括工业革命、大萧条、沙尘暴和绿色革命。

（四）FDN-4 识别

学习者将能够识别当地的农产品及其主要用途。

（五）FDN-5 生产意识

学习者能够描述农产品生产的一般过程。学习者应注意以下概念：

·农产品从农场到最终用户有一条特定的路径。

·植物和动物有不同的生命周期。

·地方、州和联邦管理机构负责监督农业法规的施行。

·有大量的系统和公司支持农民以使生产运作正常运转。这些系统中，有许多职业机会。

四、按级别列出的期望

（一）幼儿3年级：意识

意识（觉醒）是幼儿水平标准的主要目标。在这个层次上，期望学习者意识到他们与农民的联系。学习者应该了解一般的耕作方法和从农场到餐桌的基本过程。

1. 农业与环境的关系

（1）描述农民如何利用土地种植农作物。

（2）列出农民保护土地的方式。

（3）描述水在种植农作物和饲养牲畜方面的重要性。

（4）识别自然资源。

2. 农业与食品、纤维、能源之间的关系

（1）确定要在家里实践的食品安全做法。

（2）使用“我的盘子”指南描述健康饮食的组成部分。

（3）列出农民想要种植安全食品的原因。

(4)确定常见食品、纤维和能源产品的农业来源,如牛奶、羊毛、太阳能等。

(5)探索农民种下的种子,爱护植物,收获他们的劳动成果。

3. 农业和动物的关系

(1)识别参与农业生产的动物。

(2)识别参与农业生产的动物的用途(即工作、肉类、奶制品、蛋类)。

(3)找出农民关心动物的方式。

4. 农业与生活方式的关系

(1)认识到农业提供了我们最基本的必需品,如食物、纤维、能源和住所等。

(2)确定健康的食物选择。

5. 农业与技术的联系

(1)描述技术如何让农业工作变得更快更容易。

(2)描述技术如何帮助农民为更多的人提供更多的食物。

6. 农业与经济的关系

(1)发现农业中有许多工作机会。

(2)将农业视为美国的一个重要产业。

(二)4—8 年级:发现

发现是 4—8 年级标准的主要目标。在这个层次上,期望学习者探索农民如何完成关键任务,如可持续性、生产和加工。

1. 农业与环境之间的关系

(1)探索如何在农业中使用和保护自然资源。

(2)了解农民如何通过使用土壤保护措施来保护土地。

(3)了解农民如何通过防止水污染来保护水源。

(4)了解农民如何通过防止空气污染来关注空气质量。

(5)描述农民为什么以及如何节约用水。

(6)解释农民考虑其行为影响环境的原因。

2. 农业与食品、纤维、能源的关系

(1)了解美国农民如何确保食物安全。

(2)解释道德在食品、纤维以及能源生产和管理中的作用。

(3)确定常见的能源(如煤炭、天然气、石油、风能、太阳能、水能等)。

(4)演示食品处理、制备(通过制造而取得)和储存的安全方法。

(5)了解标签如何指示食物和纤维的来源。

(6)探索地理如何影响生产的农产品种类。

(7)了解家庭拥有96%—97%的美国农场。

3.农业和动物的关系

(1)举例说明农民照顾动物的具体方式。

(2)了解动物住房系统如何为不同种类的牲畜提供庇护。

(3)解释为什么农民会考虑他们的行为如何影响动物。

4.农业与生活方式之间的关系

(1)发现生产和购买食物相关的成本。

(2)确定为均衡饮食提供营养价值的农产品。

(3)发现加工产品从农场到餐桌的路径。

5.农业与技术的联系

(1)发现使农业工作更快、更轻松的特定技术。

(2)了解技术如何随着时间的推移而改变,以帮助农民为更多的人提供更多的食物。

6.农业与经济的关系

(1)确定对农业感兴趣的工作。

(2)将农业视为美国的一个重要产业。

(3)发现由于贸易协定,他们食用的某些食物和使用的其他农产品来自其他国家。

(4)定义术语“进口”和“出口”。

(三)9—12年级:知识积累

知识积累是9—12年级学生的主要目标。在这个层次上,期望学习者通过在其知识储备中增加具体的农业实践实例,从而在关键发现的基础上继续前进。

1.农业与环境的关系

(1)举例说明农民使用的具体水土保持措施。

(2)举例说明农民使用的具体节水和净化措施。

(3)举例说明农民采用的减少空气污染的具体做法。

(4)描述农民如何创造和维持野生动物栖息地。

(5)描述农民在做出日常选择时如何考虑环境影响。

(6)描述持久家庭农场如何重视环境,以便长期保持可持续经营。

2. 农业与食品(粮食)、纤维、能源的关系

(1)确定监管食品安全的检验流程。

(2)将农民持有的价值观与学习者持有的价值观联系起来。

(3)解释能源供应如何影响社区。

(4)了解监管机构如何监督美国的食品、纤维和能源生产以及那些进口到美国的商品。

(5)准确阅读标签,以确定食品、纤维和其他农产品的原产地。

(6)区分自然的耕作、认证有机耕作和传统的耕作方法。

(7)确定每个美国农民喂养的人数。

(8)确定持久家庭农场的历史意义。

3. 农业和动物的关系

(1)发现动物福利和动物权利之间的区别。

(2)发现农民在畜牧生产经营中保持动物健康和安全的具体策略。

(3)确定农民优先考虑牲畜安全的原因。

4. 农业与生活方式的关系

(1)准确阅读加工食品上的标签以确定营养成分。

(2)了解为什么美国的食品价格比其他国家低。

(3)描述加工食品可以增加的价值。

(4)确定农产品如何有助于健康的生活方式。

5. 农业与技术的联系

(1)确定新技术目前在农业中的应用。

(2)将生物技术定义为“应用于农业以解决问题和提高产品质量的一系列技术”。

(3)确定与生物技术相关的主要益处和关注点。

(4)探索农业改良技术如何通过减少投入提高产量来帮助改善环境。

6. 农业与经济的关系

(1)探索与农业相关的工作。

(2)将不断增长的世界人口与增加农业生产的需求联系起来。

(3)确定美国为全球主要农产品出口国。

(4)将农业确定为现在和未来解决世界饥饿的必要产业。

(5)描述供求关系如何影响农产品价格。

(四)青年分析支柱

分析是成人早期标准的主要目标。在这个层次上,期望学习者分析农民的行动对他们的日常生活产生的影响,以期他们将利用这些知识来指导个人决策,例如投票、饮食习惯、生活方式等。

1. 农业与环境的关系

(1)分析农民可以在家中实施的水土保持措施。

(2)分析农民可以在家中实施的节水措施。

(3)分析农民可以在家中实施的空气污染预防措施。

(4)描述农民如何创造和维持野生动物栖息地。

(5)评估农民在做出日常选择时如何考虑环境影响。

(6)分析持久家庭农场对环境的重视程度,以便长期维持可持续经营。

2. 农业与食品、纤维、能源的关系

(1)评估家庭中食品安全。

(2)与其他国家相比,分析美国的食品安全要求水平。

(3)在购买食品和纤维产品时,请使用耕作方法的知识来做出明智的决定。

(4)分析常规耕作方式如何满足人口需求。

(5)评估家庭农场的文化和历史价值。

3. 农业和动物的关系

(1)分析动物福利和动物权利的区别。

(2)利用动物权利和动物福利的知识来做出明智的购买和投票决定。

(3)评估农民保持动物健康和安全的策略。

4. 农业与生活方式的关系

(1)选择具有成本效益的食物。

(2)做出健康的食物选择。

(3)利用基本营养知识做出明智的选择。

5. 农业与技术的联系

(1)购买农产品时,利用生物技术知识做出明智的决定。

(2)考虑与生物技术相关的主要利益和问题,以便做出明智的投票决定。

(3)认识到农业技术是解决世界饥饿挑战的一种手段。

6. 农业与经济的关系

(1)当面对农业问题时,利用对美国食品成本的知识做出明智的投票决定。

(2)基于对农业是美国经济重要组成部分的理解做出决策。

(3)分析农业可持续发展如何影响一个国家的生活水平。

(4)分析美国农业在抗击全球饥饿中扮演的角色。

五、支柱规划:利用农业素养支柱

(一)支柱规划介绍

(1)农业扫盲战略规划进程:组织、主持人、日期。

(2)中心问题:如何确保我们对农业扫盲工作的投资产生影响。

(3)背景:根据农业产业需求,在学术界支持下美国农业局农业基金会于2012年制定并通过。

(4)从思想的终点开始:认识、识别(awareness)→发现、探索(discovery)→分析(analysis)→知识(knowledge)→知情消费者(informed consumers)。

(5)我们的进程。

步骤1:收集意见并确定工作的优先顺序

- 让领导者/主要利益相关者完成调查
- 总结和分析结果
- 确定未来农业扫盲工作的优先事项和机会

步骤2:目录和审查当前的努力

- 在工作表中列出当前的农业扫盲事件和材料,并总结相对成功之处
- 列出每个映射到支柱的受众和参与方法

步骤3:制订未来农业扫盲工作战略计划

- 确定要保存、修改或替换哪些活动
- 制订时间表和计划
- 与他人沟通新的战略计划

(二)农业素养(扫盲)计划工具

将农业素养支柱纳入计划过程,编制一个循序渐进的计划,详见表4-3。

表 4-3　农业素养(扫盲)计划工具[①]

<table>
<tr><th>步骤</th><th colspan="2">任务及支持文件</th></tr>
<tr><td rowspan="4">步骤 0
(可选)</td><td colspan="2">解释农业扫盲战略规划流程</td></tr>
<tr><td>什么时候</td><td>在计划流程开始前 1—2 周</td></tr>
<tr><td>任务 1</td><td>向领导或规划团队提交农业素养规划流程概述</td></tr>
<tr><td>支持文件</td><td>规划演示(幻灯片)</td></tr>
<tr><td rowspan="4">第一步</td><td colspan="2">收集意见并确定工作的优先顺序</td></tr>
<tr><td>任务 1</td><td>让 5 名领导者/主要利益相关者完成调查。利益相关者可能是你的组织成员、老师、董事会成员等。他们应该对你所做的事情以及你为什么要这么做有所了解</td></tr>
<tr><td>任务 2</td><td>总结和分析结果
调查结果告诉你应该把精力集中在哪里,即哪一个支柱、受众和参与方式</td></tr>
<tr><td>支持文件</td><td>支柱规划调查</td></tr>
<tr><td rowspan="4">第二步</td><td colspan="2">对当前工作进行编目和审查</td></tr>
<tr><td>任务 1</td><td>列出当前的农业扫盲活动和材料,并总结相对成功之处
我们做了什么,我们对结果了解多少?</td></tr>
<tr><td>任务 2</td><td>列出具体活动和材料
我们的优先事项与我们目前/过去的努力之间的差距在哪里?</td></tr>
<tr><td>支持文件</td><td>支柱审查工作表</td></tr>
<tr><td rowspan="5">第三步</td><td colspan="2">制订未来农业扫盲工作战略计划</td></tr>
<tr><td>任务 1</td><td>确定要保留、修改或替换哪些活动
根据我们的优先顺序,我们做了哪些不同的事情?</td></tr>
<tr><td>任务 2</td><td>制订时间表和计划
我们如何以及何时实现它?</td></tr>
<tr><td>任务 3</td><td>与他人沟通新的战略计划</td></tr>
<tr><td>支持文件</td><td>支柱战略计划工作表</td></tr>
</table>

(三)农业素养支柱规划调查

让领导人和主要利益相关者完成这项调查,使用支柱开始农业扫盲规划流程。调查主要从以下三方面展开:

① 美国农业部网站,https://www.usda.gov/。

1. 农业扫盲的支柱

说明：回顾农业扫盲的支柱。考虑一下你们所在地区/社区农业面临的问题和挑战。将七个组成部分进行排序，其中第1部分对你来说是最重要的，也是农业扫盲工作应该关注的地方。

(1)对农业的基本理解。

(2)农业和环境之间的关系。

(3)农业与食品、纤维、能源之间的关系。

(4)农业和动物的关系。

(5)农业和生活方式之间的关系。

(6)农业和技术之间的关系。

(7)农业与经济的关系。

2. 目标受众

说明：考虑接触您所在地区/社区的关键受众的重要性。对列出的受众进行排序，其中第1类是最重要的受众。

(1)学前班—幼儿园。

(2)1—3年级。

(3)4—6年级。

(4)中学/初中。

(5)高中。

(6)大学生。

(7)年轻人。

(8)老年人。

3. 接触(参与)方法

说明：考虑您的组织在以下每一种吸引观众的方法上的熟练程度并按熟练程度对方法进行排序，其中第1种是您最熟练的方法。

(1)课堂演示。

(2)零售场所活动。

(3)展览会/节会展位。

(4)农场参观和其他主办的特别活动。

(5)社交媒体。

(6)开发新材料(手册)以供分享。

(7)将书籍和材料带入图书馆、教室和其他场所。

(四)支柱审查工作表

为了给使用支柱编制农业扫盲计划的人员提供审核帮助,美国农业局农业基金会特地制作了“支柱审核工作表”供大家参考,见表4-4。

表4-4　支柱审核工作表[①]

活动或材料书籍等	何时提交/开发	结果影响的证据?	与农业素养支柱的关系	目标受众	参与方式
	多久一次? 何时首次开发/实施?		基础知识 农业和环境 农业和食品、纤维、能源 农业和动物 农业和生活方式 农业和技术 农业和经济	学前班—幼儿园 1—3年级 4—6年级 中学/初中 高中 大学生 年轻人 老年人	课堂演示 零售场所活动 集市/节日摊位 农场参观和其他主办的特别活动 社会媒体 开发新材料(小册子)以供分享 将书籍和材料带入图书馆、教室和其他地方

(五)支柱战略规划工作表

在编制农业扫盲规划时,必须明确农业扫盲所要达到的目标是什么,普及农业素养支柱的哪些部分,需要开展的活动以及需要的材料,目标受众是谁,等等。为此,必须编制“支柱战略规划工作表”,其具体要素见表4-5。

表4-5　支柱战略规划工作表[②]

目标	与农业素养支柱的关系	活动或材料	目标受众	时间表,预算和人员
	基础知识 农业和环境 农业和食品、纤维、能源 农业和动物 农业和生活方式 农业和技术 农业和经济	描述要开发的活动和/或材料以及参与方法	学前班—幼儿园 1—3年级 4—6年级 中学/初中 高中 大学生 年轻人 老年人	什么时候? 需要费用吗? 领导者/规划者? 需要志愿者吗?

① 美国农业部网站,https://www.usda.gov/。

② 美国农业部网站,https://www.usda.gov/。

第四节　农业素养与食农教育的关系

“食农教育”理念包括食用(食材如何利用)、食安(食材安全知识)、食源(食材的来源)、食艺(烹调手艺)、食仪(就餐的礼仪)。对于远离土地,远离体力劳动和生产,远离身心和谐共生的劳动机会和场景的青少年来说,若能引入“食农教育”理念去培养学生的农业素养,这对学生的良好饮食习惯的建立会有积极的帮助。研究表明,要使儿童建立良好的饮食习惯,最佳途径就是在学校设立校园菜圃。如在美国加州提倡“一学校一菜圃”,鼓励学校或社区建立校园菜圃或社区菜圃,把校园菜圃当作户外的自然教室或实验室,从 1996 年到 2005 年,加州地区学校花园的设置率已从 13%(890 间学校)提高到 24%(2381 间学校)。除此之外,户外的农事教育也可以当成环境教育课程之一。此研究还发现,参与农事教育的学童在学科的测验上,成绩有明显提升,对自我周遭环境产生了热情关注的态度,并提高了学习动机。有关专家研究指出,校园菜圃可以是学校推行饮食教育的方案之一。研究结果显示,参与 12 周饮食教育的 6 年级学生在蔬果的摄取量方面较控制组高。学习时间的长短、家庭饮食习惯、其他环境因素会影响其行为改变,因此长时间的饮食教育确实会影响到学习者的饮食习惯。当然家庭、社区等的农业素养教育也非常重要。

一、农业素养与农事教育

(一)农事教育对培养农业素养的重要性

如今,孩子们的生活范围多为学校、家庭“两点一线”,这种生活方式就是“足不出户”式的学习。即使外出学习,也多半是去图书馆、科技馆、游乐场等,很少走进大自然,接触大自然,体验大自然,更不用说亲近和体验春耕、当一回“小农民”了,以至于许多中小学生都不认识五谷杂粮和常见的蔬菜。比如,有的学生说,西瓜长在树上。学生之所以出现这种常识性错误,除了科普知识缺乏以外,主要原因是远离了土地,没有走进大自然,没有亲近农村、农业或农民。从教育上讲,就是没有对学生开展“农事教育”,导致一些学生一涉及“三农”知识便成了“农盲”,闹出笑话来。

带孩子到农田里走一走、干干农活儿。在这个过程中,“谁知盘中餐,粒粒皆辛苦”不再只是书本上的文字;“深耕一寸,多收一囤”不再只是一句朗朗上口的农谚。带孩子体验耕种,让孩子了解什么是翻耕农田、浸种催芽、除草制肥等,让孩子在亲身体验中学习农事知识。对孩子开展“农事教育”，是一种全面素质教育方式，不仅能够让孩子学到耕种知识，掌握耕种技能，还能够让孩子亲自体验了解耕种过程，切身感受农耕文化，培养农业素养；开展“农事教育”不仅能够让孩子在书本之外增长见识与能力，还能够让孩子们体验劳动过程的辛苦与快乐，在体验中学习、锻炼、收获，让孩子懂得农家人的辛苦，从而学会尊重他人的劳动成果，尊重劳动，爱惜粮食，从而热爱生活。

“农事教育”更应该走进学校教育中，成为青少年的必修课。翻地、播种、锄草、施肥、收割……这些农田劳动，可以弥补青少年普遍存在的农业知识短板，加深他们对农村和农民的感情，激发他们对劳动的尊重和热爱。这些对青少年健全人格的培养将起到很大的助推作用。事实上，对学生开展“农事教育”已经成为多地教育部门的有益探索。如 2016 年 7 月，成都市农委、市教育局、市科技局印发了《成都市中小学农事教育指导意见》，计划在两年内实现全市中小学农事教育覆盖面达 100%的目标。此举旨在全面实施素质教育，引导中小学生了解农业知识，参与农事活动，传承农耕文化；了解农村风俗民情，感受社会主义新农村的变化，认识农业对人民生活水平提高和生活方式改良的重要性；培养学生农事学习兴趣、创新精神和实践能力，激发学生热爱劳动、热爱大自然、热爱劳动人民的思想感情，践行社会主义核心价值观。《成都市中小学农事教育指导意见》坚持的原则是：

(1)坚持思想引领。中小学农事教育既要让学生学习必要的农事知识和技能，更要通过农事教育帮助学生形成健全人格和良好的思想道德品质，激发学生热爱家乡、热爱祖国的真挚情怀。

(2)坚持学科渗透。根据国家基础教育相关课程内容，学校要有目的、有意识地挖掘农事教育相关要素，开发相关教育资源，利用学科主渠道有机融入和有效开展农事教育。

(3)坚持实践体验。坚持以体验为基本途径，让学生通过直接参与农事活动，获得直接经验和情感体验，分享劳动喜悦和艰辛，感恩自然，感恩社会。

(4)坚持适当适度。要根据学生的年龄特征、性别差异、身体状况等特点，选择合适的农事项目、内容和适宜的实践学习方式，安排适度的劳动时间和强度，做好学生劳动保护，确保学生农事活动人身安全。

《成都市中小学农事教育指导意见》还将青少年参加农忙纳入社会实践内容，并设立青少年农事教育实践基地、涉农科普基地开展专题农事教育。这样的制度设计值得借鉴和推广。

(二)农事教育对提高学生身体健康的作用

农事教育除以上所述的能培养学生农业素养外,还能提高学生的健康水平,找回身体的活力。因为人是自然的一部分,是地球的小缩影,与万物紧密相连不可断离。人体与大自然最直接的联系是食物、空气、水,而干净的食物来自健康的农耕和畜牧。在这方面,我们可以来阅读两本书,即《不安的美国:文化与农业》和《好农业,是最好的医生》,从中找到一些启示。

美国的温德尔·贝瑞(Wendell Berry)在其著作《不安的美国:文化与农业》中认为,良好的农业是一种文化发展和精神纪律。然而,今天的农业综合企业将农业从文化背景中剔除,远离家庭。结果,作为一个国家,我们与农业知识、土地更加疏远。在致力于机械和追求产品、利润的经济体系下,我们正面临社区的消失、人类工作的贬值以及自然的破坏。特别是他在"人与土地"那章写道:"当我们活着,身体是活动的大地分子,跟泥土也跟其他生物的身体结合,丝毫分不开。那么自然无须惊讶,我们对待身体跟对待大地的方式,应当彼此相似。"

受温德尔·贝瑞理念影响,毕业于哈佛医学院的戴芙妮·米勒医生在《好农业,是最好的医生》中也提到,当面临诸多病患的难解问题,无法在正统医疗机构中找到完整且令人信服的解释时,她却在农业、环境、土壤、微生物、生态、生活压力的层层关系中,获得简单却宝贵的答案。人是自然的一部分,是地球的小缩影,与万物紧密相连不可断离。人体与大自然最直接的联系是食物、空气、水,而干净的食物来自健康的农耕和畜牧,作者甚至认为城市农园的自耕作物要比商业农产品更有益于人体。为了证实推论,她亲自拜访各地的农场主人,还将在每个农场获得的心得消化成处方,推荐给她的患者。身体的状况是身心灵和地球万物互动的结果,好食物和开朗的心情是健康的根本。从吃的到用的,从内脏到肌肤,从身体到心理,从婴儿过敏到青少年疏离感问题,现代人所面临的大部分困扰,都可以在健康的好农业里得到解决。病症不能只用内视镜检视,终极的答案可能是地球环境的整体全貌。

在拜访温德尔·贝瑞农场之前,戴芙妮·米勒医生不知道鸡喜欢喝冷水,不知道穴播器、狭槽是两种农具,也不知道种完豆子再种胡萝卜,胡萝卜会长得更好。但通过向农夫学习,体验农家生活后,她发现好的农作方式(永续农业)充满价值连城的秘密,使她脱胎换骨成为更好的医生。当她来到欧萨克斯高地的牧场,一位密苏里州伍德晃马牧场硬汉寇迪在那里养育牛,他的技术点明了养育健康儿童的一条新道路;阿克色州两家养鸡场给她的启示是,对人类健康最大的冲击来自情绪压力;加州一座酒庄采用的害虫治理手段,对于理解癌症、治疗癌症提供了一个令人不能不信的新看法;布朗克斯的社区菜园让她看见市区治安死角长出来的食物，带给居民远超蔬果本身营养价值的健康效益；而她拜访的芳香草本植物培育者为她揭开健康步入老年、维持永续之美的秘密。

如密苏里州伍德晃马牧场的农场主寇迪给米勒医生讲述了：野牛在迁徙过程中四处践踏，把沿途吃个精光，但是这些边走边吃的野牛要跨越美国四个州之后才会回到原地，到那时候所有植物都已经长出来了。在1800年代初期，在野牛被赶尽杀绝之前，它们的数目比现在的家牛还多，而且不需要吃谷子。野牛的迁徙规律给了寇迪灵感，他采用欧萨克斯高地肉牛产业开始之前的天然系统作为他的牧场模式，称其为"整体观放牧""乌合之众放牧"或"野牛风格"，其实就是一种轮替法模式。他的牛群整体移动，穿过一系列小型圈养草场，集中进食。它们排出的经充分加工的食物（粪便），重新回到土里。至少要等四个月以后，牛群才回到同一块草场，因此植被、生物得到充裕的时间复苏。农场里有一座移动式的鸡棚，闲置的地往往会放满新鲜牛粪以引来苍蝇，鸡会吃蛆，还会掀动并让牛粪四散，能起到控制蝇虫的作用。这套方法使寇迪每英亩牧养的牛是密苏里州一般牧场的3倍，使寇迪一家不用高昂的投入品，如荷尔蒙、预防针、驱虫药、受精费用、玉米饲料、氮肥、曳引机燃料等。更重要的是，野牛风格的放牧，让寇迪养的牛成为密苏里州最健康的母牛。整个环境系统的改变，才让牛更健康，这就是寇迪所说的"整体观"。米勒医生有乳糖不耐症，但吃了寇迪家的生牛奶却一点没事，寇迪也宣称母牛的生奶是他所有的牛犊在学会吃草前的唯一食物，他很肯定这是牛犊健康不生病的原因之一。附近社区的人生了病，总是开车来他家买1夸脱（约0.9升）的新鲜牛奶，喝了他家的生牛奶，婴儿的湿疹、肠胃问题及大人的大肠激躁症等都会好转。为此，米勒医生去德国慕尼黑拜访冯慕缇教授（研究接触环境微生物与小儿哮喘）请教有关健康和农场之间的关系，想找出生乳健康价值的真相，弄清楚为什么农家儿童如此健康。冯慕缇教授说，20世纪90年代晚期，有一次他听研究过敏和气喘的同事说瑞士格莱布兹村的医师提起他几乎没见过农家儿童患上过敏和气喘这些毛病，这引起了冯慕缇教授的好奇心。他开始调查附近巴伐利亚、奥地利务农地区的气喘与过敏发病率，发现比例颇低。而他自己在慕尼黑的小儿科看诊时，发现过敏与气喘却很常见。这个疑问最终促成了一个广泛、多国的合作计划，团队发现保证农家儿童健康的重要因素是传统的小农场（采取良好农业）现挤的，没有消毒过，不曾均值化的鲜牛奶。冯慕缇教授集中精力去探究何以生奶带给农家儿童健康上的优势，得出"尽管幼年时进食的牛乳被认为是导致过敏、气喘的一个风险因素，但现在越来越多的证据显示，对于气喘、花粉症以及过敏，未经加工的牛奶并不会增加风险，反而会降低风险"。冯慕缇教授还探究了农场牛奶通过哪些途径提供保护，而均质化、减菌处理的牛奶是怎么引发过敏反应的。但在他看来，虽然现挤牛奶或许具有真正的保护效益,但是取得不易,风险太高。其实食物本身就是土地上发生的一切事情的某种缩影,良好的农业耕作方式的农事教育,能拉近人与土地的关系;再加上农业需要协力,不是泾渭分明的切割分工,农事教育能拉近人与人的关系,也让学生树立正确的生命观,有利于他们改变一些不良生活方式,促进身心健康和人格健全。

(三)农事教育与环保理念、生命观的形成

我们大部分人都在城市中度过一生,对于我们来说,真正的自然似乎十分遥远。然而事实上,每天、每时、每刻,无论身在何处,我们都与自然紧密相连,和宇宙息息相关,我们身体的每个细胞都处在无尽的运动之中,它们一直在经历着生长、死亡和再生的循环。自然并非远在天边,只有露营时才能感受到。它就在我们周围,在我们之中,每时每刻都存在着。我们如何建设城市,以及如何生活,都是这种关系的直接表现。全世界的生物(包括人类)以惊人的方式密切相连。人类是一个大家庭,我们共享地球家园,她直接提供我们赖以生存的物质资源,包括衣服、食物、汽车等,我们都生活在这个生机勃勃的、无限伟大而又神秘莫测的世界。在这非凡的生命之中,人体的96%都是由四种元素(即氮、氧、氢和碳)组成的,宇宙中绝大部分物质也是由这四种元素组成的。万物不存在不可思议的连接方式,如人类和水有着最原始的联系,我们的生命就从水中开始,最初的九个月,我们沉浸在妈妈的子宫里,一个犹如海洋般的世界。终其一生,人类和水都无法分离,人体中的水分占体重的65%。我们消费的每一件物品都藏有水的痕迹。为了生产某种产品,在完整的种植或供能中会消耗一定数量的水,比如每产出一定数量牛肉,要花费约16000升水;总共消费170升水才能做出一杯咖啡;为了喝一杯茶,从头到尾要用掉30升的水;水分子通过食物,在我们体内循环往复,如西红柿含水量94%、西瓜含水量92%、花椰菜含水量91%、牛肉含水量70%左右等。

土壤中的生态系统极其复杂,种群密度非常高,一捧土所包含的真菌、原生生物和细菌的种类数,比整个北美洲的植物和脊椎动物加起来的数量还要多。在这个独立的世界中,生物们终日忙碌,为地球生命循环各种营养物质,例如氮、碳和氧。这些土壤中的"居民",在生物降解方面是人类的盟友,它们可以将大块有机体分解成更简单的分子。这是个极其重要的生态过程,否则我们生活的地球会被大堆大堆的枯枝败叶和死尸填满。学生进行农事教育,进行农事体验,用手挖土,用脚踩泥,能让他们从情感上更加贴近地下的同伴,也让他们感到快乐!因为土壤中有一种名为"母牛分枝杆菌"的特殊细菌,它能刺激我们的脑神经分泌血清素,这也是诸多抗抑郁药物所追求的效果。

农事教育，让学生体验园艺种植，从深层次来看，也能让学生感受与万物的联系。我们和盆栽植物的亲密程度，很可能也超出你的想象。人类生命和植物生命之间以一种吃惊的方式相连。叶绿素分子的结构与人类血红蛋白的分子结构几乎完全一样，两者之间唯一的不同之处是位于分子中心的原子——叶绿素分子的中心是镁原子，镁元素让植物呈绿色；血红蛋白的中心则是铁原子，铁元素让血呈红色。支气管、神经细胞、静脉以及其他许多人体器官，都有着与树枝和树根类似的结构。甚至连我们的身体，也跟大树有相似的躯干和可以伸展的四肢。我们和香蕉树共享 60%的 DNA。植物对周围的世界很敏感，它们能用人类熟知的方式去感知世界并予以回应。植物能够看、听、感觉和品尝，甚至感知引力和水，还会主动改变生长方向以避开障碍。它们有着敏锐的触觉，有些植物(如毛刺黄瓜)的敏感程度比人类高十倍。植物跟人类一样有感光体(一种能够感知光线的细胞)，但是从认知层面来讲，植物的视觉要比人类的复杂许多。植物能够区别红色、蓝色、红外线和紫外线，还能侦测到波长范围更广的电磁波。尽管没有神经系统，无法分辨图像，但它们可以将感知到的信息转化成对生长有利的线索。由于植物能够追踪一天中光的数量和质量，所以它们可以感受时间的流逝。植物和人类神经元拥有相似的电信号系统。植物能够制造神经递质，如多巴胺和血清素等人脑中常见的化学物质。植物的光合作用能够“净化”我们的空气，吸收二氧化碳及其他污染物。美国国家航空航天局的研究显示，盆栽植物能够高效消除室内空气中的有机化学物质，如苯、三氯乙烯和甲醛。植物从大气中吸收二氧化碳，排出氧气，人类则相反，人类吸进氧气，排出二氧化碳。一呼一吸之间，植物和人类的命运紧密相连，互惠互利。通过农事教育，学生了解自己与万事的紧密关系，会更加珍惜生命，善待万物。

(四)农事教育促进人与人之间的距离

虽然人与人之间存在巨大的文化、民族和身体特征差异，但我们的基因有 99.9%一模一样。基因研究显示，解剖学意义上的现代人(即晚期智人)在大约 5 万年前(或者说 2000 代前)走出非洲，然后陆续分散到整个星球上。地球上的所有人，从某种意义上说，都是远房表亲。据推测，时间上距离我们最近的共同祖先大约生活在 3000 年前。现在活在世上的人，每 200 人就有一个是成吉思汗的直系后代，他生活在大约 800 年前，是史上疆域最庞大的蒙古帝国的统治者。无论我们是谁或者在做什么，我们始终与整个生物圈有机地连在一起。即便在没有窗户的办公室里，我们每一次的呼吸都包含着亿万个空气分子，它们参与了整个世界的水循环，将我们的生命与万物紧密相连。人体中的每一个原子和分子都在不停地运动，最后被排泄或呼出。生物圈的元素会通过我们吃的食物、喝的水以及呼吸的空气直接替换掉这些原子。每年有4万吨宇宙尘埃落在地球上，最终，这些含有氧、碳、铁、镍等元素的碎片，会以某种形式进入土壤、植物、动物以及我们体内。就这样，我们和遥远、寂静的宇宙间产生了动态的联系。人类同所有宇宙中的元素和生命一起，共同构成了万物的永恒循环。我们不仅生在宇宙之中，我们就是宇宙。这便是万物不可思议的连接方式。学生参与农事教育，参与农事体验，在协作过程中增进彼此的距离和感情，在学习和体验过程中增进与土地、植物、动物的感情，通过观察和感受，体悟了生命不可思议的秘密，从而关爱自己，关爱家人，关爱身边的朋友和环境，关爱国家和民族，关爱整个地球和宇宙。

接下来的典型案例是台湾有机食农游艺教育推广协会和台湾高雄市旗山区鼓山小学联合拍摄的一个报道视频的文字记录，从中可以看出食农教育特别是农育对培养学生农业素养及身心健康产生的影响。

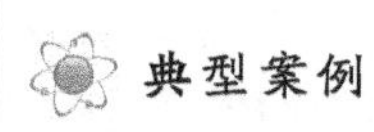
典型案例

落实有机食农教育

高雄市旗山区鼓山小学有机食农教育余盆成老师：学生现在已经跟土地，跟植物一条心了，这点我就觉得真的很安慰，而且很高兴。

旗山区鼓山小学校长陈正修：关于有机食农教育，我有几个想法跟大家分享。第一个想法就是认识尊重，连接我们所在地的一个农业的情感。因为我们所在地的小朋友的爸爸妈妈跟他的祖父母大部分都是以务农为主，希望他们能够尊重这块土地，更能够理解爸爸妈妈或祖父母在从事农业当中的辛劳。第二想法就是希望能够拓展小朋友的学习视野，小朋友的学习不只是在教室，更是在我们鼓山小学校园的各个小小的角落里。第三个想法是我们当然希望小朋友能够合作、能够享受大地的餐桌所能够带来的食物的乐趣。

高雄市旗山区鼓山小学吕梅瑛老师：从土壤到餐桌，从我们种植到料理这整个过程里面，他们学会了不只有机蔬菜比较安全，比较健康，可以延伸到农业对我们整个大地、对我们的环境、对我们的土壤有多么重大的影响。

高雄市旗山区鼓山小学导师柯惠雯：很特别的是，他们每一次都不会忘记在固定的时间到他们的有机菜园里面（学校的植物生态教育园，即寻蜜园）去看他们种下的心肝宝贝，为这些有机菜苗除草、抓虫，我发现他们也得到了身心的舒展。而且呢，感觉上是一个对他们很疗愈的活动。

有机食农老师：就是收成的时候，我们会做一道简单又好吃的料理。小朋友们学会自己去切菜，然后开瓦斯炉来煮东西吃。那我就发现在班上有一些本来学习成绩不好的小朋友，却产生了浓厚的学习兴趣。

记者问学生：你学到了什么？

甲学生：可以体验农民的生活。

乙学生：我学到了如何种有机蔬菜。

又问：上完有机食农课程有什么心得？

甲学生：购买有机蔬菜，不仅对人体友善，也可以保护环境。

乙学生：我觉得做任何事情都应该坚持下去，就像种菜一样。

老师：有机食农教育就像种下一颗爱的种子，让孩子懂得关心以及爱护这片土地，并且选择对土地更友善的方式来与大自然共存共荣。同时，我们也要教导我们的孩子，他们的每一个决定和选择都有机会使我们的环境更美好！

二、农事教育与劳动教育

在我国，农事教育属于劳动教育的一种。劳动教育是学生全面发展的必要途径。中共中央、国务院在2020年3月印发了《关于全面加强新时代大中小学劳动教育的意见》（以下简称《意见》），要求构建德智体美劳全面培养的教育体系。教育部于2020年7月印发了《大中小学劳动教育指导纲要（试行）》。对于新时代人的全面发展，习近平总书记明确指出，以凝聚人心、完善人格、开发人力、培育人才、造福人民为工作目标，培养德智体美劳全面发展的社会主义建设者和接班人。[①]《意见》面向全体学生，明确了劳动教育总体目标，突出劳动教育的思想性，强调“理解和形成马克思主义劳动观，牢固树立劳动最光荣、劳动最崇高、劳动最伟大、劳动最美丽的观念；体会劳动创造美好生活，体认劳动不分贵贱，热爱劳动，尊重普通劳动者，培养勤俭、奋斗、创新、奉献的劳动精神；具备满足生存发展需要的基本劳动能力，形成良好劳动习惯”。《意见》中规定了诸多细则，纳入人才培养全过程、在大中小学设立劳动教育必修课程、每年有针对性地学会1至2项生活技能等，都是将劳动教育落到实处的措施。[②]

“韭菜与小麦不分，把小马驹叫大狗。”这种对常识的误读，“不识稼穑”的现象，在孩子们中间愈来愈普遍，不仅城市，甚至农村亦然。明清两代皇帝每年都要到天坛和社稷坛祭祀天、社（土地神）、稷（五谷之神），祈祷丰收。表达的是对

① 《劳动教育是学生全面发展的必要途径》，http://m.jyb.cn/rmtzgjyb/202008/t20200814_351276_wap.html。

② 《劳动教育：重回教育的起点》，https://baijiahao.baidu.com/s?id=1662573068720549898&wfr=spider&for=pc。

农业生产的关怀与重视，也是对劳动的敬畏和尊重。今天我们所享受的所有文明皆起源于农耕文明，稼穑是社会发展的根基和重要一环，更是人生不可或缺的一环，有稼穑经历和体验的人生更扎实也更丰富。《尚书·无逸篇》说："不知稼穑之艰难，乃逸乃谚。"意思是没有体验过"面朝黄土背朝天"的艰辛滋味，就会变得放纵、荒唐。这句3000年前周公告诫子孙的至理名言，到了今天更具现实意义。识稼穑，会知艰辛；知艰辛，会懂俭朴；懂俭朴，会远奢靡。奢靡是一种罪过，俭朴是一种美德。教育孩子远离奢侈，勤劳朴素，是家长、学校、社会的责任。马克思在对黑格尔和费尔巴哈学术的批判发展中，深刻地认识到"劳动是人的本质"，劳动教育是德智体美教育最肥沃的土壤。

食农教育着重的是参与者通过亲自动手做的过程，去和作物、食物、土地互动，其中的农育，特别是农事体验就是一种劳动教育。在农事体验中，学生必须进行合作劳动，从中学会诚实、信用、互相帮助等品德；学生在农事体验中不断总结经验教训，以及通过其他方式的食农教育，学会与自然和谐共生的智慧。劳作辛苦，却锻炼了人类的体魄，丰收喜悦，更给予人们载歌载舞的审美。著名作家王蒙曾说，没有亲近过泥土的童年，不是完整的人生。通过农事体验，更能参悟出经营人生与农民经营土地有可比之处。农民种地，首先要有规划，要确定在土地上种植什么；其次，要进行耕耘、播种、浇水、施肥等农事，需要勤劳；种瓜得瓜，种豆得豆，天道酬勤。经营人生与经营土地有相似之处：首先要进行规划，这和农民打算在土地上种植什么相似；实现目标的过程如同农民辛勤耕耘的过程；人生成败好比土地收成。白马寺上有一副对子：心有良田，耕之有余。[①] 最近我国教育部门发声，在受教育者中实践劳动教育，正是对教育起点的回归。长远的影响必然会引导学生崇尚劳动价值，弘扬奉献精神，培育高尚情操，完善自我追求，从而影响和改造社会的主流风气。

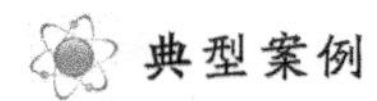

袁隆平带研究生有个条件，央视主播：背后有深意[②]

近些天（2020年8月），各地出台了很多鼓励节约、杜绝粮食浪费的措施。主播海霞认为，在大中小学开展劳动实践教育，让大家从小就能亲身体会到"粒粒皆辛苦"，是鼓励节约的一个重要方式。

---

① 颜廷君：《给人生插花》，中国书籍出版社，2017年版。

② 《袁隆平带研究生有个条件，央视主播：背后有深意》，http://news.eastday.com/eastday/13news/auto/news/china/20200818/u7ai9450416.html。

海霞：今天看到一条新闻说，袁隆平院士带研究生有一个条件，那就是不下田就不带。这个条件有深意，我想它既是倡导实践教育，也昭示着脚踏实地、用汗水浇灌知识的理念。

这些天，各地就鼓励节约、杜绝浪费出台了很多措施，联播有相关报道。实际上，亲身下过田、体会过"锄禾日当午"那种艰辛的人，肯定会对"一粥一饭当思来之不易"有深切的感受。所以，咱们鼓励节约其实有一条很重要的途径，那就是在大中小学校多开展劳动教育。

今年三月，中央就加强大中小学劳动教育专门出台过意见，要求大中小学每学年设立劳动周，让学生动手实践、出力流汗。看来，该下田的不能限于袁老的研究生，从小就该让同学们脚沾泥土动起来，脚下沾有多少泥土，心中就沉淀多少真情。要让节约成为一种内化于心、外化于行的自觉，劳动实践教育，约起来！

(三)农事教育与园艺疗法

在前面的"落实有机食农教育"的典型案例中，我国台湾高雄市旗山区鼓山小学导师柯惠雯说到通过食农教育种植有机蔬菜"感觉上是一个对他们很疗愈的活动"。由于本书的重点是针对未成年人，前面也描述了农业素养培育的重要方式是校园园艺，所以接下来讲讲园艺疗法对未成年人的作用和效果。这里的园艺即包括蔬菜、果树、花卉等。园艺疗法顾名思义就是以"园艺"作为媒介的"疗法"。日本园艺福利普及协会对园艺疗法的定义是"通过植物以及与植物有关的各种活动(园艺、花园制作)，改善身心状态，促进身体健康的疗法"。参加园艺活动，不仅可以促进未成年人身体发育，形成强健的体魄，而且可以促进未成年人心理发展，培养自信心，提高合作能力。

(1)促进肌肉和体力发育，增强运动协调性。

未成年人进行适当的园艺活动，如种植、修剪、除草、施肥、浇水等，不仅可刺激感觉，如触觉、视觉、听觉、嗅觉等，增强感官感受能力，而且经过运动，有利于增强上肢、下肢乃至全身的活动性、协调性。长期坚持下去则可锻炼身体，形成强健的体魄。同时，适度的园艺劳动可以消耗未成年人过剩的精力和体力，产生轻度疲劳，刺激未成年人的身体发育。

(2)增强认知能力。

未成年人对任何新鲜事物都有极大的好奇心，通过园艺活动，不仅满足他们的好奇欲望，而且能够让他们接触更多的新事物，潜移默化地增强他们的认知能力。

(3)抑制冲动,消除急躁情绪。

进行园艺活动时,未成年人能够切实看到周围的花草树木,闻到它们的花香,听到周围偶尔的鸟鸣、虫嘶,从而使未成年人的心情平静下来;再加上通过劳动获得的满足感,可有效地缓解未成年人的急躁情绪,使他们的身心得到满足,产生宁静感。久而久之,形成良好的性格。

(4)增加行动的计划性。

园艺植物的生长发育与外界环境条件密切相关,何时播种、何时栽植、何时施肥、何时浇水、何时修剪等,都具有相对固定的时间,而且植物种类不同,其操作时间、内容也互不相同,具有明显差异。因而,进行园艺活动,必须根据活动内容,因人而异地制订活动计划,或形成书面计划,或在脑海中长久思虑。这样一来,必然会增强未成年人与植物的感情,根据植物生长发育的规律,及时、正确地安排和施行适当的措施。长此以往,可以培养未成年人的时间观念和制订计划的能力,增强行动的计划性。

(5)集中注意力。

未成年人具有强烈的好奇心和求知欲,这导致他们难以将注意力长期集中在某一事物上。在整个园艺活动过程中,未成年人要根据需要做出不同程度的决策,例如,花盆的大小、植物颜色的搭配、浇水量多少、摆放位置、摆放图案等。这些活动不仅能够在一定程度上满足未成年人的独立欲望,而且能够长久地吸引他们的注意力。此外,在活动过程中会时常出现一些问题、困难,如植物虫害、病害、死亡等,这就要求未成年人运用解决困难的能力,能够培养他们独立处理问题的能力。

(6)增强动手能力。

目前,许多未成年人是独生子女,再加上祖辈、父辈的过分溺爱,养成了饭来张口、衣来伸手的依赖心理,生活自理能力极弱,甚至难以生活自理。园艺活动的整个过程就是要求未成年人自己动手,根据实际情况做出判断和抉择。这无疑能够培养未成年人的实际动手能力,克服他们的依赖心理。因而,园艺活动不仅能够培养未成年人的独立能力,而且能够培养他们的动手能力。

(7)缓解压力。

在我国的教育改革中,虽然政府早已三令五申减轻学生负担,提高素质教育,但父母受望子成龙、望女成凤等旧观念的影响,往往把自己对社会压力的理解和感受不自觉地贯彻到对孩子的教育中。再加上有些学生还要进行练琴、学画、学书法、学舞蹈等“素质教育”,学生的压力一般挺重的。久而久之,就会超出孩子的心理承受能力。园艺活动可以让孩子们处于一个花草、树木相连的环境中,大自然的气息重回他们的生活中,简单而又专注的劳动,使他们的压力在不知不觉中释放出来，再加上认知欲、独立欲的满足，确保他们在轻松、快乐、健康中成长。

(8)增强责任感。

未成年人在家庭中处于被过度呵护的状态，而在许多人合作的情况下，往往对自己应承担的责任不明确，没有强烈的责任感，经常出现事前无准备、事中都参与、事后无人管的现象。参加园艺活动后，采取责任到人的方法，每个人必须清楚哪些是自己管理的花草、树木，一旦这些植物因管理不当或疏忽而枯萎或死亡，他们便会感到自己的失误，认识到哪些是自己必须做的工作，从而产生、增强责任感。

(9)培养自信心。

未成年人由于身心发展尚未成熟，受到打击后，往往对自己产生怀疑，丧失自信心，甚至抱着“破罐子破摔”的想法，在歧途上越走越远。参加园艺活动，可使未成年人的欲望得到满足，特别是当自己培植的花草树木由于长势好受到他人的称赞，自己的辛勤劳作得到他人的肯定时，他们的内心会产生自豪感，从而增强自信心。

(10)增加交流，提高合作能力、社交能力。

大多数独生子女，由于种种原因(如性格、教育等)，同外界交流较少，甚至与父母也很少交流。参加集体性的园艺活动，他们可以花草树木、虫鱼鸟兽为话题，产生共鸣，促进交流。此外，由于大多数园艺活动需要多人合作，因而适当的园艺活动也可培养未成年人与他人的合作精神。因此，园艺活动可以使未成年人增加与他人的交流，提高合作能力，增强社交能力。

(11)培养、增强社会道德观念。

未成年人参与适当的园艺活动，当他们通过辛勤劳动取得一定的成果，获得一定的成功时，不仅可以增强自信，同时还会感觉到自己为大家做了有益的事情。此时恰当的赞誉，不仅可使他们的自信心得到满足，而且还可以激发他们继续为他人、为社会服务的意识。此外，为花草、树木摘除枯萎花朵、扫除落叶，可以培养未成年人热爱环境、美化环境的意识和习惯，进而培养社会道德观念。

三、农业教育、饮食教育、环境教育、生命教育与食农教育的关系

国外学者以准实验研究的方式探讨在学校内设置蔬菜园对于学童蔬菜知识、偏好与摄取量的影响时发现，园艺活动有效影响了学生的饮食行为与知识。学校是适合发展饮食教育、农业教育的地方，饮食习惯应从学童时期建立，通过课程安排，让学生进行种植、烹饪的体验活动，是促进儿童健康饮食更有效的

方法。

食农教育涵盖饮食教育的健康饮食选择行为与烹饪教育、农业教育中地产地销与农事体验等概念。而不论是饮食教育抑或是农业教育,皆紧扣环境教育中环保永续的观点。以健康饮食行为出发,通过农作体验,让学童尝试粮食自产的过程,体会认识食物取得之不易,进而感恩食物与食物生产者;提倡环境教育的理念,让学习者体认自身饮食方式与环境生态的互动关系,也让学习者懂得关心从食物到餐桌的过程中应该尽量减少“食物里程”,减少能源消耗与减少垃圾制造,进而发展有利于生态环境的永续行为。

我国台湾地区中小学九年一贯课程纲要社会学习领域基本理念认为,社会学习领域是统整自我、人与人、人与环境间互动关系所产生的知识领域;了解人与社会、文化和生态环境的多元交互关系,以及环境保护和资源开发的重要性是社会领域课程目标之一。社会学习领域分段能力指标中,“借由接近自然,进而关怀自然与生命”“认识各种资源,并说明其受损、消失、再生或创造的情形,并能爱护资源”“了解产业与经济发展宜考量区域的自然和人文特色”“举例说明外来的文化、商品和资讯如何影响本地的文化和生活”等,都让食农教育融入课程中的观点有了指标依据。教育是引领食农概念在学童心中生根发芽的关键。食农教育并非单科教学,无法增加教学时数,而应以融入各领域的方式进行教学。进行“食农教育”时应该遵循几项原则:就近、实用、食用。以当地食材作为材料,授予学生可用的操作技能,并学习料理美食。

台湾学者曹锦凤、董时叡等通过一学期的食农课程实践,研究发现食农教育对于学生的农业素养和饮食习惯大致上产生的是正面的影响。学生从初期的被动、漫不经心,到后期渐渐学会主动互相合作,学会不浪费食物,心怀感恩之心,这些转变令人感动。食农课程为学生打开不一样的视野,饮食不应该只是吃东西这样简单,更应利用五官好好认识碗中食物,知道它的来源、种植方式。食农教育的推行是希望让学生除了学习课本上的知识外,还能经由农事反复劳动的过程,学习尊重自然、作物,学会对作物付出,感恩每天为我们辛苦耕作的农夫;再者,培养同学间团体合作的默契,增进班上团结氛围。在上课过程中,研究者偶有感到挫败之处,但每每又会因为学生的进步、班导师的鼓励等正向能量继续前进,该研究除了让学生学习饮食和农业的重要性之外,也让研究者获益很多。

总之,食农教育可视为饮食教育、农事教育、环境教育、生命教育等多元教育融合,图 4-4 为台湾学者杨惠喻所描绘的食农教育的要素意涵,从中可以看出饮食教育、农业教育、环境教育与食农教育的关系。

为了进一步加强对食农教育的理解,我们将在接下来的几章介绍饮食教育、环境教育、生命教育与食农教育的关系。

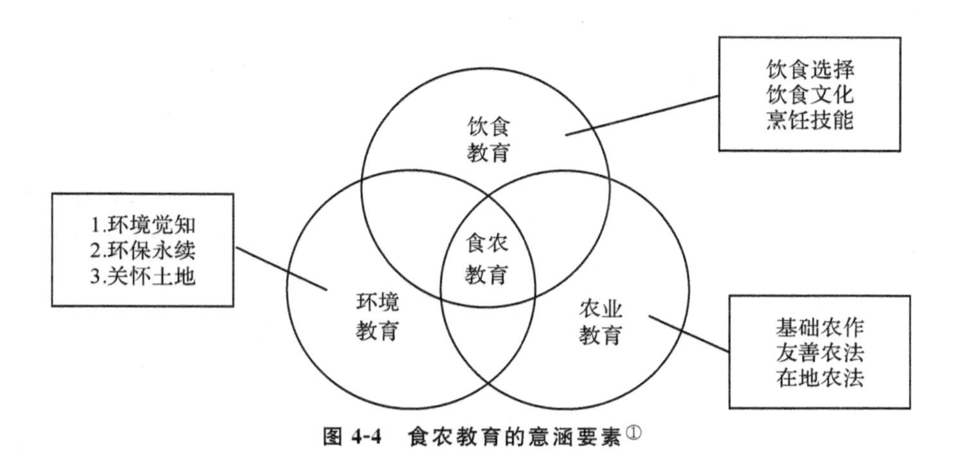

图 4-4　食农教育的意涵要素[①]

① 杨惠喻:《澎湖县小学食农教育之推动现况、困境及因应策略之个案研究》,台湾台南大学硕士论文,2017 年。

第五章

环境教育与食农教育

第一节　环境教育与环境伦理教育

自然资源的短缺和生态环境的恶化，已经对人类生活生存空间造成冲击和威胁，成为制约人类生存和发展的首要问题。进入21世纪之后，环境问题就是全人类共同面对的问题，解决环境问题就是全人类在21世纪的共同议程之一。世界各国已意识到环境教育的重要性，环境教育是因为人类社会实践的迫切需要而产生的，是一个多层次、全方位反映人与环境关系的内容体系。环境教育通过培养个体对环境的道德意识和责任心，改变其作为消费者和生产者的态度和行为，进而形成理想的环保行为和生活方式。环境教育不能停留在口号和知识的掌握上，而应把对他人的尊重和对自然的敬重转化为实际行动，蕴含着浓浓的人文关怀。

随着中国经济的高速发展，中国社会从20世纪末开始步入“消费社会”，随着购买和消费行为越来越多，食物消费从主食转向副食、从植物源食物转向动物源食物、从碳水化合物转向高脂高蛋白食物。这种社会形态的转变既意味着巨大的福祉，也伴随着巨量的资源消耗和沉重的环境代价，并产生越来越糟糕的全球生态效应，如严重的农业污染、本土性作物和畜禽品种的大量消失、淡水和近海渔业资源的濒临枯竭、大量浪费造成的垃圾问题以及过度消费造成的肥胖问题。单靠中国自身的土地资源已无法支撑过度、大量的食物消费，而从国外进口的农产品、食品总量在2017年已经超过1.4亿吨，相当于进口了10亿多亩的外国的耕地。为此，我们要从生态文明着眼，全面改变现有的生产方式和消费方式，全面倡导绿色消费、适度消费（量入为出、量力而行）和深度消费（物尽其用、变废为宝），消费者应向“环境公民”转变，而落实这些，迫切需要相关教育。

教育的最根本特点就是着眼于人的发展，“使人成其为人”是教育的内在指向。“教育是形成未来的一个主要因素。”美国学者约翰·福布斯在论述21世纪全球教育发展趋势和工作重点时，将加强环境教育摆在了首位。“环境教育”一词，最早出现在Paul & Percival于1947年出版的《社区》一书中。首次出现在国际会议上,是在1948年世界自然保护联盟(IUCN)在巴黎举行的国际研讨会上。威尔士自然保护协会主席托马斯·普瑞查认为,要通过教育的途径来整合自然科学及社会科学,并建议这种教育可被称为"环境教育",这代表着环境教育的诞生,也意味着环境教育成为重要的国际事务。

一、环境教育的概念和性质

(一)环境教育的概念

最早对环境教育进行定义是在1969年,环境教育的开创者、密歇根大学自然资源与环境学院荣休教授(William B. Stapp)和他的学生们给出了一个定义:环境教育能有效教育人们有关他与他周遭环境之间的关系,其目的在于培育具备生物、物理环境及其相关问题的知识,觉察如何解决问题,并主动采取行动解决环境问题的公民。

1970年,联合国教科文组织和国际自然及自然资源保护联盟在美国内华达州举办的国际环境教育学校课程工作会议上的定义为:环境教育是认知价值和澄清概念的过程,目的是发展一定的技能和态度,这是理解和鉴别人类、文化和生物物理环境之间相互作用所必需的因素。环境教育可以促使人类对环境质量问题做出决策,并建立自我行为的规范。这项定义强调了环境质量改善人的行为导向,包括价值观、知识和技能等诸因素,明确了环境知识和技能的培养,还在于包括价值观和态度在内的环境素质的培养,不但为美国全国环境教育协会及英国环境教育协会所采用,也成为各国常引用的经典定义。

联合国教科文组织与联合国环境规划署于1977年在苏联第比利斯举行了跨政府国际环境教育会议,进一步将"环境教育"定义为:环境教育是一种教育过程,在过程中增进个人和社会认识环境及组成环境的生物、物理和社会文化之间的交互作用,以获得知识、技能和价值观,并能个别地或集体地解决现在和将来的环境问题。此定义已为现今大多数人所解读和运用,使得对环境教育的定义更趋于成熟。同时,也制订了环境教育目标,即意识、知识、态度、技能、参与,并揭示环境教育指导原则。此会议的指导原则指出了环境教育应考虑环境的整体性,具有跨学科特点,目标在于关注当地环境和解决问题,它涉及一般性和专业性、校内和校外的所有教育过程,而且需要终身学习。

到了1987年,世界环境与发展委员会发布了《我们共同的未来》,将"永续发展"明确地定义为"能满足当代需求,同时不损及后代子孙满足其本身需求的发展"。在永续发展概念倡导之下,教育被视为迈向永续发展的关键手段,其内涵包含人类永续延续所重视的环境保护、社会安全与经济发展的基础,期望能培养具备问题解决能力、负责任行动的世界公民。但环境教育并没能培养出有能力且愿意解决环境问题的公民。因此,自 20 世纪 90 年代开始,一些环境教育学者从民主素养的角度,提出环境教育的重点应该放在培养负责任的环境行为,使公民产生环境行动,成为环境公民。

联合国环境规划署、国际自然及自然资源保护联盟和世界自然基金会于 1991 年出版了《关怀地球:永续生存的策略》,该书将教育视为永续发展的关键因素,并认为有必要通过学校教育加深学生对人类和自然关系的理解,同时认为儿童和成年人都必须接受环保知识和价值观教育,并将这些观念和原则转化为行动,这对于政府和个人来说十分重要。

在 1992 年联合国环境与发展会议以后,环境教育的目标为:为使人类理解这星球上生命是相互依赖的;提高人类对经济、政治、社会、文化及技术的认识,提高人类对环境和发展的理解;培养人类意识、能力、态度和价值观,能有效地参与地方、国家和国际上的永续发展活动,迈向正义和永续发展的未来。随着时代的变迁,永续发展成为全球共同努力的目标,永续发展理念就成为各国环境教育的根本目的和基本内容。尤其在 1992 年里约热内卢会议发表的《21 世纪议程》,强调教育在实现永续发展中的关键作用,环境教育的地位得到进一步确定,永续发展概念成为环境教育的一部分。

随着世界各国对环境与发展问题的关注,要求环境教育不仅要将环境改善作为直接的目标,也应该从长期利益出发为永续发展做出贡献。目前,环境教育已是综合性的教育,以永续发展为指导,使民众能重新认识自己与外界,以及两者之间的各种关系,期望通过各种途径,获得人类与环境和谐相处的知识和技能,培养友善环境的情感、态度和价值观,进而采取对自己、他人、自然社会和经济等负责任的决策和行动。环境教育的定义与目标,在时间和空间方面都有了扩展,跟随着环境教育的发展而逐步深化,仍然在持续发展中。

总之,环境教育是唤醒环境永续发展意识,理解人与环境的和谐共处关系,增进解决环境问题专门技能,树立正确环境价值观和态度,内化为环境保护自觉意识,主动参与环保实践行动,面向全社会的终身教育体系。环境教育不单单止于对环境的认识、对生态环境的保护等知识概念,近年来,培养孩子自己选择营养健康食物的能力已成为家长们及校方关注的焦点。食物是人类生活中最基本的元素,而食物来自农业、环境,两者都是与人息息相关、重要而不可忽视的。从 17 世纪开始已有以农园(花园)为基础的教育,引导学生种植蔬菜、认识蔬菜,进而了解环境、爱护环境。另外,日本政府基于对国民的饮食习惯和食品安全的关心,已于 2005 年制定《食育基本法》,希望提倡正确的饮食形态,也为了提高粮食自给率,让国民更重视粮食与农业。以上两种发展趋势,显示出“食”“农”问题逐渐受到重视,更显示出“食”“农”教育在环境教育中已成为重要的项目之一。

(二)环境教育的多元内涵和性质

1. 多元内涵

环境教育是一个动态过程,随着人类对环境社会及经济的认识不断提高,其内涵也在不断地扩大。有关环境教育的内涵,不同学者之间各有不同的观点,英国环境教育专家卢卡斯(Lucas,1979)提出的著名的环境教育模式最具代表性,他指出环境教育的内容是关于环境,目的是保护环境,而教学则是在环境中进行的,即关于环境的教育、在环境中的教育及为了环境的教育的简单模式,至今仍是许多国家环境教育发展的依据。

早期的环境教育内容主要关注环境污染、生态破坏等问题,对于与此相关的其他问题或原因,例如人口、资源等系统思考和全面关注不够。自从永续发展概念提出后,联合国就开始探讨永续发展概念的教育问题。尤其是在 1987 年,《我们共同的未来》将环境教育关注的范畴从自然生态扩大到社会及经济层面,也增加了公平性、永续性及共同性三个原则,这是环境教育延伸至永续发展教育的关键点。自从 1987 年之后,在环境教育之中就逐渐融入永续发展的概念,从过去环境教育目标包含觉知、知识、态度、技能与行动时,就逐渐加入社会、经济的永续性元素,不单关切环境问题,更注重社会的未来性。到了 1988 年,联合国教科文组织提出“永续教育”并将其视为推动主轴,改变过去只是将永续发展作为环境教育众多议题之一。2002 年,联合国通过《永续发展教育十年》,揭示教育是促进永续发展的关键,社会、环境和经济要平衡发展,各个领域亦均包括文化。另外,在《永续发展教育十年》的“国际执行纲要”中进一步指出,永续发展教育基本上是有关价值观的教育,以尊重为其核心,也就是尊重他人(包括当代人和后代人)、尊重差异性与文化多样性、尊重环境、尊重地球上的资源。近年来,由于全球暖化和气候变迁的问题越来越受到关注,联合国环境规划署于 2016 年发布《全球环境展望:区域评估》报告中指出,如果全球想达成 2030 年永续发展议程中的目标,气候变迁、生物多样性丧失、土地退化和缺水等都是全球各地急需面对恶化中的问题,必须由世界各国共同解决。此外,联合国于 2015 年所提出延续“永续发展教育十年”的行动计划表明其目标在于培养具有行动力的公民,而学习的内容必须在课程中纳入关键议题,例如气候变迁、灾害防治、生物多样性和永续费等。(见表 5-1)

表 5-1 环境教育的内涵多元化

出 处	环境教育内容
1970 年美国《环境教育法》	人口、污染、资源分配、资源耗竭与保护、交通、城镇和乡村等
1970 年联合国国际环境教育学校课程工作会议	地形、土壤与矿物质、大气与宇宙、社会组织、美学、伦理与语言、经济、区域、植物与动物、水及人群等
1975 年《贝尔格勒宪章》中的“环境教育指导原则”	应考虑环境的整体性，包括自然、人造、生态、政治、经济、技术、法令、文化和美学的层面，并应从世界的观点与区域的差异性角度来探讨主要的环境问题
1992 年联合国环境与发展会议	提出环境与发展的双重目标，把社会公正、人与环境、人与人之间相互依存的关系，以及生物和文化多样性等重要概念与环境教育相结合
1994 年联合国教科文组织《为永续未来教育的推动计划》	将环境教育与发展教育及人口教育等融合，环境教育包括环境、人口及发展等教育的融合
1997 年塞萨洛尼基会议	环境教育和发展教育密切相关，环境教育主要内容包括环境、贫穷、人口、健康、粮食环境、民主、人权与和平、发展等综合性教育
2000 年联合国《地球宪章》	建构公平、永续与和平的全球社会，鼓励建立全人类相互依赖并权责分担的全球新观念，内容包含了尊重与关心生命共同体、生态完整性、社会与经济的公平正义、民主、非暴力与和平
2002 年联合国“永续发展教育十年之国际执行纲要”	永续发展教育关注的领域包含人权、和平和人类安全、性别平等、文化多样性和跨文化间理解、健康促进、艾滋病、政府治理、自然资源、气候变化、农村发展、永续城市化、减灾防灾、消除贫穷、企业公民责任、市场经济等
2012 年联合国永续发展大会(“里约＋20”峰会)《我们期望的未来》	关注绿色经济及制度架构两大主题，强调优先关注就业、能源、永续城市、粮食安全与永续农业、水资源、海洋、灾害等 7 项关键议题
2015 年联合国《延续永续发展教育十年的行动计划》	气候变迁、灾害防治、生物多样性和永续消费
2016 年联合国环境规划署《全球环境展望：区域评估》	气候变迁、生物多样性丧失、土地退化和缺水

总之，在 20 世纪 60 年代以前，人类对环境问题的认识仅停留在环境污染防治和保护生态平衡上，对造成环境污染和生态破坏的原因，对人口和资源等系统思考和全面关注不够。到了 1970 年左右，土地使用管理、濒临灭绝物种威胁、人口增长、废弃物处理、能源使用和制造等议题就成为焦点。在新世纪到来后，生物多样性、永续发展和气候变迁等议题受到了关注。由此可见，这些环境问题及

议题随着时间的推移而有所不同,也面临着不同程度的变迁及冲击,不断扩大、日趋严重、愈显复杂,无时无刻不影响着人类的健康和生活环境品质,也陆续成为影响人类文明延续的问题。环境教育的教学内涵不应只停留在知识资料的整理与传达上,而应该以议题导向及问题解决的方式为教学重点,帮助学生获得知识和技能,让他们能够了解社会中所面对的复杂环境议题,并能有效率和负责任地处理。由于环境教育广泛且多元,因而具有动态内容转变快速、关系与问题复杂度高的教育实践的特质,面对层出不穷的环境恶化现象,最重要的是公众能够理解环境问题的复杂性并具备积极参与并解决环境问题的能力,因此,环境教育不仅要促使公众在理念上产生环境典范转移,而且要转化在自己的实际行动上,环境教育的最终目标应为促进并培养有环境行动力的公民。简言之,环境教育开始于人类对环境的关切,由于环境不断改变,人类对环境关切的重点亦随时间而改变。环境教育的发展不是循线状方向,而是以同心圆方式,不断扩大其内涵。目前,环境教育内容已扩展到关系人类生存与发展的所有领域,具有综合发展和跨学科发展的特点。

2. 环境教育的性质

从以上分析可见,20 世纪七八十年代,世界环境教育发展的立足点在于协调人与环境的关系,强调受教育者的综合环境素质的培养。90 年代后,随着国际社会对环境与发展关系的关注,环境教育的焦点也从“人与环境”转向“环境与发展”,从而环境教育的性质在原有的基础上,有了新的内涵,永续性是环境教育的新特性。

“永续发展”概念是针对环境保护与社会发展协调这一愿望而提出来的。20 世纪七八十年代的环境教育强调人与自然和谐发展观的培养,这一观点是正确的,但在环境保护和环境教育实践中,却偏向了环境中心主义思想。到 20 世纪 80 年代末,人们普遍认为,过分强调人与自然的和谐缺乏现实性,且不适合现代社会的发展,为此,人们开始探索一种新的经济和社会发展模式,即“永续发展”模式。1987 年环境与发展委员会在《我们共同的未来》报告中正式提出了“永续发展”的概念,指出了它的两方面内涵,即“需要”和“限制”。换言之,在当今现实条件下,要为满足人类基本需要而发展,要为人类生存而保全地球环境,两者协调一致,才能实现永续发展战略。所以,环境教育更注重于培养“发展基础上的环境保护和环境保护前提下的发展”这一新型的价值取向。

20 世纪 90 年代以来,面向永续发展的环境教育这一概念已得到了较系统的发展,概括而言,其根本特征应包括如下几个方面:

(1)整体论是面向永续发展环境教育的哲学基础。

环境本身是一个由各个领域的相关方面聚集而成的综合整体,环境和发展问题也不是由自然的和生物的因素孤立地形成的，环境和环境问题包括自然环境和人工环境，广泛涉及生态学、生物学、物理学、化学、地理学、经济学、历史学、伦理学及文化、艺术等各个方面。要求学生理解生态和社会经济体系不仅仅是各部分的简单相加，因此必须从整体的角度理解审美、社会、经济、政治、历史和文化等因素所起的作用，关注整个环境的相互作用。基于上述观点，联合国环境与发展大会发表的《21 世纪议程》强调了反映在课程研究中的整体观对于面向永续发展的环境教育的必要性，要将“永续发展”纳入所有学习领域中去，必须将环境教育渗透到所有学科中去。

(2)适切性是面向永续发展环境教育的中心原则。

所谓适切性，是指事物与事物之外的各种因素的关联作用。1977 年的第比利斯会议曾向各成员国建议：“有关当局应根据学生的个人需要并考虑到当地的、社会的、职业的和其他的因素，确立作为环境教育课程内容基础的标准。”为了促进面向永续发展的环境教育，教师有必要使之适合于学生，通过增加学生对自己以及周围世界的理解，鼓励学生通过探讨诸如消费观以及商业实践如何影响他们的生活等问题来探索个人生活和广泛的环境与发展之间的关系。在此项工作中，面向永续发展的环境教育应当为学生适应现实做好充分的准备。

(3)批判性是面向永续发展环境教育的必由之路。

社会批判性技能是理解“永续发展”这一概念的根本，要实现永续发展战略，必然要求人们具有敏锐的社会洞察力和政治批判力，因此环境教育必须培养学生具有理解环境问题及其解决方法的复杂性的批判性技能，以及个人或集体参与解决环境问题的能力。《21 世纪议程》认为，在未来 10 年中，即迈向 21 世纪的今天，环境教育面临的挑战之一是有效地培养具有社会批判眼光的学生，使他们成为环境保护与改善的行为者。通过面向永续发展的环境教育，使学生有能力向传统的价值观提出挑战，接受意识形态不同但有利于环境的价值观，从而使他们从真正意义上理解环境与发展问题，并理解永续发展战略的真正内涵。

(4)三元一体化是面向永续发展的环境教育的根本。

卢卡斯博士提出的关于环境的教育、为了环境的教育、在环境中的教育的环境教育模式直至今天仍得到大量运用。这一模式中的三个环境教育层面具有一定的独立性，均有其自身特定的目标。这点我们在前文已经介绍过。关于环境的教育是发展有关人与环境相互关系的意识、知识和理解，它偏重于环境科学知识的传授，是学校环境教育的一个普遍形式；为了环境的教育将环境的改善作为一个真正的教育目标，其主要任务是发展学生的责任感和激发他们参与解决环境问题的动机,突出批判性特征,主要采用问题法;在环境中的教育则是以学生活动为特征的教学过程,它采用户外教育形式,大多通过实地学习来进行,通过鼓励个人接触自然来谋求发展,进而培养其环境意识,具有强烈的经验倾向。为实现面向永续发展的环境教育的目标,则需要将上述三个环境教育层面结合为一体。这一策略确保整个学习流程及其相关目标得以完成。在实践中,它将有助于确保学习过程的顺利进行,包括发展环境意识、知识、价值观、关注、责任感和行为。

综上所述,面向永续发展的环境教育是一个涉及整个教育领域的教育过程,在个人和社会的现实需求的基础上,传授学生相关的知识技能,培养关注环境质量的责任感和把握环境与发展关系的新型价值观,从而在根本上促进人类永续发展战略。

二、环境教育的目的和目标

(一)环境教育的目的

环境教育被认为是促进人类永续发展战略的教育过程,总的来说,环境教育目的应包括以下三个方面:

首先,环境教育要激发学生的环境意识。环境教育要培养的环境意识不同于传统社会中人们对自然环境所形成的零散朴素的认识,而是一种在对生态系统科学的认识和把握基础上的全新的现代意识。一方面,它试图使学生整体地认识和把握人与自然的关系,认识到人类对自然环境不是一种被动的依赖,而是一种积极的、动态的依赖,人不仅要维护生存环境,也要在与环境和谐的基础上谋求发展,主动地建设自己的地球家园;另一方面,要使学生全面认识和把握人类行为的多种生态后果,认识到人类一些出于改善自然的良好愿望可能会导致环境恶化,如埃及在尼罗河上建造阿斯旺水坝,以防止洪水泛滥,便于农业灌溉,结果却使土地盐渍化程度加重。此外,环境教育还要使学生整体认识和把握人类所应当承担的对环境的责任,这是一种伦理道德教育,它使受教育者自我反省、自我批判,意识到生态危机和环境破坏源于人类的行为,同时也只有人类自己才能够拯救自我和地球。要实现这一目的,基本的知识技能的传授是必不可少的,它们是科学地认识和把握生态系统的基础,它们能使学生理解人与环境的错综复杂的关系,识别人类行为的可能后果,同时知识技能也是人们解决环境问题、改善生存环境的必要因素。其次,环境教育要形成学生正确的环境观。自从环境教育在全球范围内得以发展以来,价值观教育始终是其中的一个重要组成部分。环境教育归根到底是要发展受教育者全面的环境素质,环境素质体现于个人或群体的具体行为之中，而行为则取决于价值判断。因此，环境教育应使受教育者充分认识环境在人类自身及人类社会的发展中的重要价值，认识到环境与人类关系的密切性，认识到环境问题的严重后果，从而使受教育者能自觉地放弃能带来巨大经济利益的不永续的发展行为，做出恰当的价值判断。此外，人类的健康生存也包括一代又一代繁衍这一延续过程，而每一代的成长和生活又都离不开良好的生存环境，因而环境价值观教育还应使受教育者自觉关注下一代生存环境，为下一代保留并发展更好的资源基础和环境质量。最后，环境教育还要促进学生的国际理解。这一目的与价值观教育关系密切，它要求：发展受教育者正确的环境道德准则，包括使他们能够识别和抵制那些不顾甚至侵害他人环境的不道德行为；加强国际经济合作，消除贫困；积极维护世界和平，阻止战争和资源掠夺。

（二）环境教育的目标

1975 年《贝尔格莱德宪章》列举出环境教育所要实现的目标为意识、知识、态度、技能、评价、参与。1977 年的第比利斯政府间环境教育大会的《宣言与建议》指出，环境教育的另一个基本目标，是要清楚地揭示当代世界在经济、政治和生态上的相互依存性，不同国家采取的决策和行动会引起国际性的反响。在此方面，环境教育应该发展国家与区域间团结和负责的意识，作为建立一种确保保护和改善环境的国际新秩序的基础，并将《贝尔格莱德宪章》提出的 6 项目标精简为 5 项，即意识、知识、态度、技能、参与。

为了实现前述的环境教育总体目的，在实践中有必要将其分为以下若干目标层次，详见表 5-2。

表 5-2　环境教育目标①

目　标	作　用	包括内容
知识目标	帮助学生获得有关环境和环境问题的知识，使他们有能力做出科学的判断。	学生应发展以下六个方面的知识： (1)人类环境知识，包括自然环境、人工环境、社会环境等。 (2)人类活动对环境的影响。 (3)过去和现在的环境状况的差异。 (4)当地和全球环境问题，地区间环境问题的相互制约性。 (5)地方、国家和国际环境立法和政策制定。 (6)环境与发展的辩证关系。

① 祝怀新：《环境教育论》，中国环境科学出版社，2002 年版。

续 表

目 标	作 用	包括内容
技能目标	发展学生识别、分析和尝试解决环境问题的技能。	(1)交际技能,即能够清晰地、简洁地阐述一个环境问题,口述、提出有关环境的观点和思想,以及进行有关环境的文学创作、戏剧表演等。 (2)计算技能,包括收集、分类、分析或统计有关环境和环境问题的技能,解释统计结果。 (3)学习技能,了解、分析、解释和评价不同来源的有关环境的信息,组织和规划环境改善项目。 (4)解决问题技能,包括鉴别环境问题,分析其产生的原因和可能导致的后果,形成解决问题的设想。 (5)社会技能,即与他人合作解决环境问题的技能。
价值观目标	树立学生对待环境的正确的价值观与态度,使他们充分认识环境对人类社会的重要价值,形成新型的环境与发展观。	(1)欣赏、关爱环境及生命万物。 (2)主动考虑经济行为对自己和他人环境的影响。 (3)分析环境保护措施对他人环境的影响。 (4)尊重和理解他人的信仰和价值观。 (5)及时调整和完善自己的环境价值观与态度。

以上目标,在实践中,对不同年龄段的学生应有不同的要求。总之,环境教育的目的在于全面提高未来一代的环境素质,这是实现永续发展战略的必由之路,其具体目标落实在教育过程中的知识、技能和价值观领域之中,不同的年龄段有不同的侧重点,如幼儿园、小学阶段更强调初步澄清价值观与态度,形成热爱环境的情感和端正行为的意识,初中阶段开始向认知领域过渡,而到了高中阶段则侧重于知识和技能领域。各方面目标虽有不同侧重点,但又不相互割裂,这些目标相互关联、相互重叠,环境情感的发展有助于认知和技能的发展,认知领域目标的实现又为情感和技能发展打下了基础。

三、环境教育的基本因素

(一)环境意识是环境素质培养的基础

在环境教育过程中,学生对周围世界的意识将促进他们探求环境知识的愿望、发展他们的环境价值判断和形成环境伦理和道德,因而环境意识在环境教育中具有十分重要的地位,是环境素质的首要组成因素。一方面,环境意识构成了学生进一步学习的基础,在幼儿园和小学阶段,通过对学生的环境情感领域的发展,使他们对周围环境有了初步的意识,这将激发他们探求大自然奥秘和寻求环境问题根源的动机,并形成他们保护良好环境的愿望。另一方面,随着学生获得越来越多的环境知识、技能和相关技能,他们对周围环境的理解不断加深,并逐步理解环境中的各因素是如何相互作用、人的行为如何影响环境和受环境的影响，从而形成更高水平的环境意识，提出更高的学习要求，如从对自然美的感悟发展到人与自然和谐共处的意识，再发展到永续发展的意识。因此，环境意识水平越高，对环境价值观和认知的发展要求越高。环境意识的对象包括自然环境和人工环境，以及两者间的相互关系。环境教育要帮助学生学习在他们的世界中两者是如何相互作用、相互影响的，理解环境因素是在不同的范围中起作用的，如从当地到全球、从短期到长远、从过去到将来等。

（二）价值观是实现环境教育目的的根本途径

人的环境素质是从根本上解决环境问题的关键，而环境素质不仅包含一定的环境知识和技能，还包括一定的环境意识和环境价值观与态度。由于受教育者的价值判断能力直接影响到他们今后的行为方式，进而对环境产生影响，因此，环境价值观教育是实现环境教育目的的重要环节，帮助受教育者形成或端正环境价值观，是未来解决环境问题和提高环境质量的根本所在。在现代社会，人们再也不能一味地强调征服和统治自然了，同时也不意味着停止历史步伐，而是学会认识自然，有节制地利用自然，协调人与自然的关系，做到永续发展。

学校环境教育中的价值观教育的含义主要包括如下几个方面。

（1）形成环境价值判断，即使受教育者充分认识到环境对人类和人类社会的重要价值。人类无节制地利用自然和过度地追求经济发展所造成的严重后果，已极为严重地威胁到人类正常生存与生活。人类要继续正常健康地生存，就必须维护其所赖以生存的环境，必须尊重自然，爱护自然，并为子孙后代保留和发展一个更良好的资源基础和生存环境。

（2）发展环境道德准则。这方面的工作，目的是要使人们能够识别和抵制人类在生活和生产过程中形成的种种有损于环境的行为，形成良好的行为道德规范。环境教育的任务，就是要使人们以正确的环境道德准则重新评价自己的行为，自觉地处理发展经济与保护环境之间的矛盾，达到社会、生态、经济的协同发展。与此同时，环境教育还要帮助人们识别和控制那些不顾甚至侵害他人环境的不道德行为，如有些发达国家以援助为名把环境污染转嫁到发展中国家的做法。转变传统的思想观念和道德伦理。环境价值观教育还必须把人类道德规范扩展到生态环境中去，从而在人与人、人与环境之间建立起和谐共存的新关系。因此，学校环境教育就是要使受教育者改变旧有的观念，树立人与环境和谐相处的观念，认识到人类在环境与发展问题上的基本权利和责任。

（3）端正发展观。过去的发展观念单纯强调国民生产总值的提高结果，为了达到这目标，常常不惜以破坏生态环境为代价，这种发展观是有严重缺陷的。为此,环境价值观教育要改变这种观念,形成永续发展的新观念,即要使受教育者认识到,只有做到经济持续增长、生态保持稳定平衡才算是人类社会的真正发展。环境教育的最终目的,是要提高受教育者的环境意识,使他们形成一定的环境道德,并让他们以此支配自己的行为。而环境意识和环境道德感,就是人们对大自然的价值以及影响自然的人类行为的正确价值判断。因此,环境价值观教育的核心在于使受教育者全面系统地理解并把握人与自然、环境与发展的关系,它包括以下内容,即自然的权利和价值、代内和代际的利益公正、合理的消费模式、维护和平、控制人口和提高人口质量的教育、环境审美教育等,但归根到底,所有这些均建立在人与自然、环境与发展协调一致的关系基础之上。

(三)知识与技能是环境教育的中心内容

在实施环境教育过程中,离不开基础知识和基本技能的传授。它们是形成正确和稳固的环境教育观的基础,也是今后在职业生涯中判断和解决各种复杂的环境问题的基础,因而是环境教育的基本组成部分。

1. 环境知识

环境知识教育主要包括以下三个方面:一是掌握基本的环境知识,理解基本的环境概念;二是形成对整体环境的认知;三是理解人类在环境中的角色和作用。为了培养人们对环境的理解力:

首先,应当传授一些基本的环境知识,特别是在生态系统和不同环境因素相互依赖方面左右环境进程的整体特征和规律。环境具有整体的特征,它由自然、生物、社会、文化、经济、政治等既相互联系,又相互依赖的领域构成。在环境教育的过程中,就是要使受教育者学习基本的环境知识,从而形成整体的环境概念,同时,还须使他们理解,环境的整体特征从一开始就是在不断变化中逐渐发展的,理解环境的整体性是能动的,在不断经历变化的同时,又向稳定的整体状态发展。

其次,面对错综复杂的环境问题,环境教育必须帮助受教育者理解不同的环境问题的背景知识,形成对整体环境的认识。环境教育的内容取决于环境知识及其概念,因而环境教育的内容必然涉及各个领域,诸如生态关系及平衡、能源的分布与消耗、资源保护与节俭使用、污染的起因与过程及其危害性、经济活动与经济增长、人类消费模式差异的实质、文化遗产的保护、土地使用与控制、人类居住的分布、城市发展、人口增长、涉及环境决策的政治结构等。因此,要使人们形成对整体环境的认知,必须使环境教育的内容出现于一系列学科及跨学科教学之中。

再次,环境教育还必须帮助人们理解人类在环境中的角色和作用。人类是环境的一个重要部分，人类与其周围的环境之间是一种能动而又稳定的双向关系，这一关系是千百年来人与环境相互作用的结果，它很容易因强有力的自然灾害或人类不断对环境的不合理的干预而遭到破坏。因此，人类必须充分认识其对环境的依赖关系，掌握人类与环境、环境与发展关系的基本知识。这是发展正规的和非正规的环境教育的另一个重要部分。环境是不断变化和发展的，随着环境研究的不断深入，环境教育所涉及的内容也在不断扩展。总而言之，面对复杂的环境及其问题，关键是：一要理解自然，二要理解问题的内在关系。

2. 环境技能

环境技能是指运用一定的环境知识确定和解决周围、地区及全球环境问题的能力。学习和研究特定的环境，辨别和解决各种具体的环境问题，必须训练和发展一系列相关的技能。环境教育应当依赖于从其他各学科领域综合出来的知识、技能，全面发展和训练受教育者从事有关解决环境问题的各种基本技能。环境教育在传授一系列有关环境问题的基本知识的同时，所要帮助受教育者获得的基本技能主要有以下几个方面：

第一，辨别和确定环境问题的技能。只有清楚地看到并确定了各种现存的环境问题，才有可能进一步考虑如何解决这些问题，因此这一技能是所有解决环境问题技能的最基本的一个。在幼儿园、小学阶段，环境教育要帮助小学生仔细观察校园及身边环境，从而认识到所存在的问题，引起他们对环境问题的好奇心和初步认识。到了中学阶段，环境教育应使中学生依据生态学、生物学、地理学、化学等的基本知识，通过认真观察和老师的讲解，了解和认识校外附近社区的一些环境问题，形成对环境问题的关注和重视，进而自发产生解决这些问题的愿望，尝试提出科学的解决方案。总之，辨别和确定环境问题的技能，是人们着手解决问题的各种行为的第一步。

第二，科学分析环境问题的技能。要有效地解决环境问题，仅仅知晓问题的存在是不够的，需要科学地分析它的实质、起因及其产生的后果，避免只治标不治本的现象。这一技能，一般从高中阶段开始训练。对于高中学生来讲，他们已具备了独立思考分析问题的能力，因此环境教育应利用他们这方面的特点，引导他们进行实地调查及相关资料的搜集，运用校内所学的知识来分析各种信息，形成解释和合理概括问题性质的能力。

第三，提出解决问题方案的技能。这是在辨别分析问题的基础上所需发展的技能。从小学阶段起，环境教育就应当开始考虑培养学生设计解决环境问题方案的能力。对于小学生而言，他们的科学知识相对匮乏，一般不要求他们做出基于一定的科学原理的问题解决方案，而重在引导他们学会分析问题的根本原因，激发他们解决问题的欲望，从而使他们在自己的认知能力范围内尝试提出可行的解决办法;中学生在学会科学分析环境问题的技能后,便会自然产生如何解决问题的思考,环境教育的工作在于正确地引导学生将头脑中的一些零散的设想转变为连贯而实际的书面解决方案或报告,如写出美化校园环境的设想报告,根据科学原理向当地决策者提出实际的解决环境问题的建议等。到了高等教育阶段,环境教育要使学生从理性上系统思考解决与本专业相关的环境问题的方案,如:化学专业的学生要有能力考虑减少和消除环境污染的途径,并运用专业水平配合有关部门进行污染测定及方案的试行;生物学专业的学生要能够考虑如何科学地防止物种灭绝、维护生态平衡等。对于各生产领域和行政管理岗位上的人们,环境教育的侧重点应放在使他们能够针对本领域的环境问题提出可行的解决方案上。

环境技能培养的最终目的,是使人们有能力去解决实际生活和生产中存在的各种环境问题。通过训练让人们掌握了上述各项技能后,环境教育还应当教育人们将解决问题的各种方案付诸具体的行动之中,并在行动之后能够评估执行的成效,以便总结经验、吸取教训,进一步提高解决问题的技能水平。

四、环境伦理的伦理基础

伦理是人们在生活中所必须遵循的道德和规范。传统的伦理学关注人与人的关系,20 世纪 40 年代末,出现了环境伦理学,将伦理视野扩大到人与环境的关系。环境问题的恶化,要求人们改变其传统的行为方式,这就离不开人们在新的伦理上的觉醒,要求人们能自觉地爱护自然、保护自然,有效地维护自然环境的完整与稳定。因此,这对教育提出了新的要求,即要求教育能激发下一代的环境意识,培养他们的环境责任感,从而使他们在未来能承担起保护自然环境的责任,成为符合环境伦理准则的合格的地球公民。正如国际自然与自然资源保护联盟等国际组织所指出的:"环境教育的长远任务是用新的伦理促进或丰富态度和行为。"由此,环境伦理构成了环境教育的产生与发展的基础。在进入 21 世纪的今天,新型的环境与发展观,即走永续发展的道路,构成环境教育的伦理基础。

(一)回归自然是传统环境教育的伦理基础

20 世纪 70 年代以后,环境伦理开始在学科领域中获得了定位。当时的环境伦理观深受环境伦理的奠基人莱奥波尔德(Aldo Leopold)的思想、海洋生物学家蕾切尔·卡森《寂静的春天》和罗马俱乐部《增长的极限》中反映的环境伦理思想的影响。上述思想虽然角度不同,但都反映了一种愿望,即人类应当从麻木、僵化、迟钝、顽劣中清醒过来,不再沉湎于科技时代盲目的经济发展,要形成环境利益高于一切的价值观，学会与环境和谐共存。反映在随之而兴起的环境教育中，主要有以下三方面。第一，环境教育应当使受教育者意识到自然环境的存在及演变是不以人的主观意志为转移的。环境教育的重要任务就是要使人们意识到尊重自然规律的必要性，使他们的行为建立在有利于自然环境的基础之上。第二，环境教育应当使受教育者意识到人类的生存与自然环境的休戚关系。环境教育应当使人们意识到人与自然的相互依存性，特别是人类对自然环境的依赖性，努力协调人与环境的关系。第三，环境教育还应当使受教育者充分认识环境对人类及人类社会的重要价值，形成正确的价值判断。要求使受教育者形成尊重自然、爱护自然的价值观，自觉抵制那些不节制利用自然资源和过度追求经济发展的行为。总之，20 世纪 70 年代后的环境教育的内容，在一定程度上受当时的环境伦理观的影响，贯穿其中的主线是反对科技和经济的盲目发展，主张协调人与自然环境的关系，回归自然。

(二)永续发展是现代环境教育的伦理基础

到 20 世纪 80 年代后期，人们逐渐认识到，地球上的主要环境问题本身也是主要的发展问题，贫穷、饥饿加重了对环境资源的压力，使更多的人不得不更直接地利用资源。因此，保护和改善环境并不是用“回归自然”的方法所能解决的，而要发展一种新的伦理观，即一方面为满足人们的基本需要而发展，另一方面不对我们和后代的生存环境构成威胁，即形成一种“永续发展”的伦理观。《我们共同的未来》在最后指出：“我们在这个报告中提出的问题对地球上的生活质量来说——实际上对生命本身来说，必然具有长远的重要意义。我们已试图说明人类的生存和福利，是如何有赖于把永续发展提高到全球性伦理道德方面的成功。”这一伦理观主要体现在以下几个方面。首先，环境教育的核心是树立正确的“环境与发展”协调观。环境教育必须定位于这样一个基点，即经济必须得发展，以满足人们的根本需要，但不得逾越资源、生态等自然支撑系统的承载力，这一“环境与发展”协调观构成环境教育的核心。其次，环境教育的根本任务是使受教育者识别发展进程中经济与环境的关系。环境教育应当使受教育者认识到：一方面，经济是发展的基础，保护与改善人类生态环境需要有雄厚的物质基础作后盾，没有经济的发展，生态环境的维护与改善就会遇到很大的困难；另一方面，维护生态环境的平衡是协调发展的必要条件，人类的生存环境如果遭受破坏，人类的发展就会受到威胁，因此绝不能以牺牲环境来求发展。厘清经济和环境的关系，有助于受教育者形成正确的环境价值观，而不至于成为片面的极端环境主义者。最后，环境教育的最终目的是促进社会的全面发展。人类发展的根本目标是要建立物质文明和精神文明和谐的社会，建立人能在其中得到全面发展的社会。因此，环境教育不仅要克服片面追求经济发展的不永续发展观，也要防止过分要求环境保护超前经济发展的倾向。

总之，环境伦理的产生和发展，决定了环境教育的发展方向，而环境教育又是环境伦理观内化于受教育者头脑之中的必由之路。因此，环境教育在当今世界永续发展战略中具有不可替代的地位和作用。

第二节　英国的环境教育

英国是最早完成机械化和工业化任务的国家，也是深受资本主义工业化环境破坏影响的国家，因而，英国也成为世界上最早实施环境教育的国家之一。英国是工业革命的发源地，伦敦的烟雾事件是世界上著名的八大公害事件之一。伦敦是一座有多年历史的大城市，处在泰晤士河下游的开阔河谷中。1952 年 12 月正值寒冬季节，气温很低，潮湿的空气压在伦敦上空，成千上万个烟囱向空中喷吐大量黑烟，使得伦敦城尘粒浓度高达 4.46 毫克/立方米，是正常空气尘粒浓度的 10 倍。据统计，该事件造成上万余人死亡。当时大多数人患上呼吸系统疾病，死亡人数比往年同期增加 4000 多人，大量的死者是由于患上流感、肺炎、肺癌等呼吸系统疾病致死。此后 1957 年和 1962 年伦敦又发生烟雾事件，经过对比才查清发生烟雾的原因，引起政府和社会各界对环境污染问题的高度重视。因此，英国是世界上开展环境教育较早的国家之一。英国在环境教育上取得的成绩举世闻名，这既由于英国是世界环境教育的发源地之一，也得益于英国在环境教育上的积极作为。环境教育在英国有着悠久的传统，早在 19 世纪末，英国一些教育家和学者就有意识地将环境与教育相联系，这在很大程度上受到欧洲国家新教育运动的影响。“环境教育”一词在英国第一次得到使用并受到重视是在 1965 年，其标志是英国高等教育研究机构开始涉足环境教育领域。1968 年，为了响应“巴黎会议”的号召，英国政府率先成立了环境教育委员会，统筹和落实环境教育工作。英国的环境教育可以说是比较成功的，它也对英国的环境保护工作起到了重要的促进作用。

一、英国环境教育溯源

（一）新教育运动

新教育运动是指 19 世纪末 20 世纪初在欧洲兴起的教育改革运动，又称新学校运动。它开始于 19 世纪 80 年代末的英国，之后扩展到欧洲其他国家，如德国、法国、瑞士等。新教育运动建立在教育目的、内容、方法上与旧式的传统学校完全不同的新学校，作为新教育运动的“实验室”。进入 20 世纪，新教育运动创办的著名的实验学校有英国雷迪的阿博茨霍尔姆乡村寄宿学校、法国德莫林的罗歇斯学校、利茨的乡村寄宿学校、德可乐利的生活学校，其中英国雷迪创办的阿博茨霍尔姆乡村寄宿学校是新教育运动的开端。19 世纪末，英国的学者和教育家在新教育运动的影响下，沿袭卢梭自然主义教育思想，有意识地将环境和教育联系起来，主张在乡村建立新学校并将乡村环境作为教育资源，促进学生的健康发展。英国教育家 C·雷迪于 1889 年创办了欧洲第一所新学校艾伯茨霍尔姆学校，被认为是欧洲新教育运动的开端。该校注重教育与生活的结合，除了传统课程，还开设农艺、手工劳动等课程，培养学生的观察力、动手能力、审美情趣和创新精神。随后，欧洲各国出现了一批新学校。这些新学校大多设在乡村或郊区，教学内容上注重人文与自然科学的结合，使儿童了解自然的同时也得到全面发展。新教育运动在理论与实践领域的探索使得公众开始关注教育与环境之间的内在联系。

(二)自然保护运动

英国的自然学科教学是环境教育的雏形。1892 年，苏格兰植物学家帕特立克·盖茨在爱丁堡建了一座瞭望楼，供学生观察、学习自然现象之用，被认为是第一位在环境与教育之间架起重要桥梁的人物，他的瞭望楼则被视为最早的“实地”学习中心。之后帕特立克·盖茨在 1920 年将教育与环境教育联系在一起。

埃里克·巴拉泰和伊丽莎白·阿杜安·菲吉耶在《动物园的历史》一书中指出，英国环境教育可追溯到维多利亚和爱德华时期的自然学习运动。1902 年，皇家植物学会在摄政公园举办有关学校自然学习的会展活动，首次提出自然学习的目标和范围并建立竞赛机制，在英国各地得到了推广。翌年，学校自然学习联盟(SNSU)成立。1912 年，英国昆虫学家查尔斯·罗斯柴尔德创建了自然保护区促进协会(SPNR)，成为当时英国自然保护运动的中坚力量。SPNR 章程中将“教授公众更好地理解有关自然的知识”设立为目标之一，使英国的自然保护运动有了教育的意义。

随后，受大萧条的影响，英国自然保护运动陷入低谷。1926 年，英格兰乡村保存委员会(CPRE)成立，在各地建立了乡村教师协会，为英国环境保护实践开拓了新的发展空间，而自然学习作为“环境学习”的前身激发公众热爱自然、喜爱乡村的生活方式。1960 年，英国国家乡村环境研究协会成立，后发展为国家环境教育协会(NAEE)。这些早期的自然保护运动和乡村环境运动促进了英国环境教育意识的形成。

(三)英国国家公园的环境教育

国际自然与自然资源保护联盟(IUCN)将“国家公园”定义为“保护生态系统和开展娱乐活动的保护地”。1949年,英国颁布《国家公园与乡村进入法》,以“保护自然风景和野生动植物,促进文化发展,促使公众走进自然,享受国家公园独特风光”为目的设立国家公园,并于1951年建成了第一批国家公园。2000年,苏格兰颁布的《国家公园法》(*The National Parks Act*)系统提出了国家公园的四种功能:促进和维护国家公园的野生动植物、生态环境及文化资源;促进域内资源的有效利用和可持续发展;为公众提供认知和享受国家公园的机会;带动国家公园的可持续发展。为此,英国政府要求国家公园创建、管理和完善教育娱乐方案,展现国家公园特色,促使地方居民与外来观光者都能享受到独特的风光,感受文化遗产的魅力,参与户外活动,推动公众环保意识的提升,形成绿色健康的生活方式。在国家公园中开展环境教育可以促使公众认识到英国自然环境和历史文化的多样性,推动公众意识和环境伦理价值观的提升,丰富环境保护技能与经验,促使公众成为国家公园景观保护的行动者,落实资源保护和文化传承,进而推动国家公园的可持续发展。

20世纪50年代,包括湖区在内的10个国家公园成为英国的首批国家公园,目前全英国共有15个国家公园,总面积占国土面积的12.7%,为环境教育的开展提供了丰富的资源和场所。国家公园中不仅有游客中心提供环境教育相关的解说服务,还有一些保护自然生态、文化遗产组织和教育机构,例如英国皇家鸟类保护协会、英国田野学习协会等相关组织依托国家公园优质的资源开展丰富的环境教育活动。其中,英国田野学习协会(FSC)是作为教育机构致力于环境保护和文化传承而设立的环境教育中心。FSC成立于1943年,最早是设在修尔斯贝利(Shrewsbury)的公益组织,后陆续在英国境内设置了20所田野中心,是英国最大的环境教育机构。英国田野学习协会作为教育机构致力于设立环境教育中心并开发环境教育相关活动和课程,这些田野中心大都位于具有优势自然资源或古老历史建筑的场所,其设计开展的环境教育教学项目并不局限于中心内,往往延伸扩展至附近的国家公园和自然保护地,充分利用周边环境的优势资源进而开展丰富的生态实践活动,或在当地的历史建筑和博物馆等场所开展认知课程从而让学习者了解英国历史人文的变迁。如在湖区国家公园,每季度都会有中小学来此开展环境教育课程。在这里,学习者可以近距离接触自然,教学内容除了地质、生物、地理等常规课程之外,还可以依托域内的历史人文等建筑向公众提供包括历史、文化、城乡发展、社会变迁等主题课程。布伦卡思拉田野中心和凯瑟克田野中心依托湖区国家公园开展体验式环境教育活动,并为青年团体、大学生、成人团体、亲子家庭等提供住宿型课程，课程内容不仅注重保护当地的自然资源与特色文化，还鼓励公众重视乡土及地方环境，一方面努力提高公众对自然环境的责任感以及对环境的敏感度，培养其对动植物认知与保护的兴趣和义务，另一方面促使当地居民提升地域性认同感，积极参与到规划与管理之中，进而促进地域景观和自然环境的保育工程。此外，湖区国家公园的管理局也会为某些特定课程邀请约聘讲师开展一系列课程，例如户外活动课程、环保宣传活动等，并出版一些以简明易懂的科学知识为特色的刊物，来提升英国大众对环境教育的接受度和兴趣，从而更好地推广环境教育。由此可见，环境教育理念和实践已在英国的国家公园体系中构成了深远而广泛的影响。

国家公园是进行野外环境教育的中心，而城市公园是中小学环境教育实习基地。环境教育早在20世纪80年代就已渗透在英国的中小学教学实践中，城市公园作为中小学正规的环境教育日常实践基地，开展地理、生物、历史、艺术等课程的实习，强调通过体验培养学生对自然的情感，获得直接的知识和技能，并鼓励学生参与公园管理，开展环境调查、环境宣传等活动，强化学生自然知识及环境意识，提高环境保护的行为，促进人与自然的和谐共生。在城市公园中开展环境教育可以充分利用场地潜移默化的教育作用，激发学生对自然的情感，陶冶其情操，使他们既懂得开发和利用自然资源，也珍惜和保护自然资源，维持生态平衡，热爱大自然和鸟兽虫木。

回顾环境教育在英国100多年来的发展，自然学习、户外教育在乡村环境保护中受到重视，以自然为媒介推进新教育对于环境教育的兴起至关重要，早期的乡村寄宿学校和田野学习中心、后来国家公园的环境教育中心、城市与社区公园绿地中的中小学环境教育实习基地，以及绿色校园、生态校园的建设都为环境教育构建了多层次多方位的物质载体，在保护和改善环境的前提下推动环境教育的发展。

二、英国的卢卡斯环境教育模式

英国中小学环境教育的开展受到了卢卡斯环境教育模式的深刻影响。1972年，时任英国大学国王学院院长的卢卡斯教授提出了著名的环境教育模式——卢卡斯环境教育模式。他把环境教育归结为“关于环境的教育”“通过环境的教育”“为了环境的教育”三个方面。这种模式强调环境教育需要满足以上三个基本要求，其中任何两者或三者的结合才是真正意义上的环境教育。1974年，英国学校委员会采纳了卢卡斯模式作为中小学环境教育的理论框架，英国中小学环境教育的课程开发与实施始终以这一模式为理论依据和基本指导原则。

(1)“关于环境的教育”是指发展学生理解相关环境的知识、掌握相关技能的基础能力，教给学生环境方面的基本知识，通过习得与理解这些知识培养学生欣赏环境的态度，从而使得学生愿意去关心和保护环境。也就是说，环境教育应该包含具体的环境知识主题，例如气候变化问题、环境污染问题、水土问题、资源和能源问题以及人类居住与环境发展问题等。在环境教育中，需要把各种不同的环境主题渗透到每一门具体科学当中，如经济学、政治学、哲学、社会学、地理学、生物学等。

(2)"通过环境的教育"强调的是教育的实践性。也就是说，让学生在具体的环境实践活动中培养自身的生态意识，将环境本身视为有效的学习资源，允许学生在真实的活动中发展知识和理解力，培养学生具备调查、交流和协作等能力，从而激发学生的环境情感。不少学校的主要做法是带领学生走出教室，实地感受和理解环境，例如通过开展栽种植物、照料动物、记录天气、访问公园与农场、参观博物馆和考古遗址等活动，来促进环境教育目标的实现。在此基础上，英国涌现了一大批"绿色学校"。这些绿色学校把生态意识、永续发展的理念渗透在各门学科的教育当中，并且运用第一手资料和环保实践活动等方式，不断地把绿色思想传递给学生。

(3)"为了环境的教育"是指生态环境教育的目的是寻求生态问题解决的具体途径，也就是为了生态环境而进行教育。这要求环境教育必须让学生明白利益的差别和文化的差异，并且在此基础上思考人与自然的关系问题。为此，应鼓励学生培养自己的价值观，引导自身做出保护环境的行为，并注重学生开阔胸怀的形成，使学生能够尊重他人的观点和信念。

三、英国环境教育理念与目标

(一)英国环境教育理念

英国中小学环境教育的基本理念可以概括为以下四个方面：

1. 世界是相互依存、普遍联系的

生态环境由很多个环境子系统构成，各个子系统之间是相互影响的。区域生态环境与全球生态环境之间亦存在相互依存的关系。此外，影响生态环境的因素是多方面的，包括经济、文化、社会、历史等，而这些因素之间又是相互依赖、相互影响的。自然社会与人类社会也是相互影响的，所以教师应该通过环境教育使学生懂得人类应该与大自然和谐相处的道理。

2. 保护生物多样性，尊重不同文化

文化多样性与生物多样性是共同存在、相互促进的。文化多样性的存在代表着世界文明的进步，而生物多样性代表大自然的繁荣。人类只有尊重不同的文化，尊重不同的生活方式和发展模式，才能有效地促进和实现可持续发展。

3. 要有永续发展的观念

生态环境的承载力是有限的，而地球资源的再生潜能和自然生态系统的自我恢复潜能决定了生态环境的承载力。永续发展涉及精神和物质两个方面：在精神方面，不同国家和地区之间要加强交流与合作；在物质方面，人类要有节制地利用当下所有的物质资源，以便给人类或者其他生命后代的生存和发展留一条后路。

4. 通过参加社会实践活动，增强学生的环保责任感

通过让学生参与到解决实际问题的过程中，让学生了解人类活动会对环境造成的各种影响。这样做有利于增强学生对环境的敏感程度，了解环境的复杂性，增强学生对环境的责任感，并认识到自己对环境的每个行为都有可能影响到环境的现状，从而使学生对自己的行为持更加谨慎的态度。

(二)英国环境教育理念

英国中小学环境教育的目的主要体现在由英国教育和科学部发表的《5—16岁环境教育》文件中。英国中小学环境教育的目的是帮助学生将零碎的、表面的、片面的和偶然的认识上升到较为系统和全面的环境知识层面上，从而让学生更加深刻地理解环境与人类活动的关系。英国把环境教育目的具体化为环境教育目标，即分成知识目标、技能目标以及情感目标三大类，详见表5-3。

表 5-3 英国环境教育目标[①]

教育目标	具体内容
知识目标	(1)了解自然环境发生变化的过程。 (2)了解过去的环境与现在的环境的区别。 (3)了解人类的行为会对环境造成怎样的影响。 (4)了解目前世界所共同面临的环境问题，诸如酸雨、气候变暖、大气污染、水污染等。 (5)了解地方、国家和国际社会在环境方面所制定的一些政策，以及各地环境教育的实施情况。 (6)知道人类只有一个地球，在环境这个问题上，个人、社会以及国家之间是相互依赖的。 (7)知道环境对于人类生命健康的重要性，以及人类对环境的种种破坏行为会对人类自身产生怎样的影响。 (8)知道保护环境，如维护生态平衡、保护生物多样性等的重要性。

① 程永红：《英国中小学环境教育研究——兼谈对我国的启示》，东北师范大学硕士学位论文，2006年。

续　表

教育目标	具体内容
技能目标	(1)交流的技能:能通过口头表达、书面表达等形式表达自己对环境的不同观点,通过学生之间的相互讨论发展学生交流的技能。 (2)计算能力:能分析、整理并统计相关环境的调查数据,并能对每一个数据做出解释。 (3)学习和研究的能力:能从不同的渠道获取多种有关环境的信息,并能分析、解释、评价这些信息,以及能据此做出改善环境的决策和行动。 (4)解决问题的能力:遇到实际环境问题时,能综合考虑影响环境的各种因素,判断引起环境问题的原因,并能提出解决问题的办法。 (5)社会交往技能:在有关环境的团体活动中,能承担不同的任务,积极发挥自身的作用。 (6)使用信息技术的能力:能利用信息技术进行环境调查活动,并能利用信息处理系统处理相关环境数据。
情感目标	(1)培养学生对环境的积极态度,在环境保护工作中发挥应有的作用。 (2)培养学生积极关注世界范围内的各种环境问题。 (3)培养学生分析造成各种环境问题的原因,并能独立思考出解决环境问题的办法。 (4)引导学生尊重不同个体的环境价值观。

英国中小学环境教育课程内容的制订是因人而异的,对不同年龄阶段的学生所制订的课程内容有所不同,但总的来说主要包括三个方面,详见表5-4。其中技能的内容是希望学生通过学习相关的环境技能,可以参与到具体的环境问题情境中,为解决实际的环境问题奠定基础。情感的环境教育内容是环境走向永续发展的关键所在。

表5-4　英国环境教育课程内容组成①

课程内容	具体课程内容
知识内容	(1)自然环境的主要特征和组成,及其与人类活动的相互关系。 (2)自然环境系统是由不同的环境子系统所构成的整体,其中每个子系统是怎样相互组合并与人类活动发生联系的。 (3)人工环境(指由人类对自然的改造所形成的人工环境)与社会环境的特点,以及二者各自存在的问题。 (4)目前存在的种种环境污染问题产生的原因、污染程度、造成的影响及其防治措施。 (5)面对如此多的环境污染问题,人类应如何反省自身。 (6)经济、社会的可持续发展对于个人、国家及世界的重要性。 (7)环境的承载力是有限的,环境中的资源不是取之不尽、用之不竭的。 (8)经济与社会的可持续发展与众多因素,包括经济、伦理、人口、法律、科技、人类的生活方式等的关系。 (9)如何实践有关环境的种种理论。

① 程永红:《英国中小学环境教育研究——兼谈对我国的启示》,东北师范大学硕士学位论文,2006年。

续　表

课程内容	具体课程内容
技能的内容	(1)充分利用环境信息的能力:有感受环境的能力;能利用多种有效手段,如实验、调查、观察、阅读、监测及文献检索等获取环境信息;有勇于探索、挑战权威的精神;有整理、分析、判断、应用、评价和报告信息的能力。 (2)发现和解决环境问题的能力:应对实际环境问题时,有判断、决策并设计解决方案的能力;具有改善和保护环境的技能,如在节水、节电、节煤等方面;具有维持生态平衡、减少环境污染的能力,如保护濒临灭绝的物种、不乱丢弃垃圾等;在日常生活中,有发现问题并解决问题的能力;有宣传环境教育的能力,依靠自身的宣传,影响家庭及整个社会对环境的保护意识。 (3)公民技能:具有与别人合作解决问题的能力,能与别人分享自己所拥有的环境知识;具有沟通和交流的能力;有组织相关环境活动并管理该活动的能力;在面对由环境问题引发的冲突时,有处理此问题的能力,如对话技能、劝导技能和谈判技能;有维护自身及其他公民健康安全生活的能力。
情感的内容	(1)人类是自然环境的一个组成部分,人类与环境是相互依存的关系。 (2)人类只有一个地球。 (3)人类应该尊重、欣赏、保护并热爱环境。 (4)人类应该树立与自然和谐相处的绿色文明意识。 (5)呼吁人类多关注环境问题。 (6)保护生物多样性和尊重文化多样性。 (7)培养学生保护环境的责任感。 (8)不同国家和地区的人,对环境所做的每一个行为,都应该对整个世界及后代负责。 (9)使学生理解可持续发展的含义,并能积极保护环境及为之付诸行动。

四、英国环境教育的课程设置和教学策略

国际上环境教育的课程设置模式主要有三种,即渗透课程模式、跨学科的专题教学模式、独立设课模式。英国中小学环境教育课程的设置主要采用的是渗透课程模式和跨学科的专题教学模式。渗透课程又被称为多学科课程,指的是将适当的环境主题或环境教育成分(包括概念、态度、技能)融入现行的各门课程之中,通过物理、化学、生物、地理等学科来实施环境教育,实现环境教育的教学目标。英国的学者一致认为,这种渗透模式,在不增加学生学业负担的同时,既不影响现行学科教育目标的实现,又可以促进环境教育目标的实现,是一种较好的课程模式。因此,英国的中学阶段主要采取这种渗透模式来进行环境教育。跨学科专题的模式主要是指通过有组织的多学科教学的方式,进行独立的环境主题的教学。

英国 1988 年实行教育改革,明确将环境教育作为了跨学科主题之一。英国

中小学环境教育的专题很多，主要包括气候、土壤、岩石和矿物、水、资源和能源、动植物、人与社会、建筑、工业化和废弃物。这些内容大多通过科学、技术、地理、历史等不同科目来教授。英国学校在不同的教育阶段采用了不同的方法来实施环境教育。在幼儿教育阶段，主要鼓励儿童探索他们身边的环境，发展他们对于所见到、摸到、听到、尝到和闻到的一切事物的观念，这是环境教育的第一步，是意识、技能、理解力和关注的发展的基础。同样，在小学教育阶段，环境教育也很少被当作一门独立的学科来进行教学，大多是通过一些知识领域的教学来发展相应的环境技能与概念。这一阶段的环境教育的一个主要特点是发展学生关于环境教育的感性认识，以此为基础发展相关的技能，并形成一定的观点和态度，如交往技能、个人学习技能、科学探索技能、社会发展技能。不少学校带学生走出教室亲自感受和体会，如进行社会调查、参观考古遗址、栽种植物、记录天气等。中等教育阶段，一般通过与环境问题有密切关系的学科的教学来进行环境教育，科学、地理、历史和艺术等学科都在不同程度上包含环境教育的专题。环境教育作为一门跨学科专题，不同年龄阶段的学生所学习的内容不同，详见表5-5。

表 5-5　环境教育课程设计侧重点①

年龄组	重点强调之处	一般强调之处
5—9 岁	意识、态度	知识、技能、参与
9—12 岁	知识、态度	意识、技能、参与
12—15 岁	知识、技能、态度	意识、参与
15—18 岁	技能、参与、态度	意识、知识

尽管英国学校的环境教育在各个阶段所采取的具体方法存在差别，但是整体上呈现出以下两个特点：

一是以“实地探究”为特色的教学策略。英国一贯重视“在环境中的教育”，在 20 世纪 70 年代更是掀起了环境教育的户外教学活动的热潮，提倡在各年级、各学科的教学中尽可能采用户外实地探究的方法，让学生在亲历自然的过程中培养热爱环境的情感，让学生在观察、探究当地环境的过程中发展分析问题、解决问题的技能，从而形成正确的价值观和态度。20 世纪 80 年代末 90 年代初，实地探究法已成为学校环境教育教学实践的重要策略，也是“通过环境的教育”原则的具体体现，并被一些英国专家学者称作环境教育中最有吸引力和最成功

① 祝怀新：《环境教育论》，中国环境科学出版社，2002 年版。

的方面。作为一种教学策略，实地探究法是课堂教学的重要组成部分，一般围绕国家课程中的环境主题来进行，具有完整的教学设计方案，在教师的指导下并结合作业、讨论等形式，培养学生观察、分析、探究、理解、表达、合作等综合能力，绝不是为了实地考察而考察，也不是简单停留于现场的观察和讲解。

二是以学科渗透为基础的课堂教学策略。英国环境教育成熟的标志是英国中小学环境教育与永续发展相联系，1997 年英国率先提出“永续发展教育”的概念，并成为英国环境教育的一大特色。英国是典型的采用学科渗透模式实施环境教育的国家之一。具有划时代意义的事件是 1990 年由全国课程委员会出版的《环境教育》(课程指南第七册)，其主要目的是使学生保持积极的态度对待周围的环境，主要内容可以概括如下：

(1)要全面地认识环境教育。不同的学科对同一个环境内容的认识不同，要综合各个学科对环境知识的释义，达到全面认识环境的目的。

(2)规定了环境教育的内容、目标。

(3)学校应怎样实施环境教育。

(4)课堂中进行环境教育的实例研究。

至此，英国中小学的环境教育体系开始走向完善。在国家课程的框架下，教师在各科教学中自然地渗透环境教育的相关内容。以地理课程的教学为例，教师可以通过采用小组讨论或是提问等形式，正确引导学生了解：合理使用自然资源的必要性、环境质量问题及其脆弱性，以及保护环境的可能性；世界各国的空间、资源和行为结果之间的相互联系，懂得环境问题乃是一种全球性的问题；全球温度升高、酸雨等问题的解决需要各国之间的有效合作。总之，英国增强了环境教育的学科性，把环境教育课程变成学生的必修科目，并且是跨学科的课程。为此，英国教育部门制订了环境教育的教学目标、教学大纲和教学手段与方法等，全力推进了环境教育的课程建设。

五、英国环境教育的新趋势

英国确立了环境教育在整个道德教育中的地位。英国把环境教育视为道德教育的基本途径，从环境教育的特质、途径、条件等方面着手，不断推进环境教育的发展步伐。英国环境教育的重要特点是将环境教育与社会经济的永续发展目标紧密结合。20 世纪 90 年代以后，英国环境教育朝着永续发展的方向纵深发展。1992 年联合国里约环境与发展会议之后，英国制订了《21 世纪议程》，确定了永续发展战略。1996 年，英国教育与就业部颁布的《将环境教育带入 21 世纪》的纲领性文件，提出“应当通过正规和非正规教育及训练，向所有年龄层次的人传授永续发展和有责任感的世界公民概念”。明确将环境教育的对象范围扩展到全体公民,并将对环境保护的地域概念扩展到全球范围。为了实现文件中提出的目标,1998 年英国政府与非政府组织联手组建永续发展工作组,并编制《环境教育指南》,将环境教育融入永续发展目标中,环境教育从此成为英国永续发展教育的基础与核心。同年,工作组提出了永续发展教育中七个相互关联的概念,即相互依赖、公民和管理、下一代的需要和权利、差异性、生活质量、可持续的变化、不确定与防范。2000 年,工作组在年度报告中将“永续发展教育”定义为:“是一个学习过程,旨在维持、改善并提高当代和后代人类生活的质量。”2000 年,英国教育部门更新了国家课程标准,将包含环境教育在内的永续发展教育确定为一门跨学科主题课程,并要求全国中小学在地理、科学、公民教育、科学技术四门课程中必须涉及永续发展教育的内容,还要求将永续发展的理念作为学校发展的指导思想。2003 年,英国政府开发了永续发展教育的相关评估指标。2004 年,英国政府出台了永续发展教育行动计划,要求永续发展教育必须作为学校发展的指导思想,而不只是在课程中涉及。

可以看出,英国的永续发展教育深深地植根于 20 世纪 60 年代开始的环境教育和 70 年代出现的永续发展教育中。进入 21 世纪,英国的环境教育已经超出最初的狭义范畴,达到与公民教育、全球教育和未来教育紧密融合的更高层次,在教育内容、学科领域、空间尺度、时间维度等方面有了进一步拓展。在教育的内容上,永续发展教育开始将平等的概念和意识纳入环境教育工作中;在所涉及的领域上,开始从自然环境领域拓展到社会、政治、经济与伦理领域;在空间尺度上,开始从侧重本地区的关注拓展为对于全球的关注;在时间维度上,可持续发展教育不但关心当代的问题,也关注未来的问题。英国的环境教育取得了令人瞩目的教学成就,可以说是比较成功的,它不仅拥有一套符合英国国情的教育模式,对英国的环境保护工作起到了重要的促进作用,也成为值得他国学习的典范。

第三节　环境教育与食农教育的关系

食农教育的四大特色为“亲、农、共、绿”,分别是亲手做、农业食物、共耕共食与绿色产消。食农教育的推广与运用有许多的形式,各校不外乎扣合着饮食教育、农事体验与环境教育。光脚踩泥土就能感受土地的温情,亲自弯腰插秧就会发现每粒米都得来不易,除草、种菜、施肥、拔菜到自己动手炒一盘菜,通过身体力行从而打开“五感”知觉,并重新正确认识健康饮食。食农教育,使学生从什么都不会到学会尊重自然、学会爱惜食物、学会均衡饮食、学会农夫坚毅的心，这些珍贵的学习体验是无法在课本上找到的。食农教育，就是从土地到餐桌、从饮食到环境、从内省到行动、从向自然学习中懂得珍惜。为此，日本学者铃木善次提倡应该以“食”与“农”结合环境教学，教导人们重新联结人与自然的关系。日本学者朝冈幸彦2005年的食育与食农教育是在1990年农林水产省和农山渔村文化协会所推动的农业政策与文化运动中提出的。此项教育已累积了许多经验，主要通过社会教育的“生活改良”“食生活的改良”“勤劳体验学习”和学校教育的“食教育”两者，再加上“农业体验学习”串联起来，所以食育与食农教育的概念并非只是附加，而是应包含在整体环境教育的概念当中。日本于2005年制定了《食育基本法》，其设立目的在于加强民众对食物营养、食品安全的认识，以及饮食文化的传承、人与环境的调和、对食物的感激之心，因此可以发现日本推行的食育属于环境教育的一环。通过推行食育相关的环境教育，培养国人健康的饮食及对环境友善的观念，为此让孩童从事农事，从亲身体验活动中学习农业的生产、食物的原貌及环境生态等议题，进而培养孩童对食物的感激珍惜之心，体会生命的价值。台湾学者张玮琦对日本《食育基本法》有深入的研究，她表示，日本食育政策除了关注家庭中的饮食教育、饮食文化乃至于环境保育等关系，更致力于提升国内粮食自给率，强调农产品地产地销和对在地产品的认同。因此“食育”一词不仅指饮食教育，其实是食农教育。在《乡村绿色饮食指标建构之研究》一文中，张玮琦等将“绿色饮食”的范畴扩及食物生产、运送、消费到制作和食用等部分，更将“环保、永续、正义”等意涵纳入绿色饮食的概念当中。再说食农教育中的“地产地销”的概念源自日本，目的就是呼吁本地人应该多加消费本地产品，食材采购作业从海鲜到蔬菜、水果，都是利用当地产的新鲜的食材。当地农产品的消费，将会振兴当地农业与食品产业，在农村发展上，可促进城乡交流及提升地方情感与促进乡村经济，并维持地方传统文化，在环境保护上，可减少因长距离运输而消耗的能源。所以食农教育中的“地产地销”也属于环境教育的一环。

一、食农议题与环境和永续发展议题的关联性

自古以来，农业因人们对食物的需求而存在，虽然农业的实质操作即为破坏自然生态系，并将之改造为人为生态系，然而为了确保可食用农作物顺利生长，对于环境品质的保护是必要的。20世纪全球经历了两次绿色革命，人类的物质生活虽然获得改善，但大量化学肥料和农药的使用造成土壤失衡，土地过度开发使得水土保持功能丧失，或土地受到污染而无法耕种，危及下一代的生存。时至

今日,考量如何达到安全、健康且符合永续发展的食物系统,已是人类必须共同面对的议题,但人类、自然、食、农和永续发展之间的关系到底是什么?《食农社会学:从生命与地方的角度出发》一书,使用“生态系金字塔”解释人类、自然生态与食农系统之间的关联,认为所有生物和生态体系都是在循环的关系中互相依存和影响的,牵一发而动全身。

然而,食物也是人类经济体系中的必要交易物资,其供给与需求牵涉到人类社会的发展与稳定性,也与国民健康息息相关。农业社会曾经是人类发展历程中从渔猎社会安定下来的重要过程,后来虽然继续发展为工商社会,但农业至今仍然是人类社会中关键的一环。简而言之,食物和农业与永续发展相关的环境、社会、经济等三大支柱都有密切关系。

目前全球的食物与农业议题的根源,除了人口暴增和工业化衍生的环境与社会问题之外,全球化所引发的农食生态链失衡更是其中核心。“全球化”是在1991年冷战结束之后的重要改变之一,简单定义就是世界变成地球村,通信、交通、物流相较于冷战以前都变得更加便捷。人们有机会可以取得来自世界各国价格低廉的农作物或食物,但享受美食佳肴的背后,市场垄断、农作物和食物过度加工、工业化造成了食品单一化、土地利用失衡、水资源匮乏、产销失调、碳排放剧增、农作物人造化、食品化工化、食品安全危机增加、食物浪费、营养不良及肥胖症等综合问题。农业本身造成大量的碳排放,往往被忽略。根据联合国政府间气候变化专门委员会(Intergovernmental Panel on Climate Change,IPCC)2014年的报告,在经济活动方面,其中农业活动所产生的碳排放占了24%。美国前总统奥巴马在跟白宫私人厨师凯斯对谈时聊到,对于工业的高碳排放民众比较容易理解,但对于农业产生的碳排放,一般民众较难理解。事实上,在畜牧、养殖、稻米杂粮等植物栽种、作物残体燃烧过程中都会产生温室气体。世界银行预测,若生产模式再不改变,2050年时农业的碳排放可能会占全球碳排放比例的六到七成。

此外,由于全球化概念下的多边贸易协定,全球农作物与食品的贸易自由化、市场全球化,其储存、运输、配销等过程的污染、资源消耗与碳排放持续增加。同时,食材多样性降低,让许多地区大量的粮食自给率明显降低。以台湾地区为例,根据“农委会”发布的资料,综合粮食依热量计算的自给率(food self-sufficiency ratio)从1967年之前的超过100%,一路下降到2016年的31%。台湾自产粮食的比例下降,同时仰赖进口的比例提升。台湾的粮食自给率下降,除了当地人的饮食习惯改变之外,社会经济形态的结构转型以及自由贸易带来的冲击,都对台湾的农业带来很大的影响。2015年9月,联合国大会正式通过,作为世界各国至2030年前的共同发展目标,17项永续发展指标(SDGs)被分成经济、社会、环境三部分。永续发展目标之间互有关联，其中与农业和食物较为直接相关之目标有二：第一个为 SDG2 零饥饿，若完整展开则为“终结饥饿，达到粮食安全，并改善营养和促进永续农业”；另一个为 SDG12 永续的消费和生产形态。其他的目标也与食物、农业系统之间具有不同程度的关联，譬如以自然生态系统与物理系统而论，SDG6 洁净的水与卫生、SDG7 可负担的洁净能源、SDG9 产业创新与基础建设、SDG13 气候行动、SDG14 水下生物、SDG15 陆域生物等，均与农业生产有关。若以社会经济系统而论，SDG3 优质健康与福祉、SDG4 优质教育、SDG8 尊严就业与经济成长、SDG11 永续城市与社区、SDG16 和平正义与强效制度也间接相关。SDGs 通过之后，近年来相关的倡议已经在全世界政府、企业界、学术界与民间团体间如火如荼地推动。食物和农业与“永续发展目标”(SDGs)之间的联结在许多联合国相关组织中持续地受到讨论，譬如“社会创新与融入 SDGs”(sociSDGs)即主张食物与农业以及诸多 SDGs 产生关联。食农几乎与经济、环境、社会相关的所有方面，譬如饥饿、营养不良、沙漠化、水资源利用、生物多样性的损失、过度消费、肥胖、公共卫生等相联结，该组织的相关倡议与活动包括了 SDG1、2、3、4、5、8、10、11、12 等。基本上，食物和农业与所有的目标相关，以永续发展的框架多角度思考食物与农业问题的全貌是必要的。

在 2015 年米兰世界博览会上，意大利政府公布了《米兰宪章》。该宪章陈述，在气候变迁、教育、文化、社会经济模式的改变浪潮下，希望通过此宪章呼吁国家、企业和每个人做出符合自身能力的贡献，以提升食农系统的永续性。另一个近年具代表性的发展案例，是美国纽约知名主厨丹巴柏(Dan Barber)通过深入农业体系提出：“唯有健康的土壤，才能生产出健康又美味的食物。”他认为“从产地到餐桌”(Farm to Table)还是以人类的需求为导向，但人类应该顺应大自然的法则去选择食材，而下一拨可建构农业典范且更具有永续农业精神的饮食潮流，就是重视农业体系本身的价值。他提出：“食物是否真正美味，由整个农业体系所决定；而是否能生产出我们想吃的东西，由农夫的态度所决定。我们需要的是培育自然，让整个农业体系和谐相处，因为整个生态体系的健康都有关键性的影响。”台湾法式名厨江振诚认为，食育包括了解自身文化、顺应节气选择食材与料理，而厨师如此做是一种社会责任。

近年来国际社会与中国台湾纷纷成立诸多倡议友善农业、有机农作等的社会企业，让食农教育与商业行为、社会正义等目标同时发生，也让永续的食物与农业成为一种新时尚。推动自 1986 年开始于美国费城的“60 亿人的餐桌”(Table for Six Billion)运动的 Judy Wicks 是一位关键人物，他创立了白狗咖啡厅与其他相关的社会企业，其中不少与友善食农相关。她于 2013 年出版的书,记录其致力于友善食物等环境运动与振兴地方经济的努力,获得许多奖项。亚洲各国也有政府部门或民间团体在过去十余年间陆续加入此风潮,譬如创立 Javara 食品公司的 Helianti Hilman,就是印尼成功将食农倡议与教育商业化的企业家,她将印尼特有的种子与食物销售至全球。泰国政府则通过建立泰国料理的认证制度、有机农业的商业化、与当地农夫整合观光等做法,建立全面发展的泰国食农体系。

二、食农教育与环境教育结合的案例

接下来,我们以几个案例来进一步认识食农教育与环境教育之间的关系。

(一)中国台湾地区观树教育基金会以环境教育为主要关怀的食农教育策略

中国台湾地区观树教育基金会以环境教育作为主要关怀的食农教育策略很好地说明了食农教育属于环境教育的重要一环。观树教育基金会成立于 1999 年,以“人与万物和谐共荣”为愿景,成立两年后,致力于“环境教育”的推广,通过研习宣导与环境体验让民众了解人与环境密不可分的关系,强调生活、产业与生态三位一体的概念,期望在生产与消费之间,更多地学习人与环境和谐共存的方式。观树教育基金会自 1999 年成立以来,以“环境教育”作为主要的工作发展重点,到 2006 年才与农业议题产生联结。观树教育基金会当时接受山水米公司的委托成立“有机稻场”。“有机稻场”针对当地农民开办专业有机耕种技术与行销相关的课程,另一方面则针对消费大众设计与办理一系列活动,目的是要让消费者认识有机农业。受访者提到,针对消费大众的活动,以稻米生态、稻米耕种与稻米文化等主题进行活动设计,同时也融入环境友善耕种的观念。后期则慢慢再加进农村、乡村的元素,开发更多元的课程,让外地来的民众与消费者能够在体验过程中认识稻米和当地农村。在经营“有机稻场”五年的时间里,针对消费大众的活动,从一开始比较着重在认识稻田里的生态系统,到后期慢慢加入了农事体验活动项目,尝试强调让消费者认识农业生产过程,其中再结合友善耕种的环境保护意义。做法上便是让参与者在农事体验的过程中观察稻田里的动植物生态,然后引导其思考生态链、生物间动态平衡的议题。经过这段时期,着重于农业耕作与生产过程中的环境与生态解说和体验活动,成为观树教育基金会在此项工作上的主要特点。在其所举办的种稻体验活动中,大致上较为强调农田生物多样性在惯行农法实施过程中面对的负面影响,并借此倡导环境友善农法的重要性。“有机稻场”的阶段性工作结束后,观树教育基金会于 2012 年在苑里蕉埔小学旁租地成立以“里山[1]塾”为名的环境教育推广基地，主要工作则延续了经营“有机稻场”时的环境教育，以此引导消费大众了解农业与环境永续之间的紧密关系。此时，“里山塾”与台中地区小学合作发展的食农教育课程中，以环境教育作为切入点进行课程设计，也就是说一定会带入环境议题，例如，种植蔬菜的课程里谈论到当令当季概念时会特别引导学生思考其与环境有什么关联与影响。同时，带入“环境友善耕种”的概念，让学生通过观察土壤来理解土壤其实也是有生命的，进而讨论惯行农法与友善农法对待土壤与生命的差异。

观树教育基金会在经营“有机稻场”的五年间慢慢理解到饮食议题的重要性，因此在“里山塾”阶段所开展的环境教育议题中加入了饮食方面的关怀，于是在活动设计中会加入“吃”的部分。例如，通过动手做豆腐来认识基因改造大豆及其对环境的影响。通过饮食和实际动手料理食物，让参与者认识到环境友善耕作与自身的联结，此一时期从过去偏向环境议题的教育活动结合了更全面的饮食议题，逐渐以“食农教育”为其核心。“里山塾”阶段的另一个重点则是“里山倡议”。里山塾因其秉持着“里山倡议”的精神，便开始将饮食的环境议题与里山倡议做结合，特别是开始着重影响当地种植柑橘的农民改变其耕作模式，以保育水稻田与浅山的生态环境。在这个想法之下，里山塾推动了“里山青果社”这个计划，一方面向农民宣传环境友善耕作的理念与做法，另一方面则办理活动将消费者带进产地认识柑橘产业与饮食文化。里山塾所推动的“里山青果社”计划实际上是将食农教育的活动纳入了农业生产、销售与消费的环节中。消费者是在一个实际的农业生产现场参与食农教育活动，而非在特意为活动营造的农耕基地，在这样的场地中食物的消费者与生产者可直接对话，理解彼此的需求，也理解果树农业与生态环境的关系。在“里山青果社”计划的推动中，从聚焦生态环境守护到创建小农产销链，一方面引导农民从惯行农法逐渐转型到对环境较为友善的耕作模式，另一方面通过食农教育活动鼓励参与者成为潜在消费者。消费购买的实践行动与农民生产模式的改变体现了为永续农食系统转型的努力。

（二）中国台湾地区草屯农会从聚焦农耕过程到纳入生态环境友善的观点

学童种稻是台湾目前普遍实行的食农教育模式，通过让小学学童参与水稻种植过程，认识与了解从水稻种子、种苗到收获的过程中所需付出的劳动力与相

---

① “里山倡议”概念源自日本。2010年联合国第十届生物多样性公约大会于日本名古屋举办，里山倡议（Satoyama Initiative）被提出以呼吁世人关注半自然环境的价值，并推动发展与自然和谐共生的永续农村社会模式。“里山”是由当地居民从事农耕及林业而产生并维持的人为环境，而里山倡议则是以类似日本里山地景的复合式农村生态系为对象，诉求兼顾生物多样性维护、资源永续利用和粮食生产三者间的平衡。

关技术和知识,部分操作模式也会同时引导孩童认识水稻在生长过程中与生态环境的互动关系。台湾草屯农会于2010年开始与周边小学合作实施学童种稻计划,其活动规划着重于田间管理及认识作物生长过程。由于农会与当地农业生产体系紧密联结,因此与小学合作的种稻体验活动中,农会负责寻找适当且愿意出租的农田,联系农民来担任知识传递者以及商请拥有大型农业机械的从业者来翻土、整田、插秧和收割。此外,在稻作成长期间所需的各项管理工作,包括灌溉、晒田、施肥、除草等,也是由农会负责主办此项业务的工作人员来协助。草屯农会在早期办理活动时会较着重让学童参与田间活动、认识作物生长,田间活动参与包含插秧、除草与收割。作物生长的认识则包含了施肥与病虫害管理,甚至安排让学童参观农会的碾米厂,以了解田里的稻米收割后如何从稻谷变成白米。作为与农业生产紧密结合的机构,地方农会推展的种稻体验活动侧重于将作物生长过程和农业管理技术等置于核心,主要目标是让住在当地的小朋友认识餐桌上的食物(稻米)是如何栽种出来的。后期因四健会协会①开始正式推动以"食农教育"为名的相关农事体验活动,草屯农会也开始将与地方小学合作的种稻体验活动拓展得更广泛和多元,在原先纯粹关注农业生产的层面,加入了饮食与生态方面的活动设计。如,有一年试验鸭稻共生的耕作模式,以养鸭来吃福寿螺的生物防治方法取代农药使用,此后草屯农会即在活动与课程设计方面加入了"食品安全与友善大地"的概念,让学童认识到比较注重生态的耕作方式可以生产出安全的食物。草屯农会在食农教育上从原先单纯关注作物生长到加入生态环境的观点,也反映了过去不特别注意农药影响的农会职员本身,因为担任食农教育的实施者而开始改变其观念,转而开始注重农耕过程与生态环境守护的关系。

从中国台湾地区观树教育基金会和草屯农会两个案例,可看到原先两者各自从不同关怀角度切入,一方自生态保育及环境保护的观点切入,另一方则侧重作物生长过程与农耕技术,但在实际操作后双方各自理解到农业、环境与饮食三者是环环相扣、相互影响的关系,无法只偏重某一层面而无视另一层面的影响,食农教育的实施者自身出现了此一观念上的改变,并在实践上进行了调整,使得食农教育的影响可触及生产、生态与生活三层面。

(三)中国台湾地区主妇联盟环境保护基金会的"绿食育"

事实上,无论从个人、家庭、社区到国家、国际社会的各个层次,食物莫不与环境和生态紧密相关,任何人每餐所食所饮皆自山川大地的食物链循环中产生,

① 四健会协会为1952年由当时台湾机构引进美国四健会(4-H Club)机制所成立之组织,并将此源自美国的四健概念(强调农村青少年身、心、手、脑四方面的健全)结合到各乡镇农会的推广业务中。

而健康、营养、无毒、永续性等概念，体现在食用者的身上，而食品生产制造、贮藏包装、运输配销、烹调食用乃至于后续垃圾处理或厨余回收、食物浪费等方面也一一牵动着环境保护议题。

2011年，主妇联盟环境保护基金会率先提出“绿食育”一词，主妇联盟串联北中南关心环境健康的女性，一起致力于推动生活饮食相关的环境教育及政策倡议，以过去二十多年的社会运动经验，将之统整为一个运动大方向，那就是“绿食育”。在起初的使用上始于运动层面的推动，针对亲子教育、饮食安全、消费意识、全球化和饮食观等主题的关系与倡议，包含反基改作物的宣导和解说、反对高风险美国进口牛肉、呼吁合理化施肥以降低蔬菜中硝酸盐含量、从家庭生活与学校生活的各个方面开始注重饮食教育等。关于绿食育，主妇联盟环境保护基金会初步定义为“以教育目的和方法，达到以环保、永续、正义意涵为主轴的绿色饮食实践，并可分为农业教育、饮食教育和环境教育三大领域，内容囊括饮食、农业、生态、营养、文化等五大方面的整合教育概念，范畴扩及食物生产、运送、消费到制作和食用等部分。其以促进满足个人营养需求和身心健康的饮食观念及实践为起点，立足于全球生态环境保护，提倡土地永续和社会正义的农林渔牧施作方式，延续并发展当地的、社区的、富有历史传统意涵的及多元的饮食文化特色”。

绿食育囊括营养、饮食、农业、生态、文化等五大方面的整合教育概念，具体包含下列五项内容：一是满足个人均衡营养需求；二是以达到身心健康的饮食观念及实践为起点；三是认识食物和生产者、生产来源的关系，提倡土地永续和社会正义的农林渔牧施作方式；四是由当地到全球生态环境保护的观照；五是延续并发展当地的、社区的、富有历史传统意涵的及多元化的饮食文化特色。通过绿色消费让自己吃得健康并保护地球永续发展，是绿食育的目标。虽然是一个民间团体的行动，绿食育背后集结了许多人的经验和反省。二十多年前，主妇联盟基金会就站在消费者和持家者的立场上，基于对食、农的关心，开创“共同购买”的典范，以现在十分流行但当时并不普遍的“团购”模式，建立组织化的合作事业体系，购买安全安心的食物，守护家人免于对吃的恐惧，继而创造了生产者的友善环境的具体行动和实际做法，其影响力可能广及发展本土产业、捍卫粮食主权、守护台湾农地。

主妇联盟环境保护基金会张明纯建议学校能借环境教育、户外教学推动食育。饮食背后隐藏着很多环境问题。我们可以通过饮食习惯的改变，实践地球公民的职责，主妇联盟环境保护基金会提供的绿色饮食生活的具体实践方向如下：支持有机农夫市集，实践低碳饮食（当季当地食材）；支持有机消费（非基改、有机与自然农法、无添加）；少买进口蔬果；减量食用肉类，不吃集中式饲养的肉类;在店家吃,或外带时自备餐具;减少使用一次性用品,少买饮料;多多关心并参与和环境、饮食相关的公民议题与活动;减少外食,尽量自己烹煮。

在食农教育相关的诸多文献中,均提到环境教育可以作为食农教育的主轴之一。事实上,由于食农系统与环境本身的相关性强,且也强调体验与态度的建立,与环境教育强调知识、态度、机能、价值观的属性类似,食农教育与环境教育的关系相当密切。环境教育起始于20世纪20至30年代的"保育教育",于第二次世界大战之后,开始在北美迅速发展。"环境教育"于1948年国际自然保护联盟(IUCN)的巴黎会议中首次出现。后随着美国在20世纪60至70年代的环境立法浪潮迅速展开。环境教育已在一些国家比较成熟,也积累了很多经验,所以我们可以从环境教育的发展脉络及一些发达国家的环境教育经验中,为理解和实践食农教育提供一些借鉴作用。

美国诗人温德尔·贝瑞曾说过"吃,是一种农业行为",意思是说我们不只是被动的食物消费者,也是食物供给体系的创造者。食农教育的重要性就在于能解决饮食生活的不正常,使人们回复到正常的生活形态,对于包含了自然、社会、人类、文化等各层面的农业也能重新评估。因此,我们必须重视食农教育的必要性,从认识食物到了解食物、从生产的初端到进入我们口中的过程,加强对学生等的环境教育与饮食教育,从日常生活膳食的实践来满足身心的需要,通过日常家庭生活以及学校的教导,以与自然和谐共处为原则,体验与实践健康的饮食习惯,促进健康的个人和家庭关系,自发地培养日常生活的摄食态度,并且通过城市和农村的和谐交流活动,建立消费者和生产者之间对于食物的信赖关系,进而关心食、农所延伸的环境议题。

第六章

生命教育与食农教育

生命教育诞生的根本原因在于对学生生命健康的关心，其教育内容也是特定而有限的。最早提出“生命教育”概念的美国，主要是为了应对青少年吸毒问题；而在澳大利亚的悉尼，创立第一所“生命教育中心”是为了应对“药物滥用、暴力与艾滋病”问题；英国于 1986 年创立的生命教育中心，主旨同样在于应对药物滥用问题。而在我国台湾地区生命教育的兴起则是为了减小 1997 年前后几起重大的校园暴力和自杀事件所造成的影响。现在已有国外学者从生命教育实践的角度来进行有关青少年健康问题的项目研究，以便有效识别青少年营养和生活方式问题、学习问题、心理健康问题和生殖健康问题。这些问题正是生命教育所需要关注的。事实上，生命教育首先源自学校的实践需要，然后才是大量基于生命哲学角度的研究。①

新冠肺炎疫情让人们体验到前所未有的不安、焦虑，甚至恐慌。在疫情面前，人们最渴望的是生存最基本的需求——生命安全。疫情，如一面镜子，照出了人生社会百态；疫情，也引发了人们对生命、对社会的深层次思考，尤其是为广大学生提供了难得的生命教育机会。生命，是教育的基石，也是教育和教育学反思的原点。我们的生命应有所觉醒、有所提升，这是人生面临的，也是必须应对的最重要课题。2020 年，人们都在补上一堂生命教育课。我们开始了解病菌、防范感染、认识疾病；我们开始意识和思考人与自然的关系，我们也开始尝试和自己相处，甚至学会面对死亡。在疫情面前，我们首先需要健康教育，但生命教育远远不止于健康教育。生命教育所关注的不是一个点，而是一条链、一个面、一个体，最终联结为生命共同体。生命教育不是权宜之计，不是临门一脚，也不是头痛医头，脚痛医脚。生命教育是一门基于人的全面发展理论的综合性课程，是需要全面、系统、有序、持续研发和开展的。为此，本章我们将从阐述生命教育开始，最后了解食农教育与生命教育之间的关系。

---

① 苗睿岚、薛晓阳：《生命教育的转向与教育定位》，教育发展研究，2016 年第 24 期。

第一节　生命教育

一、生命教育的内涵

根据生命本身的内在特性,我们可以把人之生命分为自然生命、精神生命和社会生命。自然生命是最基本的生命尺度,是自然的生理性的肉体生命,是物质性身体中所表现出的生命。社会生命是指人的生命的社会性,也可以说是人际性生命。如果说自然生命是任何动物都具有的生命形式,社会生命则是人类特有的,它赋予人生命的特殊本质。生命教育的内涵到底是什么?这些年来许多学者都肯定生命教育的重要性,但是对于生命教育的内涵却有许多不同的看法。总的来说,研究者一般将生命教育的内涵分为下面五个方面:

"人与自己":认识生命、尊重生命、欣赏独特性。

"人与他人":尊重他人、关怀他人、和谐分享。

"人与环境":社会关怀、珍惜环境、爱护地球。

"人与自然":亲近自然、爱护自然、关怀生态。

"人与宇宙":人生信仰、终极关怀、生命之美。

联合国教科文组织提出21世纪教育的四个目标:学会求知,学会做事,学会做人,学会合作。一是学会求知。不仅要掌握知识,更应该掌握如何学习知识,怎样查找资料。二是学会做事。要学会一样本事,不但可以养活自己,还可以养家糊口。三是学会做人。因为人类除了生存所需要的"苟且"以外,还应该有"诗和远方",要有精神追求。四是学会合作。人是社会的人,现代社会是合作的社会,只有合作才能够共赢。实质上,生命不在于长短,而在于在短暂的生命里能做些什么,进而反思生命的价值与意义。人的生命可分为自然生命、社会生命和精神生命三个层面,生命教育的内容也十分多样,既包括呵护自然生命所需要的生理心理知识,也包括与其他生命和谐共处所需要的自然生态知识;既包括拓展社会生命所需要的社会伦理知识,也包括认识大千世界所需要的历史地理知识;既包括升华精神生命所需要的人文宗教知识,也包括实现价值生命所需要的科学技术知识。总之,凡是有利于生命成长和生命价值实现的理论学习和社会实践活动都可以称为生命教育。生命教育是关乎全人的教育,目的是促进个人生理、心理、社会等各方面均衡发展,以创建自己与他人、环境以及宇宙之间的相互尊重、和谐共处的关系;协助学生追求生命的意义与永恒的价值,以达到健康和正面的人生。生命教育是通过学习的历程，协助学生探讨生命的意义和价值，并借由探讨的过程体悟人与自己、他人、环境、自然、宇宙的各种关系，进而学习尊重生命、欣赏生命、关怀生命以及珍惜万物，涵养正向的生命态度，最后达到身、心、灵健全发展的全人教育。

生命教育的开展形式十分多样，既可以是课堂教育，也可以是社会实践；既可以单独开始，也可以渗透在其他课程中进行；既可以是互动式的，也可以是体验式的；既可以在学校进行，也可以在家庭和社会上进行。如可以将校园“小田园教育”融入生命教育，让学生完整参与一系列规划好的农事操作，从整地翻土、播种植苗、灌溉照护到收成分享，同时借由活动体验展开生命教育教学，引导学生以自然为师，通过与农植共处，观察四时变化，及其生命生生不息的循环，思考、类化各种农作物成长的现象于现实生活，学习自然物之各具独特之长、各有所用，所以说食农教育其实就是一种生命教育。在食农教育中引入生命教育，可以让学生理解生命的意义，学会积极健康的生活方式，形成独立向上的发展理念，为实现生命价值的最大化，展现出生命亮点积累知识和经验。

二、生命教育的兴起和发展

(一)生命教育在国外的发展概况

生命教育由美国学者杰·唐纳·华特士于1968年正式提出并实践，然后向世界各国辐射扩展。生命教育的缘起有其深厚的社会历史根源，即美国社会种种负面现象以及死亡教育的兴起。鉴于当时美国社会年轻人不尊重自己和他人的生命，酗酒成风，毒品泛滥，暴力事件不断地发生，华特士提出了生命教育。华特士在加州创建了“阿南达村”(阿南达学校)，践行着生命教育。通过组织开展对生命成长与死亡关系的探讨以及对生长发育与生理健康规律的认识等活动，使年轻人有正确的态度来保护生命，进而学会生存，尊重生命，理解生命的意义，实现生命的价值。

近半个世纪来，生命教育受到世界各国的普遍关注并广泛实施。随着自由化思潮的发展和艾滋病在全球的蔓延，为了更好地实现对年轻生命的呵护，澳大利亚、英国、新西兰等国相继于1979年、1986年和1988年开始进行生命教育。澳大利亚的生命教育主要缘于反毒品。1974年，针对当时青少年吸毒并致死这一社会问题，特德·诺夫斯(Rev. Ted Noffs)牧师正式提出“生命教育”的概念，并于1979年在悉尼成立“生命教育中心”，协助学校进行反毒品教育，对青少年开展“生命教育”，培养他们积极、健康、向上的人生观。创设一个健康的生活环境，是防患于未然之道。新西兰的生命教育也是从非政府组织开始的。英国的生命教育直接源自澳洲。1986 年威尔士王子访问澳洲之后,在英联邦 14 个地方都建立了沿袭澳洲生命教育中心的慈善性机构。不过早在此前,英国的 PSHCE 计划已经开始实践生命教育理念,主要是在幼儿园和小学阶段进行健康、药物(包括毒品防治)和生活选择等方面的教育。英国生命教育是一种全人培养与全人关怀的教育,以学生灵性、道德、社会和文化的发展为目标。德国对生命教育的理解是"死亡的准备教育"和"善良教育"。其中"善良教育"重视对学生善良品质的培养,主要内容有爱护动物、同情弱者、宽容待人和唾弃暴力。日本是世界上实施生命教育较早的国家。政府的高度重视、教育内容的完整充实、形式的丰富多样、资源的优化整合,使日本形成了相对完善而成熟的生命教育体系。20 世纪 70 年代,日本学者东井义雄在其成名作《学童的臣民感觉》中谈到,"教师的职责是给予学生生命的温暖,学校则是让臣民对生命有所理解的场所",这可以说是日本生命教育思想的萌芽。1985 年,日本临时教育审议会《关于教育改革的第一次审议报告》明确指出教育改革的基本设想:要改善教育环境,培养学生丰富的知识、美好的心灵和健康的体魄。1989 年,日本文部省修订了新的《教学大纲》,增加了培育"敬畏生命的理念"的内容。20 世纪 90 年代,日本中央教育审议会提出了培养学生"生存能力"的思想。生存能力包括"智、德、体"三种能力,其中"德"的内容详而述之为:"对美好事物和大自然的感动之心,铭记良好行为、憎恶不良行为的正义感,重视公正性、珍惜生命、尊重人权等基本的伦理观,同情他人之心、志愿服务社会等为社会奉献的精神等。"至此,日本建立起基本的生命教育框架,生命教育被纳入国家和中小学校的正规课程体系。日本的生命教育包括余裕教育、生存教育、安全教育、心灵教育等。

这些国家的生命教育强调个性的独特,重点放在呵护生命,预防不良习惯上。主要通过身体机能的分析,告诉学生身体是有极限的,一旦机体失衡,就会对生理、心理和情绪造成负面的影响。所以,在平时应该健康地生活,照顾好自己的身体。

(二)生命教育在国内的发展概况

20 世纪 90 年代开始,生命教育逐渐成为中国大陆教育界、哲学界和社会学界共同关注的热点议题,其发展大致经历了教育忧思与本土探索、学术诠释与学科界定、理论热兴与实践探求、国家战略与全新发展等四个相对区分的阶段。

1993—1999 年是教育忧思与本土探索阶段,基于对教育问题的忧虑和反思,叶澜于 20 世纪 90 年代开始关注"生命"及其与教育的内在关系并进行解读,并发出"让课堂焕发出生命的活力"的号召。不过,严格地讲,这一时期还没有形成真正的生命教育，而只是一种对教育问题的反思和对生命意蕴之于教育的重要性的意识，只是一种“教育忧思”。2000—2003年是学术诠释与学科界定阶段，这一期间，在哲学界、教育界和医学界共同关注下，中国大陆掀起了一个生命教育学术传播的小高潮。学术界主要从介绍港台生命教育开始，对生命教育的基本理论和课程实践进行学术诠释和价值宣扬；教育界和医学界(包括殡葬与临终关怀行业)的一线工作者则从现实出发，直面生命本身，拷问生命意义。因此，这是一个学术诠释和学科界定的时期。2004—2010年是理论热兴与实践探求阶段，自2004年始，伴随着《中共中央、国务院关于进一步加强和改进未成年人思想道德建设的若干意见》(中发〔2004〕8号)文件的颁布，伴随着辽宁和上海两地教育部门首开风气之先，还有诸如中国宋庆龄基金会、“关爱生命万里行”志愿组织等社会团体的推动，生命教育在中国大陆迎来了一个比较繁荣的发展期。2009年前后，大陆很多大、中、小学开始尝试开设生命教育类课程。2010年7月以来是国家战略与全新发展阶段，2010年7月29日，国务院发布的《国家中长期教育改革和发展规划纲要(2010—2020年)》(以下简称《纲要》)第一部分“总体战略”中第二章“战略目标和战略主题”明确指出：“重视安全教育、生命教育、国防教育、可持续发展教育。促进德育、智育、体育、美育有机融合，提高学生综合素质，使学生成为德智体美全面发展的社会主义建设者和接班人。”这标志着生命教育正式上升为国家教育发展战略。值得一提的是，《纲要》把“生命教育”与“安全教育”并列在一起，说明生命教育并非包含在安全教育之内，可纠正一些人(主要存在于中小学)把生命教育等同于安全教育的认识。从此，大陆生命教育理论研究不断拓展和深入，实践探索亦遍地开花，逐渐呈现出蓬勃发展的态势。

综观生命教育在世界各地特别是在中国大陆的历史发展，其探索不得不令人深思，其成就值得人们欣慰。不过，尽管生命教育已有多年研究和实践，也取得了较大成绩，但总体来看，关于生命教育的本质、含义、目标、内容、途径、课程体系以及实践方式等，至今仍未形成统一意见，这有待广大学者和教育工作者做出继续努力。台湾学者纽则诚提出“从台湾生命教育到华人生命教育”，主张“后科学、非宗教、安生死”，倡导发展以中国人生哲学与生死哲学为中心价值的生命学问。其实何止于此，我们甚至可以构想全人类的“大生命教育”，让世界各国人民共同践行，一起关注生命、尊重生命、热爱生命、善待生命、成全生命。在这里，“生命”一词是广义的，包括自然界一切有生命体征的物种，“大”既指全世界人们，亦指人与自然的整体生命关怀。我们丝毫不用怀疑，未来生命教育完全可以回应时代呼声，助力人格培养，提升公民素质，促进人与自然和谐相处，进而造福整个人类社会。

中国香港、台湾地区在20世纪90年代引入生命教育并开展实践,取得了显著成绩。我国香港于1994年从英国引入了“生命教育”概念,我国台湾地区于1997年从日本引入了生命教育的理念。

香港地区的生命教育可以追溯到20世纪末。香港于1994年成立了“生活教育活动计划”慈善组织,目的是为香港学生提供正面的、有系统的药物教育课程,让他们明白药物,包括酒、烟对身体的影响,协助他们预防药物滥用。这可以说是香港生命教育的萌芽。从教育系统的实践来看,1996年天水围十八乡乡事委员会公益社中学开设“生命教育”课程,标志着生命教育正式进入学校;1999年,香港推出“爱与生命教育系列”,除了为家庭生活教育提供素材与方法之外,也鼓励教师将这些内容融入相关科目的教学;2002年,香港教育学院公民教育中心明确提出以生命教育整合公民教育及价值教育,并在多所学校推广生命教育课程。香港生命教育涵盖人的情绪、情感和身心灵的发展,拓展生命的深度和广度,培养学生成为有智慧、会感动并追求卓越的全人。事实上,香港的公民教育多选择与生命题材相关的话题,以生命为主线,以爱为核心,使学生认识自我,肯定自我,实现自我。

台湾地区开展生命教育的主要缘由在于青少年呈现出一种不健康的行为取向——不知爱惜自己、颓废、消极,常有践踏生命的偏激行为。种种的社会现象暴露出现今学生缺乏尊重生命的观念,认为生命已失去意义,令人忧心忡忡,不容轻视。台湾的生命教育最早由民间团体于1976年从日本引入,主要由社会民间团体主动参与并逐步推广。个别学校开设伦理教育课程,其中涉及一些生命教育的理念,但生命教育一直未能进入台湾教育的主流。1997年,有学者率先提出“生命教育”的概念与愿景;1997年底,台湾成立“生命教育推广中心”,启动“生命教育实施计划”,并委托台中市晓明女中设计“生命教育”课程,推动办理研习、训练师资等;1998年,“生命教育”在台湾地区的中学全面展开;1999年,有学者指出生命教育的推动是教育改革中最核心的一环,但当前的教改列车却忽视了让学生体认到对生命的尊重,在多元价值混淆的情况下,学生的心灵将不知何去何从。2000年,台湾当局成立“学校生命教育项目小组”,希望将生命教育的理念正式纳入小学至大学16年的教育体系中,并宣布2001年为“生命教育年”,计划从中学开始进行全岛推动,要“从培养学童对生命的尊重开始做起”,教导学生先尊重自己再推及别人,希望通过生命教育,让学生体认生命的可贵,进而尊重生命、关爱生命与珍惜生命。台湾生命教育计划以高中及国中学生为优先对象,逐年推广到小学及大学。此外,许多高等院校和教育研究机构也主动参与,进行理论与实践研究,对推进台湾地区生命教育的发展起到了重要的引领和提升作用。台湾当局规定中小学成立“生命教育中心”,负责研究生命教育的内容、途径与方法，研制生命教育教材。台湾地区生命教育的途径主要包括：开设生命教育课，课程内容包含敬畏生命、做我真好、生于忧患、应变与生存、敬业乐业、信仰与人生、良心的培养、人活在关系中、思考是智慧的开端、生死尊严、社会关怀与社会正义、全球伦理与宗教，共 7 个阶段 12 个篇章；开设综合课，采取综合课的形式实施生命教育，简而言之，就是在不同的学科中贯串生命教育的思想和理念；开展渗透式教学，就是将生命教育渗透到各科教学和学校的其他活动中实施，主要通过课堂教学和课外活动来完成。

三、生命教育的意义

生命教育是通过生命知识的教化培育来影响受教育者身心发展的理论学习和社会实践活动。生命教育是一种为了学生的健康、安全和幸福，有目的、有计划地培养学生的生命意识，让学生学习生存技能，提升生命品质的教育活动。开展生命教育具有重要的现实意义，主要表现在以下几点：

(一)有利于更加珍惜生命

要敬畏生命，珍爱生命。生命的诞生是极其神圣的，每个人的生命只有一次，必须珍惜与爱护。要尊重和热爱生命，提升生命的质量，无论经历什么挫折苦难，遭遇什么不幸，都要勇于面对，坚强地生活下去。正如法国作家罗曼·罗兰所说："我心目中的英雄主义，就是在认清了生活的本质之后，依然热爱生活。"随着社会竞争压力、生活压力的加剧，一些人的抗压能力没有相应地提高，学校和家庭又缺乏必要的挫折教育和心理教育，使得不珍惜生命的现象时有发生。要知道一个人的生命不只是自己的，生理生命中浸润着父母亲友无数的心血，社会生命中蕴含着同学朋友不尽的思念。所以，年轻人不能光想着自己，以为一死能彻底解脱，一了百了，还应该为自己的至亲好友着想，承担起生命的责任。

(二)有利于和谐社会建设

人是社会性动物，总是要与其他人生活在一起的，或相互竞争，或合作共赢。社会需要和谐，和谐社会建设既有赖于法治的完善，也有赖于国民素质的提高。在当今社会，不尊重他人生命的现象时有发生。如有些人意气用事，不顾乘客的安全，抢夺公交车方向盘；有些人为了利益，生产有毒食品和问题药品；有些人性情暴烈，话不投机就拔刀相向；有些人在交通肇事后不但不救助，反而反复碾压致人死亡；有些人心理扭曲，对自己的亲人痛下杀手；有些人伤害他人，造成社会的不和谐；更有少数人报复社会，实施公交车纵火；等等。其实每一个生命都不容易,都是在战胜无数困难后才留下来的。我们理应该给予生命一份关爱与尊重。为此,我们要尊重他人,守望相助。美国作家海明威在《丧钟为谁而鸣》中发出预警,所有人是一个整体,别人的不幸就是你的不幸。所以,不要问丧钟是为谁而鸣,它就是为你而鸣。经济全球化时代,各国命运相连、休戚相关,中国人民为抗击疫情、遏制疫情所做出的努力和牺牲,正是构建"人类命运共同体"的伟大实践。

(三)有利于呵护生命

当代年轻人都在温室中长大,从小到大,有家庭的多方照顾,一旦开始独立生活,常常因缺乏必要的独立生活常识而使身体长期处于困顿之中。有些人过分相信自己的免疫力,有病不医,致使小疾酿成大患;有些人昼夜颠倒,不到凌晨不睡觉,不到中午不起床,致使生物钟紊乱;有些人沉迷于网络和游戏,整天活在虚拟世界里,以致对现实世界不能适应;更有少数人染上毒品,不能自拔,以致走上犯罪的道路。因此,有必要对年轻人开展身体和心理的呵护教育,教导他们爱惜自己的身体,养成良好的生活习惯,积极锻炼,增强免疫力,远离传染病的威胁,同时提高心理素养,拒绝一切不良诱惑。

(四)有利于环境保护事业

人类总是生活在一定的环境中,粮食作物是否安全,畜牧蛋奶是否有毒,饮水中细菌是否超标,空气污染指数是否爆表,与我们的健康密切相关。近100年来,人类为了追求自身的利益,对自然进行了过度的开发,导致了土地的荒漠化、水体的富营养化和大气的雾霾化。然而,自然还是按照其自身的发展规律运动着,对破坏自然的人类进行着惩罚。所以,我们要敬畏自然,天地人和。中国文化的精髓在"和",强调中和,致中和,天地人和。要敬畏自然,善待自然万物。恩格斯在《自然辩证法》中曾指出:"不要过分陶醉于我们人类对自然界的胜利。对于每一次这样的胜利,自然界都对我们进行报复,我们最初的成果又消失了。"既然我们无法改变自然,就应该适应自然,按自然规律办事;既然我们要与其他生命居住在同一片蓝天下,我们就应该与其平等相处,用一颗敬畏的心来对待周围的世界。

(五)有利于生物多样性保护

由于人类的贪婪,全球的生物多样性正在不断减少。过度的捕捞和盗猎、森林的砍伐和开垦,破坏了动植物的栖息地,使得全世界每天大概有100个物种灭绝。更有专家预言,第六次生物大灭绝事件正在临近。环境和生物多样性保护是一项利国利民、有利于子孙后代的千秋伟业。人类如果要把自己的基因传承下去，如果要把自己的文化传承下去，必须为子孙后代留下一片蓝天、一潭碧水，让他们能呼吸新鲜的空气，饮用安全无污染的水。所以，绿水青山就是金山银山。

（六）有利于社会发展和进步

生命是宝贵的，对于每个人来说只有一次。我们不能把生命单纯地理解为吃喝拉撒睡，毕竟生活除了眼前的苟且，还有诗和远方。生命不应该仅仅停留在生理上的满足，而应更多地追求阅历视野和生命价值。人生的宽度不只在于从事了多少份职业，结交了多少名好友，谈了多少次恋爱，更在于是否对一些事物深入地发掘和探究，是否有所发现、有所创造；人生的高度不在于留下了多少子孙，拥有了多少财富，更在于为人类、为社会做出了多少贡献。赠人玫瑰，手留余香，怀着感恩的心，去帮助他人，不但能提升生命的社会价值，也会提升自己的自信心和幸福感，从而使人格更加完善、自我价值更加丰富。每一个拥有饱满生命的人，都应该注重生理生命、社会生命和精神生命的统一，不断拓宽自己的生命内核，活出自己的精彩。

（七）有利于引导学生爱人以德

“苟利国家生死以，岂因祸福避趋之。”医者如此，教育者也当如此。在蔡元培先生任北京大学校长前夕，北京大学情况复杂，朋友们都劝他：“进去了，若不能整顿，反而有碍自己的名声。”但蔡元培坚定地说：“君子爱人以德，就算失败，也算尽了心。”奋战在艰难战“疫”中的广大医务人员和一线军人、公安干警、党员干部、环卫工人等，都是爱人以德的君子。在他们身上，生命的坚守、生命的开拓和生命的奉献是一体的，构成了生命的三部曲，体现了生命的价值和意义，而这正是生命教育的重要主题。美国教育家华特士在《生命教育——与孩子一同迎向人生挑战》中说：“教育并不只是训练学生能够谋得职业，或者从事知识上的追求，而是引导人们充分去体悟人生的意义。”①

（八）有利于拓展学生生命的维度

新冠肺炎战“疫”中，我们不仅感受到了英雄气息，也感受到了百姓的民魂。在他们身上，我们看到了人的品格、精神、志向、灵魂、气象，生命的尊严、呵护、坚守、开拓、奉献；看到了人之所以为人的高贵，以及生命之所以为生命的宝贵。

---

① 《罗海鸥：生命教育是人生重要课题》，http://www.jyb.cn/rmtzgjyb/202003/t20200326_310813.html。

这次疫情,让人真切感受到,生命是脆弱的,也是顽强的,还可能是恒久的;生命是物质的,也是精神的;生命是渺小的,也是伟大的;生命是自私的,也是无私的。那么,到底靠什么可以呵护生命、保全生命?这场战"疫"告诉我们,人格的力量、知识的力量、科技的力量,为打赢这场艰难战"疫"播下胜利的种子。那么,这种力量又从何而来?"注重读书学习、掌握过硬本领",答案响彻云霄。读书,可以救人,可以救命;学习,可以改变命运,可以强国兴邦。读书学习,可以使一个人在本质上成为一个优于昨天、超越自我的人,成为有独立思考和过硬本领的人,这里的学习还包括食农教育、环境教育、生命教育等体验学习。

通过这场战"疫"的洗礼和淬炼,我们可以深刻认识到,生命有"四个维度",我们应不断拓展生命的维度。一是生命是有温度的。生命,是具体、多元、鲜活的,会有高低起伏、顺境逆境,要懂得用时间去疗伤,要学会用哲学、用人文艺术和时代精神去慰藉、去滋养。二是生命是有宽度的。只有尊重生命、热爱生命、提升生命,德智体美劳全面发展,有人格、有本领、有担当,才能更好地实现生命的价值、体现人生的意义。三是生命是有深度的。生命需要不断修炼、不断开拓、不断超越,需要放下自我与得失的纠结,舍小我成就大我,在创新中奉献正能量。四是生命是有长度的。要爱惜生命,延长生命,提升生命的意义。要重视身心健康,加强体育锻炼,争取健康快乐地为祖国工作40年甚至50年。

四、生命教育的任务与目标

随着工业化的发展和环境污染的加剧,土地荒漠化、水体富营养化、大气雾霾化现象越来越严重,不但使许多珍贵的动植物资源灭绝,还严重威胁到人类的安全,威胁到子孙后代的生存与发展。为了使人类的明天更美好,有必要对年轻人开展以保护家园为主题的教育活动,扩展生命教育的内涵。越来越多的国家和地区将保护环境、保护生物多样性纳入了生命教育的范畴,希望通过生态和环境知识的普及,使年轻人感恩自然,进而保护好自然环境。

生命教育的任务就是培养全面发展的人,通过各种生命现象的介绍,教导学生要欣赏生命、尊重生命;敬畏生命、呵护生命;珍惜生命、感恩生命,进而理解生命的意义,树立正确的人生观和价值观。重点是敬畏自然、敬畏生命。"敬畏"中的"敬"是指尊重万物,体现的是一种人生态度和价值追求,是对万物的尊重;"敬畏"中的"畏"是指惧怕、畏怯,体现的是一种行为规范和警示界限,是对自我的约束。敬畏的第一阶段应该是"畏",遥想人类进化初期,我们的祖先面对洪水猛兽,只能爬到树上生活,面对自然灾害只能祈求苍天。随着文明的发展和科技的进步,人类对自然的干预力度越来越大,原始的畏惧心也大为减少,随之出现了

“人定胜天”的自然改造热潮，但由此带来的负面影响也不断出现，人类正承受着大自然所给的惩罚，荒漠化、臭氧层损耗、环境污染、资源枯竭、温室效应等问题给人类的生存与发展带来了严峻的挑战，艾滋病、新型冠状肺炎等疾病在部分地区肆虐，内源性病原微生物正在不断蔓延，心理性疾病比历史上任何时候更加普遍、更加严重。人是自然之子，无论创造出怎样的文明，无论科技多么发达，自然永远比人类伟大。因此，人类有必要重拾过去那种对自然和生命的“畏惧”心，对自己的行为有所控制，不但珍惜自己的生命，还要爱惜其他生命，爱护生态环境，保护好生物多样性。敬畏的第二阶段应该是“敬”，我们既要向伟大的自然致敬，也要向伟大的生命致敬。大自然为我们提供了适宜的温度、空气和液态水等环境，使简单的无机小分子能演化到多分子体系，再由原始生命演化到今天多种多样的生命。在浩瀚的宇宙中，目前已经被人们发现和观察到的星系大约有1250亿个，每个星系内又拥有几百亿颗星球，而地球是目前唯一发现有生命的星球，可以毫不夸张地说，生命的出现本身就是一个奇迹。当今地球上存在的生命都是经过几亿年的自然选择留下来的，都是能适应地球环境的强者，所有生命都有其存在的理由，都发挥着独特的功能，我们应该对他们有“崇敬”之心。每一个人的生命也一样，都是在克服了无数困难以后，一步一步成长起来的。所以，我们要敬畏和尊重这些生命，敬畏并尊重养育这些生命的自然，从自然中吸取精华，从动植物的生命中获得灵感，完成我们自身从生理生命到社会生命再到精神生命的升华，活出生命的意义，活出人生的精彩。

生命教育的目标就是让学生认识各类生命现象，逐渐养成爱心和责任心，不但要珍惜自己的生命，还要尊重其他人的生命和动植物的生命；不但要呵护好自然生命，还要拓展社会生命和精神生命；不但要培养独特的个性，还要树立起个人与社会、与环境和谐发展的生存观，积极参与环境与生物多样性保护工作；不但要秉持积极的生存策略，养成健康的生活方式，还要领悟生命的意义。

五、生命教育的内容

生命教育的内容包括：直面生命的死亡教育、珍惜生命的品格教育、和谐身心的健康教育、增强承受力的挫折教育、尊重生命的个性化教育、注重可持续发展的环境生态教育、注重和谐的生物多样性保护教育、奉献社会的生命价值教育。我们主要介绍以下几个与食农教育比较相关的内容：

(1)直面生命的死亡教育。主要通过死亡的本质、生命的终极价值等专题介绍等方法，教导学生正确认识和应对死亡现象，学会处理哀伤情绪，懂得去安慰别人。

(2)珍惜生命的品格教育。主要通过诚实、尊重、责任、公平、关爱、权利等价值观教育,使学生认识到成长的艰辛和生命的宝贵,从而形成良好的生活习惯和自律的生活作风,增强生命责任感,防止不尊重自己生命的自杀事件发生,防止不尊重他人生命的暴力事件蔓延,防止对花草树木、飞禽走兽等动植物生命的摧残和虐待。

(3)和谐身心的健康教育。通过身体健康教育活动,使学生认识到生命的极限和生命的脆弱,自觉呵护好自己的身体;通过心理健康教育活动,使学生认识到心理健康对成长的重要性,及时调整好心态;通过自然环境、社会环境与个人健康关系的探讨等社会行为教育活动,使学生认识到社会的复杂性及毒品的危害性,自觉拒绝一切不良诱惑。

(4)增强承受力的挫折教育。主要通过生命不屈和生命顽强教育,使学生认识到人生不可能一帆风顺,生命的意义本身就在于上下求索,知难而进。应加强学生的抗压能力训练,让他们明白战胜困难和逆境本身就是人生的一部分,在战胜困难的过程中也可以找到人生的乐趣,获得成就感。

(5)尊重生命的个性化教育。通过生命具有独特性和多样性的知识讲授,使学生认识到自己在这个世界上是独一无二的,从而增强自信心,培养自强不息的独立行动能力和求异创新的批判思维能力。要相信自己,也要尊重他人,共同构建和谐社会。

(6)注重可持续发展的环境生态教育。可持续发展是一种既能满足当代人的需要,又不对后代生存构成威胁的发展模式。通过环境生态教育,让学生明白要让后代持续发展,必须为他们留下生存的物质基础,留下蓝天白云,留下青山碧水。通过环境生态教育,培养学生的环境责任心,让他们在考虑发展的同时,注意对环境的影响,秉持可持续发展的理念,不以牺牲后代人的利益为代价来满足自己的需求,杜绝吃子孙饭、断子孙路的发展思路。

(7)注重和谐的生物多样性保护教育。现存的所有生命都起源于同一个祖先,如果站在历史长河中看现存的生命,无论是低等的,还是高等的;无论是对我们有益的,还是有害的,都是我们的亲戚。通过生命起源和进化路径的梳理,使学生明白突变是随机的,进化是没有方向的,反是能适应地球环境的变异都能够保留下来,从而构成多姿多彩的生物世界。生物圈内的每一个生命都是自然界物质循环和能量流动中的重要一环,如果人类不对生物多样性进行有效的保护,其中的一个环节一旦遭到破坏,就会影响到与之相关的许多生命,这就好比多米诺骨牌。鉴于人类生命的脆弱性,人类可能不是最后倒下的几块骨牌,到时候恐龙经历的悲剧就可能在人类身上重演。

(8)奉献社会的生命价值教育。主要通过自我价值、社会价值等生命价值知识的讲授,让学生认识到人是社会的人,个人的生理满足和心理满足大多来自社会，因此必须尽可能多地创造一些社会价值来满足其他人的需要，促进社会的发展。人的自我价值与社会价值是统一的，一个人对社会的贡献越大，社会给他的荣誉就越多，他的自我价值也就越高。

第二节　日本的生命教育

一、日本生命教育的背景

20 世纪 80 年代以来，日本在经过经济的高速增长之后，进入了发达国家行列，但现代经济与科技的迅猛发展并没有带来人性的相应发展，反而使日本陷入“物质丰富而精神空虚”的局面。近年来，日本由于经济滑坡产生了一系列的问题，在教育领域主要表现为教育荒废现象，浪费、辍学现象频出。如何解决这些问题，既关系着孩子的身心健康，也关系到日本的未来。生命教育就是日本社会为解决这一现象开出的“药方”。生命教育有广义与狭义之分：狭义的生命教育指的是对生命本身的关注，包括个人与他人的生命，进而扩展到一切自然生命；广义的生命教育是一种全人教育，它不仅包括对生命的关注，而且包括对生存能力的培养和生命价值的提升。日本的生命教育是一个广义的概念，教育内涵非常丰富，包含生死观教育、健康教育、安全教育、道德教育、职业教育等内容，涉及心理学、教育学、伦理学、社会学等诸多学科与领域，已经形成了自己的特色。

日本的生命教育可以追溯到 1964 年谷口雅春出版《生命的实相》，书中强调生命教育的重要性，并倡导生命教育。日本政府针对青少年自杀、欺侮、杀人、破坏环境、浪费等现象日益严重的现实，同时为了让青少年认识到生命的美好和重要，使他们能面对并很好地承受挫折，更加热爱生命、珍惜生命，在 1989 年修改的新版《教学大纲》中，明确提出以尊重人的精神和对生命的敬畏之观念来定位生命教育的目标。为此，政府每年支持出版以活出生命力的心与身为主题的相应刊物，以教育孩子们形成关心社会和关心他人的现代伦理价值观。1998 年日本对小学的道德课程进行了重新修订，在高中阶段开设了伦理课程，在大学阶段设置了教养课，这些举措中均涉及了珍爱生命的内容，从而使日本的生命教育自成体系，独具特色，影响深远。日本的生命教育以流行的“余裕教育”而闻名于世。近些年来，日本教育界针对学生生活素质欠缺和能力差的现状，开展了“余裕教育”。“余裕教育”通过对学生的教化，把珍惜生命、尊重生命的理念灌输给学生，“余裕教育”也是生命教育的重要内容。“余裕教育”的口号是“热爱生命，选择坚强"，是针对日本国内心理脆弱的青少年和青少年自杀事件而提出的，教育青少年热爱生命，抵制诱惑，正确面对挫折，认识到生命的美好和重要，使他们更加珍惜生命，形成健康的生命态度。日本的余裕教育者认为，热爱生命的主要内容之一，是要求人与自然和谐相处，并热爱自然界中除人之外的一切生命。为此，他们鼓励学生经常到农场和牧场体验自然生活。更有日本专家建议，把中小学体验农村生活和接触自然生活实践活动变为"必修课"。教导学生要认识生命的美好，热爱生命，珍惜生命，勇敢面对挫折，与自然和谐相处，热爱动植物的生命，保护生物多样性。一位日本教育家说，我们所培养的学生要产生"面对一丛野菊而怦然心动的情怀"。试想，当一个人对自然界的生命都能给予如此的关怀，对于人的生命的尊重，那就自然可以想见了。[①]

二、日本生命教育的特点

（一）在教育内容上，把生命教育与道德教育相结合

针对社会快速发展带来的人际关系淡薄，人们精神压力不断增大、运动不足等问题，日本文部科学省提出了"活出生命力"的生命教育目标，认为"健康的身体""富有人性""确实的学力"是实现这一目标的三大要素。"活出生命力"的"心"与"身"两者紧密相连，共同作用于"活出生命力"的目标。"心"是"活出生命力"的基础，"身"是"活出生命力"的原动力。"孩子们游戏中，不只提升身体能力，也很自然地学到了与他人的相处之道，可以作为提升知性与人性的基础。"日本早在 1996 年召开的第 15 届中央教育审议会（以下简称"中教审"）发表的咨询报告《关于展望 21 世纪的我国教育的应有状态》中就对"丰富的人性"的内涵进行了明确的规定："我们认为，今后的孩子们所需要的是，无论社会怎样变化，都能够自己发现问题、独自学习、独立思考、自主地做出判断并行动，……具有更好地解决问题的素质能力和不断地律己、与他人相协调、同情他人之心、感动之心等丰富的人性。"在 1998 年召开的第 16 届"中教审"发表的咨询报告《关于始于幼儿期的心灵教育的应有状态》中更是明确地提出"心灵教育"的概念。报告指出，"儿童必须具有生存能力，而丰富的人性是生存能力的核心，它包括几个方面的内容：对美好事物和自然的感动之心等纤细的感受性；重视正义感和公正性的精神；热爱生命、尊重人权之心等基本的伦理观；同情他人之心和社会奉献精神；自立心、自制力和责任感；对他人共生和对异质事物的宽容"。1998 年改定的

① 《生命教育的缘起和演进》，https://mp.weixin.qq.com/s/x-wsobaDp9Otv0p8f86Wxg。

《学习指导纲要》明确定义了道德教育："所谓道德教育，就是根据《基本教育法》和《学校教育法》的基本精神，为培养能够在学校、家庭、社会的具体生活中贯彻尊重人性的精神与对生命的敬畏之情，拥有丰富的心灵，能够为创造个性丰富的文化与发展民主社会和国家而努力，能够为和平的国际社会做贡献，能够开拓未来，具有主体性的日本人，而培养作为其基础的道德性。"2003 年"中教审"又发表了《关于适合新时代的教育基本法和教育振兴基本计划的应有状态》的咨询报告，提出了新世纪教育的 5 个方面的培养目标，其中"培养丰富的心灵和锻炼健壮的身体"是第二个目标。从以上分析可以看出，日本政府在制定政策时一直把生命教育和道德教育紧密结合在一起，在道德教育中渗透生命教育，在生命教育中实现道德教育的目标。在具体实施过程中亦如此，通过课堂教育、课外体验活动等进行生命教育和道德教育，两者相互促进。日本生命教育的内容非常丰富，包括生死观教育、健康安全教育、道德教育（心灵教育）、环境教育等，目的是使学生通过对生命相关知识的学习、生活体验的感悟，引发对生命问题的思考，从而善待生命，"选择坚强"。

（二）在教育方式上，把课堂教育与实践体验活动相结合

虽然在日本教育体系中并没有专门的"生命教育"用语，但其生命教育的内容却通过各种方式来实现，如专门课程、辅助课程、特殊活动、体验活动等。归纳起来，主要是以课堂教育和体验活动相结合的方式进行。课堂教育主要表现为：日本学校根据学生不同年龄阶段特点开设不同层次的课程来施教。小学低年级一般开设生活科，小学高年级主要开设社会科，初中一、二年级则通过道德科和社会科来进行，初中三年级特别增设了公民科。高中开设伦理课，大学开设教养课。另外，还特设"道德时间"来补充、深化教育。在专门课程之外，其他各学科的教育教学也渗透了生命教育的内容，如国语科通过语言教学，激发学生热爱生活和珍惜生命；数理学科通过数理分析、逻辑推理、归纳演绎等能力的培养，提高学生观察、分析、判断事物的能力；音乐和图画科通过美术和音乐的欣赏和体验，培养学生坚韧不拔的奋斗精神及激发学生为生活、为艺术而执着追求。

为了取得生命教育的最佳效果，弥补课程教育的局限，日本非常重视体验活动和实践的作用。日本社会认为，随着现代化和城市化的发展，人们的生产生活方式、居住环境和以前明显不同，孩子逐渐失去了走进、接触大自然的机会，缺乏获得直接体验的渠道，直接经验较少。为改变这种状况，日本文部科学省从 20 世纪 80 年代开始，提倡并推广实践体验活动计划，认为孩子们能在和自然、社会的互动中，"通过感动、惊奇、挫折、克服等各式各样的体验累积，培育出强而有力

的生命力”。形式多样的实践和体验活动包括：

(1)特别活动。日本的“特别活动”设置时间较早，始于1966年，是日本中小学教育中最有特色的一部分，主要包括运动会、郊游、各种节日庆典庆祝活动等全校性活动，以及诸如班会、学生会和俱乐部活动等学生活动，其主要目的是培养学生自主参与的热情，为学生提供张扬个性、提高实践能力的平台。通过集体活动，培养学生团结协作、互相帮助等品质。

(2)社区体验活动。日本社区体验活动组织参与部门多，形式灵活多样，包括与社区合作开展诸如花道、茶道等传统艺能、技术活动，与环境厅、建设厅、科学技术厅合作，开展“儿童之水边再发现计划”“儿童长期自然体验村”“儿童自由空间创造计划”“触摸自然科学计划”等，以此培养学生热爱自然、敬畏生命之心，丰富其生活体验，提高其生存能力。

(3)设立“自然教室”。“自然教室”活动开始于1984年，即组织学生到大自然中去过有规律的集体住宿生活，通过野外宿营增加学生对野外集体生活的体验，使学生有机会亲近、深入大自然，并在其中锤炼刻苦、忍耐、自立的良好品德。

(4)开展社会志愿者活动。包括回收各种废旧书刊，参与各种社会捐赠捐款，打扫卫生，帮助照顾老人等。通过志愿者活动，培养学生互助互爱和无私奉献的观念。

(5)劳动体验活动。中小学每年都要定期组织学生参加简单的农业生产劳动。从耕地、播种到收割、脱粒再到集体煮食、品尝，学生参与每个环节的劳动。通过劳动教育，使学生形成正确的劳动态度，培养学生吃苦耐劳的品质以及生存能力。

(6)开展心理健康教育。开设“心理相谈室”，设置“心灵教育教员”，编发“心灵教育指导”丛书，推出“心灵小册子”活动。通过增加学生心灵体验的机会，促进学生的道德内化，提高其自我教育的能力。

(三)在教育时机上，把坚持预防和推进教育相结合

日本是一个生存空间非常有限的岛国，历史上屡次遭受火山和地震的毁灭性打击，由此日本民族形成了悲观宿命论和世事无常的观念。日本人把一个人的生命比作樱花，虽然美好但转瞬即逝。如何守护生命、珍惜生命，如何正确地面对死亡，一直是日本社会面临的问题。日本的生命教育在时机把握上，坚持把预防和推进教育相结合：一方面，通过推进教育，唤起人们对生命的热爱，引导人们“活出生命力”；另一方面，采取各种手段和措施，预防自杀，进行各种安全教育，守护生命。日本预防教育主要表现在两个方面：一是自杀预防教育；二是安全教育。

（四）在教育途径上，坚持政府、学校、社会、家庭相互配合

日本社会普遍认为，要使孩子“活出生命力”，使“心”与“身”健康发展，政府、社区、学校、家庭均肩负重大的使命。社会经济迅速发展，人们的思想观念和价值取向也趋向复杂化、多元化。教育使命的承载单靠学校一方难以取得最佳的效果，社会形势亟须家庭、社区发挥其潜在的教育功能。1986年《关于教育改革的第二次咨询报告》指出：“家庭、社会、学校各自的病理问题及相互间的脱节是‘教育荒废’现象产生的主要原因。”因此，要把学校、社区、家庭协调起来，谋求建立学校、家庭和社区的三位一体的教育模式。日本的生命教育是在政府指导下，学校、家庭和社会三位一体的联动下进行的。这种联动模式具体表现为建立家长教师协会（简称PTA）。这是一个由学校、家长和社会联合策划，以形成教育合力的常设组织，一般一年举行一次参与人数较多的大型会议，每月召开一次小型会议。通过这种模式加强对学生课外生活的督促与指导，强化学校教育的效果。日本PTA在推动生命教育发展中扮演了重要的角色，成为联系学校、家庭和社会的重要纽带。除此之外，在具体实施教育过程中，政府、学校、社会、家庭也会相互配合，共同完成教育任务。

日本政府对生命教育非常重视，采取各种方式，确保生命教育顺利实施。日本政府出版各种有关生命教育的“白皮书”、教材、指导纲要等，供各领域之政界学界参考；出台各种实施计划，协调各方关系，促成学生各种体验活动的开展；设立相应的设施，开展各种活动，营造生命教育的环境。

日本的生命教育在实施的途径与方式上体现为“一主一辅三结合”，即以课堂教学为主，以学科渗透为辅，专门课程与辅助课程相结合、理论学习与实际体验相结合、显性传授与隐性渗透相结合。在日本，除学校之外，社会组织、民间团体、社区、家庭等各种机构与组织也是开展生命教育的重要力量。唤起人们对生命的热爱，尊重和守护生命，不仅仅是教育部门的任务，还涉及经济、政治、文化、社会各个领域，需要全社会各部门的共同努力。

三、日本生命教育的内容

日本的生命教育有着极其丰富的意蕴，并不以独立的课程形态出现，而是渗透在生死观教育、道德教育、健康教育、安全教育之中，涉及心理学、教育学、伦理学、社会学等诸多学科与领域的内容，注重实践性，是一种为学生快乐而成功地生活做准备并以提升学生的精神生命为目的的渗透式教育活动。日本人的生死观教育正是建立在彼世观念和循环观念的基础之上。

(一)生死观教育

生死观,是指人们对生死现象和生死关系的看法。日本生命教育体系中关于生死关系的认识正是建立在彼世观念和循环观念的基础之上,主要有三个方面的内容。

1.死与生并非完全对立的,死作为生的一部分永续

日本人通常认为,生、死并非完全对立的,死作为生的一部分永续。人死后去往彼世以另外一种方式生存,而“灵魂”能够回到祖国和故乡,守护“活着的人们”,“灵魂”不灭。日本通过各种方式把这种观念传递给人们,让人们更好地理解生命的消逝,正确接受亲人的离去,减少打击和痛苦。

2.生如春花般绚烂,死如秋叶般静美

死在日本人的脑海中是“落花之美”,是留住瞬间美的一个重要方法。生死正如美丽樱花的速开速落。人一生下来就面临着死亡,生死是相通的,是连为一体的。“生命诚可贵,死亡亦美丽”这种观念已经深入日本人的心里,体现在日本社会的各个方面。

3.生死循环

人的死不是消失,而是等待下次复活的循环,生也绝不是新生,生出来的生命是某个先祖的复活。正因为如此,日本人起名字时习惯与其父亲或祖父的名字重复一个字。因此,死亡并不可怕,重要的是要在死后能够得到活人的追赠,以获得在灵界的地位,要做到这一点就必须要有尊严和荣誉感地去死,不能因让世人引以为耻而死后不得安宁。

(二)身心健康的维度

日本文部科学省针对“教育荒废”现象提出了“活出生命力”的生命教育目标,认为“健康的身体”“富有人性”“确实的学力”是实现这一目标的三大要素。“活出生命力”的“心”与“身”双方关系深厚,“心”是“活出生命力”的基础,“身”是“活出生命力”的原动力。而且认为培育“心”与“身”,自然体验与社会体验极为重要。“孩子们在游戏中,不只提升身体能力,也很自然地学到了与他人的相处之道。可以作为提升知性与人性的基础。”

1.身体健康维度的生命教育——健康安全教育

日本已经进入信息化时代,伴随高科技及其产业的发展,现代化水平日益提高,社会结构、社会关系、社会生活发生了巨大变化。如何抵制不良事物的诱惑,构筑文明科学的生活方式,使受教育者终身过充满活力的健康生活,是日本社会

面临的严峻课题，日本学校围绕“身心健康的保持及增进”这一主旨进行了系统的策划和改革。学校将“健康”作为教育的一个目标，并依据学生各年龄段的发育特点实施健康指导。日本的学校健康教育突出“保健体育模式”，把保健教育融合在体育学科中，强调体育与健康知识的结合，并编有专门的保健领域的教材。日本保健体育指导纲要指出：“要让学生理解有关健康和安全的基本知识，培养学生自主的、健康的生活能力和态度。要求通过运动促进身体的生长发育，而不仅仅是学习掌握一些运动技能，而且要求学生掌握一定的保健知识，培养学生的保健意识，形成科学合理的行为习惯与生活方式。”课时安排是由低年级向高年级逐渐递加，每学期都有固定的授课计划。健康教育的主要内容包括良好饮食习惯的养成、性教育、预防艾滋病教育等。其中，良好饮食习惯的养成的方式之一是学校供餐制度。日本中小学的学校供餐制度由来已久，并被视为促进学生身心健康的有效途径。日本将学生的营养饮食安排看作学校健康教育的一项重要内容。据 1995 年统计，小学几乎达到 100%、初中大约 82% 的学生以各种方式接受学校供应的食物。文部科学省希望通过学校供餐达到以下目的：第一，通过摄取营养平衡的食物，学生增进健康，提高体质，强健体魄；第二，通过供餐，让学生形成良好的饮食习惯；第三，通过集体进餐，学生之间相互关心、照顾，培养良好的人际关系；第四，供餐制度具有劳动实践的作用，有助于学生提高自我饮食管理能力。为达到目的，文部科学省不断调整供餐制度，改善供餐环境，同时强化学校和家庭以及社区之间的协作。

2. 道德教育

20 世纪 80 年代以来，日本社会出现了“教育荒废”现象，如欺侮、拒绝上学、青少年行为不良、暴力等。要解决“儿童心灵的荒废”问题，必须打破教育原有的整齐划一、僵硬、封闭的模式，实行个性化的教育，加强道德教育，培养儿童“丰富的心灵”。日本的道德教育以课堂教育和实践体验活动相结合的方式进行。日本学校开设了专门课程进行道德教育，在不同的阶段有不同的称呼。小学低年级称为生活科，小学高年级称为社会科，初中一、二年级是道德科和社会科，初中三年级开始增加公民科。高中开设伦理课，大学开设教养课。另外，还特设“道德时间”来补充、深化和统合道德教育。日本学校道德教育不仅通过专门的课程来实施，而且还贯串于各学科的教学之中，如国语科、数理学科、音乐和图画科。为了取得道德教育的最佳效果，弥补课程教育的局限，日本非常重视体验活动和实践的作用。日本已经形成一套内容丰富、形式多样的实践和体验活动体系：开展特别活动，如运动会、文化节、郊游、各种庆典庆祝活动等，培养学生自主实践的态度和热情，发展学生的个性和独立性；开展社区体验活动，如儿童之水边再发现计划、儿童长期自然体验村、儿童自由空间创造计划、触摸自然科学计划等,培养学生热爱乡土、国家的感情,丰富其生活体验,提高其生存能力;设立"自然教室",使学生对生命和自然产生热爱之心、敬畏之心,并在其中形成刻苦、忍耐、自制、自立的良好品德;开展社会志愿者活动,如回收废旧书刊等资源,参与社会慈善事业,为老人、残疾人带路,参与栽花、植树、保护益鸟、道路安全与防火灾宣传等社会公益劳动,培养学生尊重他人和无私奉献精神;开展劳动体验活动,如耕地、播种、插秧、田间管理等,培养学生吃苦耐劳的品格及生存能力;开展心理健康教育,设置"心灵教育教员",编发"心灵教育指导"丛书,推出"心灵小册子"活动,促进学生的道德内化,形成自我教育的能力。

(三)生存发展的维度

生存与发展是人类生命活动的两个层面,两者不可分割:生存是基础和前提,而发展是生存的历史延续和超越。生存强调的是人自身的存在和当下的需要,发展更为关注人的长远需要。

1. 生存维度的生命教育——职业教育

学会生存是生命教育的重要内容。生存维度的生命教育主要体现为"职业教育"。日本中央审议申答委员会将职业教育定义为:"培养学生良好的职业观、勤劳观,在传授与未来职业相关的知识和技能的同时,发展学生对自我个性的理解力,培养主动选择未来发展道路的能力和态度的教育。"日本经济的快速发展与政府对职业教育的重视密不可分。日本的职业教育起源于1883年,到现在已形成了一个在世界上独具特色的职业教育体系,主要由3部分组成:学校职业教育、企业职业技术教育和公共职业训练。学校职业教育体现为初中的技术、家政课教育,高中的综合学科教育,高中的职业技术教育,"各种学校"教育,专修学校教育,高等专门学校教育以及短期大学教育。

2. 发展维度的生命教育——环境教育

从发展的维度来看,生命教育的目的就是要改善我们的生活环境,为构建一个更加公正的、可持续发展的世界而努力。发展维度的生命教育主要体现为环境教育。科学技术的高度发展为人类创造了前所未有的巨大物质财富和精神文明,但同时也带来了一系列严重的环境问题。从历史上看,日本的环境教育始于20世纪60年代的公害教育。以水俣病事件、四日市废气事件、爱知糠油事件、富山"痛痛病"事件四大公害诉讼为标志,居民反对公害运动达到了高潮,由此也促进了环境教育的发展。70年代,环境教育被纳入日本教育体系。80年代后,文部科学省进一步把环境保护内容渗透到国语、理工、美术、音乐、保健、道德等课程当中,并且对不同年龄阶段的学生进行不同方式的环境教育。学校环境教育大致分为3个阶段,即亲近自然教育、学习和理解自然教育、守护自然教育。这3个阶段分别针对不同的教育对象:小学低年级学生、小学高年级学生和中学生。日本小学的环境教育内容糅合在各学科的相关章节中,通过“自然教室”手段进行。所谓“自然教室”,就是引导儿童走进大自然,感受大自然,在大自然中学习的教育。通过与自然的亲密接触,去感受人类活动与环境的关系,理解生命的价值,形成环保意识,达到善待环境的教育目的。对中学生的环境教育则是让他们结合所学内容对周围生活环境进行调查,如垃圾对环境的影响,对流经市区河水中的氮、磷、氯等离子进行检测,了解水污染的状况,等等。通过对身边的环境问题进行调查,促使学生主动关心环境,掌握相关科学知识和技能。除了学校环境教育外,还有企业和社会环境教育。企业环境教育体现为提倡环保理念,进行产品“生态设计”;开发、推广环保产品,引导公众尽量选择和使用环保产品;编制环境报告书,向社会及广大消费者报告自己的环境经营状况;开展企业内环境教育,鼓励员工积极参与地区环境活动。社会环境教育主要体现为两个方面:一是在社区设置环保教育中心,免费向居民开放,发环保宣传单,在宣传栏上刊登环保内容;二是通过电视、广播、报纸、杂志等各种媒体广泛进行环保教育宣传。

四、日本的食育是一种生命教育

食物是我们生命的源泉,它跟我们的身体、精神、智力有着直接的关系。食物既是大自然的恩惠,又是食物生产者辛勤劳动的结晶。食育就是一项关于生命的食物教育,通过组织各种各样的体验活动,让儿童切身体会动植物的生长、对生命的滋养以及通过劳动而取得收获的可贵;认识人与自然、人与世界的相互关系,教育儿童从小懂得如何与自然、与人和谐相处,帮助其树立正确的食物观、生命观、人生观和世界观,促进儿童的未来发展。通过食育,让孩子认识生命的源头,让孩子认识食而不只是吃。食育源于日本,是培养良好饮食习惯的教育。日本的食育既包含了生命、自然、感恩这样的人类通识文化,又包含了均衡、协作、饮食习惯这样具体的生活文化,在全球食物教育中具有鲜明特点。日本人相信,食育就是生命教育,能教导孩子认识真正的食物原味,传承其对自然的崇敬之心。日本学校的食育推行得非常仔细,如在日本幼儿园以5项目标来达成食育:

(1)吃饭前就能感觉到饿的孩子。

为了健康饮食,要按时吃饭。为了按时吃饭,最终要的是吃饭前感觉到肚子饿。所以,上午多采用体操运动,到中午就能开心地吃饭。

(2)能增加喜欢吃的东西的孩子。

以前日本教育特别关注孩子的“偏食”和“吃剩”的问题。不少学校运用比较强硬的方法解决偏食问题。但是现在日本食育最终要的是“开心地吃”“主动地吃”,为了激发孩子的好奇心和兴趣,幼儿园在提供的午饭菜单上下了很多功夫。比如,生日蛋糕、日本传统节日的特别菜单、按季节搭配的当季当令食材等。幼儿园通过食农体验等理解食材营养的课程,并通过享受日本传统食文化的活动来增进孩子对食物的美好感情。

(3)能和喜欢的人一起吃的孩子。

在日本大部分的家庭只有父母和孩子,而没有奶奶爷爷来照顾孩子,所以不少孩子有时“要一个人吃饭”。还有些孩子平时有爱吃零食的习惯,大家一起就餐时不饿就不会好好吃饭。现在各种研究结果证明,就餐时的心情对身体健康特别重要。所以,幼儿园很重视,吃饭的时候老师会提供给孩子喜欢的话题一起交流,创造能开心吃饭的氛围,好好吃饭也成为日本食育的一个重要目标。

(4)能参与做菜和准备的孩子。

理解食文化的第一步是知道饭是怎么来的,吃饭之前需要准备什么,以及盛饭、就餐时的饮食礼节。日本很重视孩子的自立和生活能力培养,从幼儿园开始孩子们就学习自己准备餐具、自己盛饭。为了培养珍惜食物的习惯,也有通过农事体验栽培、收获及自己做菜的活动。

(5)对“食”有兴趣的孩子。

“食”是健康快乐的生活。“兴趣”是孩子成长的根本,为了激发他们的兴趣,日本幼儿园还有各种课程体验活动。[①] 吃得好,也要吃得开心。日本妈妈们经常会变着法儿捣鼓菜单花样、盛菜用的器皿,偶尔会改变进餐的方式和地点,甚至会根据菜单的不同,在进餐时间播放背景音乐,制造愉悦的用餐环境。这都源于日本人的一个信条——只有进餐过程中尽可能愉悦口舌、愉悦肠胃,吃下去的食物才会被愉快地吸收,并成为你身体的一部分。培养孩子的这种“开心”和“珍惜”,最直接和最有效的办法就是让孩子自己动手,亲自体验。孩子们在实践中学到了许多课本上无法学到的东西,如对自然中其他生物或植物的认识与热爱,对食物的感恩,团队与协作精神,等等。这一切,都是培养孩子丰富内心的过程。食育在学校就像学习数学一样重要,是教育,也是游戏。食育是责任,也是文化的传承。食育是生存教育,食育等于生命教育。[②]

---

① 《幼师宝典·在日本,“食育”的五个理想目标是什么?》,http://youshibaodian.com/a/7e9bfe439ac1486b9e603d959eb65ae8.html。

② 《日本孩子无处不在的食物教育》,http://huaren.haiwainet.cn/n/2015/0427/c232657-28677159.html。

第三节　生命教育与食农教育的关系

日本已故的漫画家手塚治虫指出，现今的教育体制中我们教孩子数学、社会、法律、电脑以及各种先进机械的使用，但却没将生命的尊严、人生有无限的价值、人与宇宙的关系等议题教给孩子们。如果从小就彻底教育孩子们善待周遭生命、尊重生命可贵，孩子们成长后所面临的问题就会减少许多。换言之，生命教育是唤醒人们心灵感受的重要良方。

一、生命教育与食农教育

食物不仅限于提供能量与营养，也涵盖人类社会中各种不同的复杂性，在经济、社会、政治、文化、交流上，饮食代表一种转化行为；食物可以使病弱者变得健康、显示阶级关系的演变、分配和管理权力与野心的核心，也是人类拼命想要主宰的生态体系。法国政治家及美食鉴赏家萨瓦兰曾说："告诉我你吃了些什么，我就能说出你是怎么样的人。"这句话表明饮食能反映出一个人真正的内在样貌与生活态度。食物是定义人类身份认同的要件，我们吃下的东西是文化发展的产物。从日本料理、法式大餐到山东煎饼、广式点心，再到中国大地上家家户户都看似相近其实不同的家常菜，无一不体现人本性的复杂。所以，食农教育可以化繁为简，从人与食物发生关系的过程入手，去理解食物的生产与采集、购买、加工与烹饪、食用过程与营养吸收、排废与再利用。我们可以通过食物了解各个时代背景的社会、环境与经济发展模式，并追寻当地的饮食文化特色与传统烹饪技艺，以及社区永续性。

由出生的第一口母乳开始，人类就开始努力生存，所以食育就等于生存教育，食育也即是生命教育。民以食为天，饮食是生命得以维系的基础，是新陈代谢得以持续的保障，吃得安全、吃得放心也是生命呵护的重要内容之一。在吃的过程中，只注重安全是不够的，还必须注重营养的均衡。在生活条件相对富足的今天，选择食物时更应该注意各种营养要素的合理搭配和能量的基本平衡。食品最主要的功能是提供营养，我们把那些能基本满足机体生长繁殖或维持新陈代谢所需的，必须从外界环境中摄取的物质称为营养物质。对人类而言，营养物质包括蛋白质、碳水化合物、脂肪、维生素、水、无机矿物质元素六大类，其中碳水化合物不仅包括淀粉、葡萄糖等碳源和能源，也包括维持肠道正常功能的膳食纤维。膳食要合理搭配，做到营养均衡，这里的营养均衡有两层意思：一是能量平衡,即从食物中吸收的能量要与机体消耗的能量大致相当;二是营养要素均衡,即我们吸收的碳水化合物、蛋白质、维生素、矿物质元素等要均衡,我们摄入的碳、氮、磷、硫等元素之间应该均衡,摄入的八种人体必需的氨基酸应该均衡。为此,在日常饮食中我们应该遵循营养平衡、膳食金字塔原则,要保证食物的多样化,细粮要与粗粮搭配、主食要与副食搭配、肉类要与蔬菜搭配,要多吃蔬菜、水果和杂粮,常食用牛奶、豆类、鱼类、禽类、蛋类以及瘦肉,少吃肥肉及动物油脂。另外,膳食要适量,制作要清淡少盐,要保持食物的清洁卫生。所以,日本农林省的儿童食育就包括以下内容:学习日本和世界的食物、日本各地的乡土料理、尝试使用饮食平衡指南、重新审视自己的生活与食物的关系(确认一下自己的一天)、让我们一起关注食物的事情(选择安全、放心的食物)、挑战饮食生活和了解料理的自给率。

日本自2005年开始实施"食育"教育,日本有基本法规定,从幼儿期起,孩子得接受食物、食品相关知识的教育,以培养良好的饮食习惯,当地的幼儿园或学校对于孩子们如何吃饭特别关心。如网易亲子综合网站上有一篇文章《日本重视儿童早餐　基本法强制从小接受食物教育》,作者写道:"从我将女儿送进幼儿园开始,一直到她上小学六年级,每月我都会定期收到来自幼儿园或学校的'保健通讯'。这份'保健通讯'上,写得最多的,就是'今天你有没有好好吃早餐?'"日本文部科学省通过每年的"全国学习能力·学习状态调查"得出"不吃早餐的孩子学习能力会下降"这一结论。为什么一顿并不起眼的早餐会影响到孩子的学习能力呢?日本的营养学家们是这样解释的:人的大脑每天需要消耗120克葡萄糖,即人体血液里所含的葡萄糖有50%是被大脑所消耗的。而葡萄糖的主要来源是富含淀粉的米饭、面类等主食。在食用主食之后的30分钟,血液中的葡萄糖(血糖)达到最高值,徐徐为大脑输送养分。而余下的葡萄糖则被肝脏作为糖原储存起来,在大脑需要的时候再转换成葡萄糖。但这种储存是以12小时为界限的,而人即使在睡眠的时候大脑也依旧在继续工作,所以,早晨起床后到早餐前的这段时间,是大脑血糖值最低、最为能源不足的时候。因此,不吃早餐的人容易记忆力低下,工作效率迟缓;而不吃早餐的孩子,不仅影响成长发育,在学习时还很难集中精力,且容易焦躁和发怒。接下来,我们以日本儿童食育中的"重新审视自己的生活与食物的关系"为例,看看日本如何诠释我们的生活与饮食,特别是早餐的关系:个子会长高,体重也会增加,儿童期是成长的重要时期。为了获得结实的身体并充分发挥身体的力量,日常进餐非常重要。早、中、晚三餐好好吃饭自不用说,点心(零食)也能发挥重要作用。吃饭和吃点心的方式随着各人的生活节奏快慢而有所不同。重新审视自己的生活与食物的关系,健健康康地过每一天吧。

(一)早餐最棒

早餐有唤醒大脑和身体的作用,好好吃吧!

1.为什么早饭很重要

(1)早餐是一天开始的重要开关。

我们的大脑使用葡萄糖作为能源。早上醒来时,头会变得昏昏沉沉,那是因为我们在睡眠时消耗了葡萄糖,所以其变得不够了。如果不吃早餐的话,上午身体活动时头脑会发胀。用早餐及时补充大脑的能量来源——葡萄糖,让大脑和身体好好地清醒过来吧。米饭等主食中含有很多能成为大脑能量来源的葡萄糖,所以从早上开始我们就可以集中精力学习和工作。早餐是活跃地度过一天的重要开关。每天早上好好打开开关吧。

(2)有规律地生活,保持"体内节奏"和"生活节奏"的健康一致。

你知道人体里有一种叫生物钟的东西吗?它以天为单位,具有掌管睡眠、体温、血压和激素分泌等变化的重要功能。人类健康生活不可或缺的生物钟和光有关系,当太阳升起的时候要活动,当太阳落下后,要静下心来休息,这叫作"体内节奏"。如果"体内节奏"和自己的"生活节奏"不一致的话,对身体来说是很大的压力。如果因为偏差而无法保持内心平衡的话,就无法好好活动,甚至情绪会变得不稳定。为了消除"内在节奏"和"生活节奏"之间的差距,首先吃一顿丰盛的早餐非常重要。晚餐时间对于吃好早餐也很重要。如果晚餐吃晚了,就会形成早上睡懒觉没时间,肚子又不饿,就不吃早饭的坏习惯。因此,养成每天早上都要好好吃饭的习惯吧。

2.吃好早餐的3个诀窍

(1)没有时间,没有食欲,怎么办才好呢?

好好吃早餐对于唤醒大脑和身体是非常重要的。虽说小学生中"几乎不吃早饭""有时不吃早饭"的百分比在下降,但实际上这样的小学生还有很多。不吃早饭的理由是"没有时间""没有食欲""没有准备早饭"。没有时间可以认为是由于熬夜而引起睡懒觉,它造成生活节奏紊乱,也影响食欲。之所以没有准备早饭,是因为"即使准备了也不吃"。为了早餐能够吃得更好,最重要的首先是要调整好生活节奏。

(2)给家人快速准备早餐的3个要点。

早餐是一天开始的重要能量来源。请注意不要因为没有时间就不吃了!有效利用前一天晚上的剩菜剩饭,或者把冷冻的米饭重新加热也是很方便的。

①准备齐全不费事。准备晚餐时,也要考虑第二天的早饭所需的食材。预先切好或煮熟,以省去第二天早上的麻烦。当然,晚餐剩下的也可以。

②准备不用烹饪的食物。如果你已准备好可以直接吃的奶酪和水果的话，就不需要花费时间和精力了。

③定下模式，永不停息。给每天的早餐定一个常规模式，这很容易。如果你一个一个地换新的菜单的话，则早餐的功能将不断扩大。

(二)点心的窍门

了解点心(零食)的含义并在不破坏用餐节奏和平衡的情况下享用它们。

(三)料理挑战

学会做饭的话会很开心的吧。首先，和我们家人一起挑战。“工作‘脑力’取决于早餐，不吃早餐等于放弃工作!”日本的营养学家们为此这样警告日本国民。而对于成长中的孩子，日本专家们的要求则比对成年人的要求更高。例如，日本女子营养大学副校长五明纪春博士就提出了家庭亲子餐桌的“5W1H规则”，主要包括：WHO(和谁一起用餐)；WHAT(吃什么)；WHEN(什么时候吃)；WHERE(在什么地方吃)；WHY(为什么吃)；HOW(该怎么做)。这个“5W1H规则”不仅要求为孩子们的餐桌提供安全卫生、营养平衡的饮食，还要求营造良好的用餐环境以及有规律的用餐时间。而良好的用餐环境，并不仅仅指干净、整洁、漂亮的餐厅——这些固然也很重要，但比这更重要的是令人温暖舒展的用餐氛围。例如“WHO(和谁一起用餐?)”这一条看似不起眼，也容易被家长们忽视，但它实际上非常重要。日本专家建议：父母以及家庭成员们无论多么忙，也最好能每天至少一次和自己的孩子一起“共食”。因为“和谁一起用餐”对于发育阶段的孩子非常重要。独自一个人的“孤食”与家庭成员团团围绕餐桌的“共食”，意义是完全不一样的。你想要一个性格开朗明快的孩子，就决不能给孩子一个孤僻寂寞的餐桌。一家人在同一餐桌上交流共享的话题，将成为孩子脑海里最温馨的童年记忆。这种家庭餐桌的用餐氛围，能促进孩子的情感发展与人格形成，并影响到孩子未来一生。

日本从“二战”后开始，已经提倡食育。日本学校的食物教育推行得非常仔细，例如三年级的小孩要设计食谱，还要为家人烹饪一顿早餐。六年级学生要学习薯片课程，用酒精灯进行实验，要知道薯片的油分高达两成等。每所学校都有一位专业注册营养师。

2014年，日本大学教授植野正之进行了一项针对儿童味蕾的研究，准备了酸、甜、苦、辣4种味道的试剂，测试8岁日本小孩子的味觉灵敏度，最后发现超过三成孩子对于这4种基本味道无法辨别也无法形容。原因是孩子吃了过多垃圾食品。通过亲身体验引导孩子们，让他们知道吃天然食物其实是一件很快乐的事。如日本一家幼儿园带领孩子亲自采摘橘子，然后这些亲手采摘的橘子就是当天午餐的甜品，刚摘下来的橘子其实很酸，一点都不好吃，但孩子仍然非常期待。学校鼓励孩子亲手做食物，番茄酱也是孩子自己做的。虽然每个人的口味不同，但班上20多个孩子，19个把午餐全都吃光。该幼儿园老师认为："我们没办法命令孩子吃什么，就像今天的活动，想吃的孩子自然会吃，并非强制的，而是要让他们知道吃天然食物，其实是一件很快乐的事。"

我国中医营养学是"以人为本"，同样的你，在不同时间、不同心情下，用不同的方法吃进去的食物，最后产生的影响是不一样的。中医营养学是以天、地、人为参照体系的。什么是天？就是我们吃的、喝的这些食物要讲究出产的时间、食用的时间和食用的量，这叫食饮有节。我们吃东西一定要顺应天时，也就是说要应季。孔子在《论语》中也曾说过"不时不食"，换句话说就是，不要吃反季节的食物。所以，如果想健康长寿的话，那么最好吃应季应地的东西。如果再讲究一点儿，就要随着二十四节气的变化去饮食。自然界的阴阳变化、四季更替都会影响我们的身体健康。对于一年四季，古人有"春生、夏长、秋收、冬藏"的说法，也就是说，人的饮食要顺应四季生、长、收、藏的特点，在不同的时节，要吃不同的食物。"春雨惊春清谷天，夏满芒夏暑相连，秋处露秋寒霜降，冬雪雪冬小大寒。"朗朗上口的二十四节气歌，通过口口相传，在人类历史的长河里被一代代传承了下来。二十四节气歌也蕴藏着植物生长的秘密。按照季节的规律去饮食，包含了一个很深刻的道理——顺时而食。[①] 我们吃的不仅是物质，还有能量，那种生、长、收、藏的能量和气息。所以《黄帝内经·素问·四气调神大论》里面提倡，只要我们的饮食、思想、行为跟着春生、夏长、秋收、冬藏的起伏规律去走、去共振，我们就能活得好好的。另外，吃的最终目的是"求和"，要吃就吃常食，即本地方圆百里出产的食物。所以我们的饮食除应遵循应季而食的原则外，《黄帝内经·素问·异法方宜论》里谈到，饮食还要讲究应地而食。所谓应地而食，就是"一方水土养一方人"，即每个地域的人都有其不同的生理和心理需求特点，你在某地生活，就得适应当地的环境。吃本地方圆百里出产的东西，这才是我们的"常食"。所以，如果我们老是不以当地出产的食物为自己的主食、常食的话，我们的身体就容易出问题。这些古老的饮食智慧，都是我们食农教育的重点，如"节气生活""地产地销""吃当季吃当令"等。所以，食农教育并非只讲求好玩和有趣。食农教育非常重要，因为这是一种生命教育，认识食物是认识自己生命的源头，从而更会珍惜食物。[②]

---

① 《传统二十四节气里，关于对农作物的生长的知识，快来看看吧》，https://baijiahao.baidu.com/s?id=1634496475663867980&wfr=spider&for=pc。

② 徐文兵：《饮食滋味》，江西科学技术出版社，2018年版。

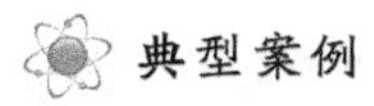

典型案例

日本用"食育"精神塑造学生品格[①]

1954年,日本国会通过《学校供食法》,明确规定在全国施行义务制教育的中小学校推行学生营养午餐,目标是培养学生正确的饮食习惯与促进身心素质的健康发展,使学生终身受益。50余年过去了,"食育"已经成了日本教育体系中的一部分,被认为是智育、德育、体育的基础。

日本学生餐中蕴含"食育"精神

在日本的学校中,午餐并不是吃饱、吃好这么简单,而是"食育"系统的一个部分,是与饮食观念、膳食营养知识、饮食卫生安全和饮食文化等一系列关于营养学甚至人生观的教育联系在一起的。通过"吃"这个每天都必做的事情,潜移默化地影响着孩子们。

●第一个层级:感受生命,接受不完美的自己

幼儿园基于科学教育需要,老师们会带领幼儿开展一些种植和养殖的项目活动。不论是花花草草或者果蔬的种植,还是小鸡、小兔等动物的养殖,都要经历出土(生)、生长和发育、繁殖、死亡的生命周期。在这一生命过程中,老师也会带领幼儿开展观察记录,伴随着记录的过程,幼儿可以切身感受到动植物的生长节律,感受到生命的律动。在这一过程中,老师还可以让幼儿感受不同的花草有不同的色彩,感受万紫千红才是春的生命多样性;不同的动植物有不同的优点和缺点,樱花好看但花期很短,野草平常但生命力顽强,它同样装扮大自然。小朋友也一样,虽然每个人都有不完美的地方,但每个人都是独一无二的。

●第二个层级:热爱生命,形成与自然和谐相处的情感

种植和养殖的过程,也是幼儿每天照料动植物、与动植物亲密接触的过程。幼儿会为植物长出第一片叶子,开出第一朵花,结出第一个果实而惊奇惊喜;也会为小鸡破壳而出,兔妈妈生出小兔宝宝欢呼雀跃。在这种亲身经历中,幼儿热爱动植物的情感自然地相伴相生,溢于言表。在幼儿每天记录

---

① 《人大幼儿教育导读.孩子,让我们一起体验生命教育》,https://mp.weixin.qq.com/s/MqaXW0JtplfKKzWm7TusnQ。

动植物成长的过程中，老师还可以让幼儿体会动植物的生长离不开泥土、阳光、空气、水，也就是生命的存在离不开人们所生活的自然，从而激发幼儿热爱自然的情感。

●第三个层级：珍惜生命，建立友善的共同体

在幼儿园和家庭日常开展的种植和养殖过程活动中，最后都会遭遇生命终结的问题。如何引导幼儿面对动植物的死亡，也是日常的幼儿生命教育不能回避的问题。对动植物的死亡表现出悲情和应有的尊重是需要老师、家长和幼儿一起共情的。生命是有限度的，生命的终点是死亡。生、老、病、死是人生常态。所以，日常生命能够诗意地栖居实乃不易。既然生之不易，自然应该珍惜生命。既珍惜自己的生命，也珍惜他人和动植物的生命。生命与生命之间，并不是一种个体的存在，它是一个社会共同体，它离不开爱与友善、责任与共担。雪崩时，没有一片雪花是无辜的。这次全球疫情的蔓延，更是证实了这一点。也许在珍惜生命这个层级需要我们进一步思考和探讨的课题仍有很多。

总之，从字面上来谈，食农教育最简单的解释就是饮食教育以及农业教育，但在食农教育中所谈的饮食教育及农业教育，是教孩子们怎么吃到好吃的食物以及怎么成为专业的农夫吗？或者听解说、参与农事体验、做 DIY 就是食农教育吗？当然不完全是，这样的方式的确可以让孩子们获得一些劳动经验及增长一些知识，但更重要的是，是否能让孩子们领会“教育”背后所要传递的意涵。只有靠自己不断去实践，不断去体验，不断去反思才能明白食农教育的真正魅力！艺术来自生活，“生活即教育”，只有带孩子们去感受生活的美，欣赏田野的风光，品尝美味的乡土料理，从自然中寻找乐趣，从劳作中体会生活，才能让他们感受生活的美好、生命的厚重和朴素，才能让他们珍惜生活、珍爱生命！让我们从环境教育、生命教育出发，不断去挖掘食农教育这块宝藏吧！

附录　日本食育基本法

（2005 年 6 月 17 日第 63 号法律）

目　录

前　言

要实现日本在 21 世纪的发展,关键在于培育儿童使之具有健全的心灵和身体,期许他们能够昂首迎向未来、走向国际社会。确保所有国民身心健康,使他们在生命历程中活得有朝气、有活力,这是一个重要课题。

鉴于在培育孩子们具有丰沛健全的人性和拥有生存能力中,饮食无可替代的重要作用,如今,需要重新将食育定位为生存的基础,并且使之成为智育、德育、体育的基础。同时,力求通过推广各种各样的经验来让民众学习饮食的相关知识,以练就他们选择饮食的能力,进而养成能够实践健全饮食生活的素养,这都是食育所要追求的。当然,食育是所有年龄段的国民都必需的,对孩童而言,食育对其身心成长及人格形成有很大影响。食育是一生中培育健全的身心和丰富人性的基础教育活动。

社会经济形势瞬息万变,在每天忙碌的生活中,人们很容易忘记食物的重要性。在国民的饮食生活中,除了营养不均衡、饮食不规律、过度瘦身、肥胖和生活习惯病增加外,又新出现了饮食安全、饮食上依赖国外进口食物、社会上各种饮食信息泛滥等问题,每个人无论是从改善饮食生活的角度,还是从确保饮食安全的角度,都需要学习饮食方法。另外,受惠于大自然所赐予的葱郁的绿色资源和充沛的水资源,并经祖先们孕育而成的充满地域多样性、丰富味觉感受和文化气息的日本“食”文化也正面临着丧失的危机。

在这些围绕“食”的环境变化中，在培养国民对“食”的思考、实现健康的饮食生活的同时，期待通过食育活动来促进都市和农山渔村的共生与交流，构筑与“食”相关的消费者和生产者间的信赖关系，促进地区形成富有生机、带有传承性和发展性的丰富的饮食文化，推动与环境和谐的食品生产和消费以及提高食品自给率。

每个国民都修正、提高了对“食物”的认识，加深了对大自然的恩惠及与饮食有关的人们和各种活动感恩的念头，并对他们给予深深的理解，根据值得信赖的饮食信息为基础做出适当判断力，开展增进身心健康的健全饮食生活实践。现在，更应该以家庭、学校、幼儿园、地域为中心，把推行食育计划当成全民运动来推动，这也是摆在我们面前的重要课题。更进一步，也期待着日本的食育推进活动能通过与国外的交流而做出国际性贡献。

此外，为了宣示食育的基本理念及明确其方向性，提供有关国家、地方政府和国民在推行食育时的配合及计划整合的依据，特制定这部法律。

第一章　总则

第一条　目的

制定这项法律是鉴于近年来国民饮食生活环境的变化，为了使国民在生命历程中能养成健全的身心及丰富的人性，推进食育已经成为一个很紧要的课题。在制定食育基本理念，明确国家和地方政府等责任的同时，在制定食育相关政策的基本事项的基础上，整合并有计划地推进食育相关政策，达到从现在到未来实现具有健康和文化涵养的国民生活，建立丰裕、有活力的社会。

第二条　促进国民身心健康和形成丰富的人性

所谓食育，对于培养饮食的正确判断力，实现终生健康的饮食生活，对增进国民的身心健康和形成丰富的人性是不可或缺的。

第三条　对与饮食相关的人和事物充满感谢与理解

之所以推行食育，是因为国民的饮食生活是建立在自然恩惠的基础上的，同时也受益于饮食相关人员的努力，必须充满感谢心情与深刻理解心。

第四条　促进食育推进运动的发展

食育推行运动，必须尊重国民、民间团体等的自发意愿，考虑地区特性，在地区居民及社会构成的多样性主体的参与和配合协助下，逐步达到携手合作，最终在全国范围内展开。

第五条　监护人和教育工作者等在儿童食育中的角色作用

对于父母以及其他的监护人而言，必须认识到家庭在饮食教育中具有重要作用;对儿童进行教育和保育的相关人员,也要自觉认识到食育在教育、保育等方面的重要性,并积极地致力于推进与孩子食育相关的活动。

第六条　与饮食相关的体验活动和食育推进活动的实践

所谓食育是指广大国民广泛利用家庭、学校、幼儿园、地区等任何机会和任何场所,在食材生产到消费为止的整个过程中的各种与饮食有关的体验活动中,亲自实践食育,并加深对饮食相关信息的理解。

第七条　重视传统饮食文化、生产与环境相协调等,在活化农山渔村和提高食物自给率方面做出贡献

食育可维护传统优秀的饮食文化,有效利用地域特性的饮食生活,通过关注与环境和谐的食材生产和消费来加深国民对国内食品需求和供给状况的理解的同时,并借由食品生产者和消费者的交流,以促进农山渔村的活性化和食品自给率的提高。

第八条　食育在确保食品安全等方面的作用

确保食品安全及安心消费才是健康饮食生活的基础,因此借由食育的推行来提供以食品安全性为首的有关饮食的相关信息以及意见交换,以便深入了解食品相关的知识及有助于国民养成健康饮食习惯的实践,同时积极寻求国际合作。

第九条　国家政府的责任

国家政府应根据第二至八条规定的食育基本理念(以下简称"基本理念"),有责任制定有关食育的政策与总体计划,并加以实施。

第十条　地方政府的责任

地方政府应根据推行食育的基本理念,有责任与中央政府配合促进饮食教育。同时有责任根据地方政府的区域特性制定食育自主性对策并加以实施。

第十一条　教育工作者和农林渔业工作者的职责义务

履行教育、儿童保育、护理和其他社会福利、医疗保健和健康职责(以下简称"教育等")的人员以及与教育相关的机关及团体等(以下简称"教育工作等"),在增进对饮食的关心和理解方面发挥着重要作用,应根据食育基本理念,在利用所有可能的机会和场所积极努力推进食育的同时,也要努力协助其他组织的食育推进活动。

农林渔业工作者及其相关团体(以下简称"农林渔业等"),鉴于农林渔业的相关体验活动等对增进国民对饮食的关心及增进理解方面具有重要意义,为此,应根据食育的基本理念,积极提供农林渔业相关的各种体验机会,努力加深国民对自然的恩惠和饮食相关人员活动的重要性的理解,同时与教育相关人员等相互合作来努力推进食育相关的活动。

第十二条　与食品有关的企业和其他责任

食品制造、加工、流通、销售以及食品相关的工作者及相关团体(以下简称“食品相关工作者等”),必须遵循食育基本理念,在相关的事业活动上,自主且积极努力地推进食育的同时,努力协助中央及地方政府实施食育推行政策和其他与食育推进有关的活动。

第十三条　国民的责任

国民,不论在家庭、学校、幼儿园、地区以及任何其他的社会领域,必须遵循食育的基本理念,在实现终生健全的饮食生活的同时,也要为推进食育工做贡献心力。

第十四条　法制措施等

为了推动食育相关的基本政策,政府须在法制上、财政上提出必要措施及其他相关措施。

第十五条　年度报告

政府每年必须向国会提交有关政府在推进食育方面的施政报告书。

第二章　食育推进基本计划等

第十六条　食育推进基本计划

食育推进会议是为了谋求综合且有计划地推进食育政策而制定食育推进基本计划的组织。

食育推进基本计划,要逐项揭示下列事项。

一是食育推进相关政策的基本方针。

二是食育推进目标的相关事项。

三是促进国民自发性推动食育的相关事项。

四是除上述三项所揭示的内容外,为了全面向和有计划性地推行食育相关政策所必需的其他事项。

食育推进会议,根据第一项的规定在制定食育推进基本计划时,必须尽速向农林水产大臣汇报,并必须同时通知相关行政机关首长且必须要公布其要旨。

前项规定是为食育推进基本计划变更时适用。

第十七条　都道府县食育推进计划

都道府县以食育推进基本计划为基础,制订该都道府县区域内的关于食育推进对策的实施计划(以下称为“都道府县食育推进计划”)。

都道府县设置“都道府县食育推进会议”(对于设置有都道府县食育推进会议的都道府县),以制定都道府县食育推进计划及实施饮食教育。如有变更,须尽速公布要旨。

第十八条　市町村食育推进计划

市町村以食育推进基本计划(都道府县食育推进计划如已制订,则以"食育推进基本计划"及"都道府县食育推进计划")为基本,制订该市町村区域内的食育推进相关措施的计划(以下称为"市町村食育推进计划")。

为推行市町村的饮食教育,市町村可设置"市町村食育推进会议",以制订市町村食育推进计划及实施饮食教育。若有变更,要尽速公布其要旨。

第三章　基本措施

第十九条　推行家庭的食育

中央政府及地方公共团体,为了加深父母、其他监护人以及幼童对饮食生活的关心及理解、建立健全的饮食习惯,对于亲子共同参加的料理教室,应提供学习良好饮食习惯的机会;同时在健康知识的启发和管理营养知识方面进行推广和提供相关信息;应采取支援对策开展对孕妇的营养指导或婴幼儿、儿童发育阶段的营养指导等各项饮食教育的推行。

第二十条　推行学校、幼儿园的食育

中央政府及地方公共团体,在学校、幼儿园等地,需有效推行食育,以实现幼童健全的饮食生活和健全的身心成长的目的,协助学校、幼儿园订定食育推行方针;设置适合食育指导的教职员工以及启发校园内师长建立须推行食育的重要角色的认知,以及建立其他的与食育相关的指导体制;并透过学校供餐的实施、农场的实习、食品的烹饪、食品废弃物的再生利用等各种体验活动,来促进儿童对饮食生活的理解;也针对过度瘦身以及肥胖对身心健康影响等提供正确知识。

第二十一条　各地区饮食生活改善措施的推进

中央政府及地方公共团体,在各地区应制订推行与营养、饮食习惯、食品消费等相关的各项饮食生活改善措施,通过预防生活习惯病来增进健康,制定健全饮食生活指针并普及推广和启发。在地区推行饮食教育上,要培养具有食育推进专业知识的人才并提高其素质和有效发挥其作用。推进保健所、市町村保健中心、医疗机关等的饮食教育的推广及启发活动。在医学教育上,充实对饮食教育指导的。食品相关事业者要为协助推行饮食教育推进活动等提供必要措施。

第二十二条　开展食育推进运动

中央政府及地方公共团体,应为国民、教育有关人员、农林渔业者、食品相关事业者等其他工作者或其组织团体,以及为了稳定和提高消费生活的民间团体的自发进行的与推进食育相关的活动制定必要的措施;在充分发挥地区特色的同时,相互紧密合作且在全国普遍展开。同时在实施与食育推进相关的普及启发活动中,应为加强有关人员相互之间的信息交流及意见交换等提供必要的措施，以有效且重点式推行饮食教育。

中央政府及地方公共团体在推行饮食教育时，考虑到志工在饮食生活改善活动及其他与食育推进相关活动中扮演着重要角色，因此在谋求与志工协作配合的同时，为充实各项活动内容要采取必要的措施。

第二十三条　促进生产者和消费者之间的交流，振兴与环境相协调的农林渔业等

中央政府及地方公共团体应促进生产者和消费者之间的交流，建立生产者和消费者的信赖关系、确保食品安全性、促进食品资源的有效利用以及提高国民对饮食的理解与关心度的同时，为促进并活化与当地环境相协调的农林渔业，需加强农林水产品的生产、食品制造、流通等环节的体验活动，利用农林渔业生产地区内的学校供餐并提高其食材使用当地农林水产品的比例。此外，亦须活用创意功夫，降低食品废弃物的发生，并强化资源的再生利用。

第二十四条　支援优秀饮食文化的传承

国家以及地方公共团体为了推进继承与传统的习惯以及礼法相结合的食文化、有地方特色的食文化等我国传统优秀的食文化，在开展与此相关联的启发以及知识的普及以及其他方面制定必要的措施。

第二十五条　食品安全，营养和其他饮食生活有关的调查、研究及信息提供和促进国际交流

中央政府及地方公共团体，为使全部年龄段的国民能选择适当的饮食生活，对于国民的饮食生活，包括食品的安全性、营养、饮食习惯、食品的生产和流通消费、食品废弃物的产生及其再生利用的状况等状况需进行调查及研究的同时，在必要的各种信息的收集、整理及提供、建立资料库，以及为了迅速提供正确的与饮食相关的其他资讯等方面采取必要的对策。

中央政府及地方公共团体，为顺利推行饮食教育，在收集海外食品的安全性、营养、饮食习惯等与饮食生活相关的信息、促进食育研究者之间的国际交流、食育推进相关活动的信息交换等及其他的国际交流等方面，应采取必要的对策。

第四章　食育推进会议等

第二十六条　食育推进会议的设置与管辖范围内的事务

在农林水产省设置食育推进会议。

食育推进会议执掌下列事务。

一是制定食育推进基本计划并推进其实施。

二是除前项所列事项外，审议食育推进相关的重要事项及实施有关食育推进的各项措施。

第二十七条　组织

食育推进会议由会长与委员二十五人上限组成。

第二十八条　会长

会长由农林水产大臣兼任。

会长主持会务

会长若遭遇事故时,由事先指定的委员代为履行职责。

第二十九条　委员

委员是由符合下列法令规定者担任。

一是内阁总理大臣根据农林水产大臣提出的申请从农林水产大臣以外的国务大臣中指定的人。

二是由农林水产大臣从具有充分的食育知识和经验的人中任命的人。

前项第二项的委员属于非专任职务。

第三十条　委员的任期

前条第一款第二项委员任期为两年。若有空缺代补,其任期为其前任的剩余任期。

前条第一款第二项所定委员可连任。

第三十一条　制定委任行政命令

除本章规定内容外,有关食育推进会议的组织和营运相关的必要事项,另由政令规定。

第三十二条　都道府县食育推进会议

都道府县,对于在其所在区域内推行食育时,为了都道府县食育推进计划的制定和实施,可以根据条例的规定设立都道府县食育推进会议。

关于都道府县食育推进会议的组织和运营相关的必要事项,依据都道府县的条例制定。

第三十三条　市町村食育推进会议

市町村,对于在其所在区域内推行食育时,为了市町村食育推进计划的制定和实施,可以根据条例的规定设立市町村食育推进会议。

关于市町村食育推进会议的组织及运营相关的必要事项,依据市町村的条例制定。

附　则

(2015 年 9 月 11 日第 66 号法令,摘录)

第一条　生效日期

本法自 2016 年 4 月 1 日起生效。但是,下列各款所示的规定自各款规定之日起生效。

第四条　《食育基本法》部分修订后的过渡措施

本法施行时，依第二十五条规定修正前的食育基本法依第二十六条第一项规定设立的食育推进会议，应为依第二十五条规定修订的食育基本法第二十六条第一项规定设立的食育推进会议，并以其身份继续存在。

第七条　制定委任行政命令

除附则第二条及前条规定的以外，执行本法所需的过渡措施应由内阁命令具体规定。

参考文献

一、图书

[1] 陈美莲,等.吃的抉择:台湾联大的九堂通识课[M].新竹:台湾交通大学出版社,2017.

[2] 戴芙妮·米勒.好农业,是最好的医生:一位医生关于土地、永续农场与医疗的现场观察日记[M].台北:台湾时报文化出版社,2017.

[3] 菲利普·费尔南德斯·阿莫斯图.食物的历史[M].北京:中信出版社,2005.

[4] 菲立普·费尔南多-阿梅斯托.文明的口味:人类食物的历史[M].广州:新世纪出版社,2013.

[5] 宫崎正胜.你不可不知的世界饮食史[M].新北:远足文化事业股份有限公司,2013.

[6] 桝潟俊子,谷口吉光,等.食农社会学:从生命与地方的角度出发[M].台北:中国台北开学文化事业股份有限公司,2016.

[7] 骆世明.农业生态学[M].北京:中国农业出版社,2013.

[8] 米莎·布莱斯.生命:万物不可思议的连接方式[M].南京:江苏凤凰美术出版社,2017.

[9] 藤森平司.从摄取营养到重视饮食行为[M].北京:当代中国出版社,2014.

[10] 颜廷君.给人生插花[M].北京:中国书籍出版社,2017.

[11] 中国营养学会.中国居民膳食指南(2016)[M].北京:人民卫生出版社,2016.

[12] 祝怀新.环境教育论[M].北京:中国环境科学出版社,2002.

二、期刊

[1] 陈惠贞,陈美芬,等.幼儿园教师参与食农教育之行动研究[J].农业推广文

汇,2018(12).
[2] 蔡本原.食农教育向前行——产销履历达人为您把关食安[J].台中区农业专讯,2018(12).
[3] 杜鹃.关于社会认知理论在健康促进领域应用中的若干思考[J].健康教育与健康促进,2018(10).
[4] 何慧敏.没有门?没有窗户?——德国森林幼儿园的探讨[J].幼儿教育,2009(3).
[5] 刘襄群,江昱仁."慢"出好滋味——台东县纵谷地区慢食发展之研究[J].休闲与游憩研究,2019(7).
[6] 林志兴,陈荣锦.食农教育——减少午餐厨余,珍惜食粮之行动研究[J].教育学志,2019(5).
[7] 吕秋云,颜建贤.高职餐旅群教师食农教育的认知与投入意愿之研究[J].农业推广文汇,2018(12).
[8] 赖婵丹.绿色发展的教育支撑[J].四川行政学院学报,2018(3).
[9] 苗睿岚,薛晓阳.生命教育的转向与教育定位[J].教育发展研究,2016(24).
[10] 汪清锐.德国森林体验教育综述[J].林业科技情报,2018(2).
[11] 许美观.一所学校建构校本课程推动食农教育之探究[J].台湾教育评论月刊,2019(8).
[12] 徐绍恒,曾宇良.食农教育融入小学正式课程教案之研究[J].农业推广文汇,2018(12).
[13] 颜建贤,曾宇良,等.以农村节庆活动促进城乡交流与振兴乡村发展之探讨:日本的案例分析[J].农业推广文汇,2011(12).
[14] 颜建贤,曾千惠.食育内涵指标之建构[J].农业推广文汇,2014(12).
[15] 杨昕.发达国家环境教育的经验及对我国的启示[J].环境保护,2017(4).
[16] 杨中.日本的饮食启蒙教育中对外来饮食文化的反思——以《食育基本法》为中心[J].安徽文学,2013(3).
[17] 叶欣诚,于蕙清,等.永续发展教育脉络下我国食农教育之架构与核心议题分析[J].环境教育研究,2019(1).
[18] 虞花荣.日本生命教育的特点及启示[J].贵州社会科学,2013(7).
[19] 虞花荣.日本生命教育探析[J].江西教育学院学报,2013(10).
[20] 虞花荣.日本生命教育的三个维度[J].当代教育理论与实践,2013(6).
[21] 袁元,钱静.风景园林视角下的英国环境教育及其对我国的启示[J].装饰装修天地,2018(19).
[22] 袁元,钱静.英国国家公园的环境教育及对我国的启示[J].房地产导刊,

2018(29).
[23] 朱佳惠.浅论"食农教育"融入"十二年教育"课程之定位[J].台湾教育评论月刊,2018(7).
[24] 掌庆琳,陈香吟,等.休闲农场游客饮食消费动机之研究:兼论慢食之观点[J].餐旅暨观光,2015(1).
[25] 钟怡婷.永续转型观点下的食农教育:以两个学童种稻体验活动为例[J].台湾乡村研究,2018(8).
[26] 张惠真,曾康琪.学校支援型食农教育推动模式之研究——以台中地区为例[J].台中区农业改良场研究汇报,2017(12).
[27] 张玉林,郭辉.消费社会的资源、环境代价——"2019 中国人文社会科学环境论坛"研讨综述[J].南京工业大学学报(社会科学版),2020,19(1).
[28] 郑晓华,李晓培.日本中小学生命教育探析及其启示[J].基础教育课程,2020(3).

三、学位论文

[1] 曹锦凤.都市型小学推行食农教育之行动研究[D].台中:台湾中兴大学,2015.
[2] 成强.环境伦理教育研究[D].青岛:中国海洋大学,2015.
[3] 程永红.英国中小学环境教育研究——兼谈对我国的启示[D].长春:东北师范大学,2006.
[4] 方倩颖.利用生态式区域活动进行绍兴乡土文化教育的行动研究[D].金华:浙江师范大学,2015.
[5] 方丽云.幼儿生命教育之行动研究——以校园自然体验活动为例[D].台北:台北教育大学,2012.
[6] 洪千芸.食农体验活动之探讨[D].台中:台湾亚洲大学,2017.
[7] 黄晓君.大学校园之食农教育——以东华大学"校园绿色厨房"为例[D].上海:东华大学,2012.
[8] 郭思宁.大学生食育的困境与突围[D].黄石:湖北师范大学,2019.
[9] 刘静芬.校园农务体验——自然与生活科技课程融入食农教育之行动反思[D].台中:台湾静宜大学,2017.
[10] 李念茹.体验学习对学生自我效能影响之研究——以食农教育为例[D].台中:台湾中兴大学,2017.
[11] 时军.环境教育法研究——以完善我国立法为目标[D].青岛:中国海洋大学,2009.

[12] 吴铃筑. 台湾环境教育政策与立法影响之研究[D]. 台北:台湾师范大学,2018.
[13] 杨惠喻. 澎湖县小学食农教育之推动现况、困境及因应策略之个案研究[D]. 台南:台湾台南大学,2017.
[14] 叶雯. 民间环教组织推广食农教育成效评估之研究——以观树教育基金会里山塾为例[D]. 台中:台湾台中教育大学,2016.
[15] 曾湘坤. 校园推动食农教育做法之探讨[D]. 屏东:台湾大仁科技大学,2015.

四、报纸

[1] 玫昆仑. 带孩子体验春耕“农事教育”当倡导[N]. 中国妇女报,2019-3-30(2).

五、电子信息

[1] 拾壹拾趣. 英国环境教育印象|Brecon Beacons National Park:让社区成为受益者[EB/OL]. (2019-2-23)[2020-08-11]. https://www.jianshu.com/p/6ce0fcfa3fba.
[2] 留学社区. 德国的环保教育从幼儿就开始进行[EB/OL]. (2016-12-17)[2020-08-11]. https://yimin.liuxue86.com/y/3046645.html.
[3] 潘永俊在线. 什么是STEAM教育理念?国内的孩子需要学吗?[EB/OL]. (2018-11-09)[2020-08-11]. http://www.sohu.com/a/274221781_466950.
[4] 蒋建科. 浪费惊人:中国食物浪费量每年1700万至1800万吨[EB/OL]. (2018-08-03)[2020-08-11]. http://www.xinhuanet.com/politics/2018-08/03/c_1123216202.htm.
[5] 日本农林水产省. 食生活方针[EB/OL]. (2020-09-23)[2020-10-11]. https://www.maff.go.jp/j/syokuiku/index.html.
[6] 日本农林水产省. 食育基本法[EB/OL]. (2020-09-23)[2020-10-11]. https://www.maff.go.jp/j/syokuiku/index.html.
[7] 日本农林水产省. 膳食平衡指南[EB/OL]. (2020-09-23)[2020-10-11]. https://www.maff.go.jp/j/syokuiku/index.html.
[8] 思卓之源. 现在,是人类最需要反省自己的时刻[EB/OL]. (2020-02-05)[2020-08-11]. https://www.sohu.com/a/370692218_120066716T.
[9] 营养健康的博客. 日本膳食平衡指南[EB/OL]. (2009-04-13)[2020-08-11]. http://blog.sina.com.cn/s/blog_5f14d0770100clto.html.
[10] 腾讯教育. 英国环境教育:带学生感受环境[EB/OL]. (2015-03-03)[2020-

08-11]. https://edu. qq. com/a/20150303/032043. htm.

[11] 腾讯网. 日本食育“从娃娃抓起”:不强迫孩子吃东西,注重用餐礼仪[EB/OL]. (2018-08-10) [2020-08-11]. https://new. qq. com/omn/20180810/20180810A1CVOG. html.

[12] 知乎. 皮亚杰3点教育理念告诉你:儿童怎样学数学? [EB/OL]. (2019-08-20)[2020-08-11]. https://zhuanlan. zhihu. com/p/78910707.

[13] 知乎. 儿童食育,在全球都流行的STEAM课程教育体系[EB/OL]. (2018-10-30)[2020-08-11]. https://zhuanlan. zhihu. com/p/48053919.

[14] 知乎. 德国幼儿园的环境教育[EB/OL]. (2017-12-20) [2020-08-11]. https://zhuanlan. zhihu. com/p/32191454.

[15] 知乎. 走进德国“森林幼儿园”—千策科技—幼师实训教学[EB/OL]. (2019-04-08)[2020-08-11]. https://zhuanlan. zhihu. com/p/61737276.

[16] 中国科学院地理科学与资源研究所官网.《中国城市餐饮食物浪费报告》发布会暨“中国减少食物浪费联盟”筹备研讨会在京举行[EB/OL]. (2018-03-26) [2020-08-11]. http://www. igsnrr. cas. cn/xwzx/kydt/201803/t20180326_4985386. html.

[17] 食农教育,给孩子来点与众不同的体验[EB/OL]. (2016-12-05)[2020-08-11]. http://www. 360doc. com/content/16/1205/16/15627893_612191099. shtml.

[18] 食农教育:“识农教育”的深化升级[EB/OL]. (2020-04-15)[2020-08-11]. https://baijiahao. baidu. com/s? id=1664018514005083891&wfr=spider&for=pc.

[19] 全能食育理念[EB/OL]. (2020-01-07)[2020-08-11]. https://www. meipian. cn/2mf6j0mc.

[20] 日本食育基本法(2005)[EB/OL]. (2013-07-01) [2020-08-11]. https:blog. sina. com. cn/s/blog_55a11f8e0102ehkn. html.